U0390002

高职高专精细化工专业规划教材
编审委员会

教育部高职高专规划教材

表面活性剂

第二版

周　波　主　编
赵跃翔　副主编
吴英绵　主　审

化学工业出版社
·北京·

本书主要介绍表面活性剂的基本理论，同时结合生产实际，强化技术应用能力的培养。内容包括：表面活性剂的功能及其作用，表面活性剂的合成，表面活性剂的复配技术，表面活性剂的应用，表面活性剂对环境的影响等。

本书力求突出应用性和先进性，对目前的新品种、新技术、新发展作了介绍，同时考虑到安全环保的需要，对表面活性剂的毒性、危害、降解过程及绿色表面活性剂的种类、应用和发展进行了系统描述。

本书可作为高等职业教育精细化工、高分子材料、环境工程、制药化工、无机化工等专业及相关专业的教材。也可供从事精细化工专业的科研、生产、管理人员参考。

图书在版编目（CIP）数据

表面活性剂/周波主编. —2版. —北京：化学工业出版社，2012.6（2023.2重印）

教育部高职高专规划教材

ISBN 978-7-122-14027-2

Ⅰ.表… Ⅱ.周… Ⅲ.表面活性剂-高等职业教育-教材 Ⅳ.TQ423

中国版本图书馆CIP数据核字（2012）第073015号

责任编辑：陈有华　　文字编辑：林　媛

责任校对：徐贞珍　　装帧设计：杨　北

出版发行：化学工业出版社（北京市东城区青年湖南街13号　邮政编码100011）

印　　装：大厂聚鑫印刷有限责任公司

787mm×1092mm　1/16　印张12　字数288千字　　2023年2月北京第2版第6次印刷

购书咨询：010-64518888　　售后服务：010-64518899

网　　址：http://www.cip.com.cn

凡购买本书，如有缺损质量问题，本社销售中心负责调换。

定　　价：36.00元

前　言

表面活性剂是精细化学工业的重要组成部分，是发展高新技术的重要基础，也是衡量一个国家的科学技术发展和综合实力的重要标志之一。因此，世界各国都把表面活性剂作为精细化工发展的战略重点之一。近几年来，国内外高度重视表面活性剂的研制、开发和生产。

《表面活性剂》第一版问世以来，承蒙广大读者的厚爱，在国内高等职业学校及精细化工行业产生了较大的影响。近年来，国内外精细化工发展较快，表面活性剂新产品、新技术、新工艺不断涌现，经济发展与环境保护越来越受到人们的重视。

为了进一步反映表面活性剂的快速发展和满足教学改革的需要，使教材内容更加完善，注重安全环保，力求与时俱进，作者对第一版进行了修订。在保持第一版教材原有风格和定位的基础上，对部分章节重新进行了编写，删除了一些不适宜的理论知识和落后的工艺路线，将表面活性剂的发展趋势与应用相结合。考虑到安全环保的需要，对表面活性剂的毒性、危害、降解过程及绿色表面活性剂的种类、应用和发展进行了系统描述。

本书可作为高等职业教育精细化工、高分子材料、环境工程、制药化工、无机化工等专业及相关专业的教材。为学生毕业后从事精细化工产品的生产和新品种的开发奠定必要的理论和技术基础。同时也适用于从事精细化工专业的科研、生产、管理的人员使用。希望能为相关工厂企业的工程技术人员开展技术工作提供参考。

本书共分五章，由辽宁石化职业技术学院周波主编，赵跃翔副主编，石家庄职业技术学院吴英绵主审。绪论、第二章、第三章由周波修订；第一章，第四章第四、五、六、七节，第五章由赵跃翔修订；第四章第一、二、三、八、九、十、十一节由四川化工职业技术学院冯西平修订。全书由周波统稿。

编写过程中得到了化学工业出版社及各编者所在单位的大力支持，在此表示衷心的感谢。本书的编写参阅了相关文献，在此谨向有关作者深表感谢。

由于编者水平所限，书中不妥之处在所难免，敬请专家、读者批评指正。

编者

2012 年 2 月

第一版前言

本教材是在全国化工高职教学指导委员会精细化工专业委员会的指导下，根据教育部有关高职高专教材建设的文件精神，以高职高专精细化工专业学生的培养目标为依据编写的。教材在编写过程中征求了来自企业专家的意见，具有较强的实用性。

本教材按照职业综合模块的要求，重新构筑课程体系。对课程内容、教学大纲进行合理的组织与整合。本课为专业课模块，包含了表面活性剂中的基本概念、基本原理，同时结合生产实际，强化技术应用能力的培养。教材编排以技术应用能力的培养为主线，坚持“实际、实用、实践”的基本原则，突出实用性。对表面活性剂的基本概念、基本原理以够用为度。结合化工厂的典型合成工艺，力求突出表面活性剂技术的应用性。同时适当补充表面活性剂的新知识、新技术、新发展，以适应培养高等技术应用型人才的需要。

教材首先在绪论中介绍了表面活性剂的定义、特点、分类，并概括介绍了表面活性剂的发展与应用；其次按表面活性剂类型编排，介绍各种类型表面活性剂的化学结构、性质、合成技术。最后介绍表面活性剂的复配技术及应用，并强化和突出表面活性剂应用技术的实用性。同时对目前的新品种、新技术、新发展作以介绍，如表面活性剂在生命科学、纳米材料、医药科学等领域的应用及绿色表面活性剂和环境保护。

每章前都设有“学习目标”，使学生明确学习本章的目的、内容、重点、应达到的要求和学习方法；每章后面附有“本章小结”，便于学生复习并系统掌握、理解本章内容。章末附有思考题，侧重学生应用能力的培养。

本书可作为高等职业教育精细化工、高分子材料、环境工程、制药化工、无机化工等专业及相关专业的教材，也可供从事精细化工专业的科研、生产、管理人员参考。

本教材由辽宁石化职业技术学院周波主编，石家庄职业技术学院吴英绵主审。绪论，第二章，第三章，第四章第五节，第五章第二、三节由周波编写；第一章，第四章第四、六、七、九节，第五章第一节由太原科技大学化学与生物工程学院武丽丽编写；第四章第一、二、三、八节由四川化工职业技术学院冯西平编写。编写过程中得到了化学工业出版社及各编者所在单位的大力支持，在此表示衷心感谢。

由于编者的水平有限，书中难免有疏漏之处，敬请同仁及读者指正，以使本教材日臻完善。

编者

2005 年 8 月

目　录

绪 论

学习目标

1. 了解表面和表面张力的概念。
2. 掌握什么是表面活性，什么是表面活性剂。
3. 了解表面活性剂的分子结构及具有的特点。
4. 掌握表面活性剂的分类方法。
5. 了解表面活性剂的发展历史和应用范围。

表面活性剂的生产和应用是从20世纪30年代开始大规模开发研制并迅速发展起来的。随着市场上出现的商品越来越多，表面活性剂应用面也越来越广。目前，表面活性剂的应用已渗透到所有技术经济部门。其用量虽小，对改进技术、提高质量、增产节约却收效显著。表面活性剂被广泛应用于洗涤、化妆品、食品、制药、纺织、石油化工、造纸、塑料、皮革、染料、建材等各领域，与生产和日常生活有密不可分的关系。

一、表面活性剂的定义与特点

表面活性剂是指那些加入少量就能显著降低溶液表面张力改变体系界面状态的物质。例如，经剧烈搅拌可把水溶性物质与油混合，一旦静止，则立即分层。但是若在有油层的水中加入少量的表面活性剂（如几滴洗洁精），经搅拌，油均匀地分散到水中，不会分层。显然是表面活性剂起到了微妙的作用。

1. 表面和表面张力

物质相与相之间的分界面称为界面，包括气-液、气-固、液-液、固-固和固-液五种。凝聚体与气体之间的接触面称为表面，包括液体表面和固体表面两种。

由于表面分子所处的状况与内部分子不同，因而表现出很多特殊现象，称为表面现象。例如，荷叶上的水珠、水中的油滴、毛细管的虹吸等。产生表面现象的主要原因是表面分子与体相内分子存在着能量差。

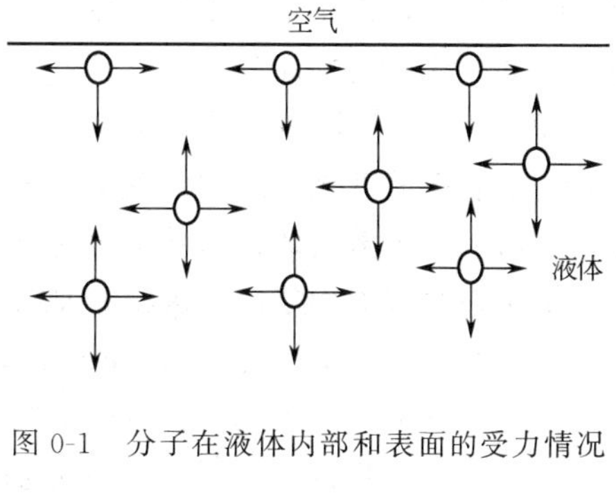

图 0-1 分子在液体内部和表面的受力情况

表面现象都与表面张力有关，表面张力是指作用于液体表面单位长度上使表面收缩的力（N/m），由于表面张力的作用，使液体表面积永远趋于最小。图0-1为气-液体系中表面层分子和液体内部分子所受力状态示意图，在液体内部，某分子周围分子对它的作用力是对称、相等的，彼此相互抵消，合力为零。该分子在液体内部可以自由移动，不消耗功。而处在表面的分子则不同，液体内部分子对它的吸引力大，气体分子对它的吸引力小，总的合力是受到指向液体内部的拉力。这种力趋于把表面分子拉入液体内部，从而使表面上的分子有向液体内部迁移的趋势，使液体表面呈现出自动收缩现象。这种引起液体表面自动收缩的力就是表面张力。

一定成分的溶液在一定温度压力下，具有一定的表面张力。如 20℃ 水的表面张力为 72mN/m。各类有机化合物中，具有极性的碳氢化合物溶液表面张力大于相应大小的非极性碳氢化合物溶液的表面张力；有芳环或共轭双键的化合物比饱和碳氢化合物溶液的表面张力高。同系物中，相对分子质量较大者表面张力较高。若碳氢化合物中的氢被氟取代形成碳氟烃，其溶液表面张力将远远低于原碳氢化合物溶液。液体的表面张力还和温度有关，温度上升表面张力下降。

2. 表面活性和表面活性剂

纯液体只有一种分子，在固定温度和压力时，其表面张力是一定的。对于溶液就不同了，其表面张力会随浓度而改变。这种变化大致有三种情形，如图 0-2 所示。

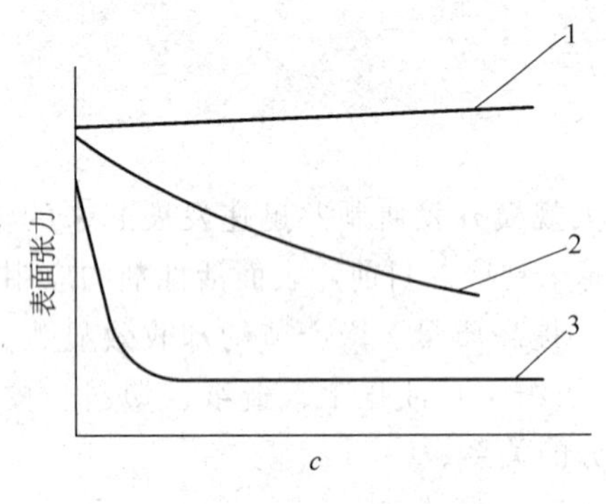

图 0-2 水溶液的表面张力与溶质浓度的几种关系

第一种情形：随浓度的增大，表面张力上升，且往往大致接近于直线。如图 0-2 中曲线 1 所示，NaCl、Na_2SO_4 等无机盐溶液多属此种情况。

第二种情形：随浓度的增大，表面张力下降，如图 0-2 中曲线 2 所示，有机酸、醇、醛溶液多属此种情况。

第三种情形：随浓度的增大，开始表面张力急剧下降，但到一定程度便不再下降，如图 0-2 中曲线 3 所示，C_8 以上的有机酸盐、有机胺盐、磺酸盐、苯磺酸盐等多属此种情况。

若是一种物质（A）能降低另一种物质（B）的表面张力，就说 A 对 B 有表面活性。而以很低的浓度就能显著降低溶剂的表面张力的物质叫表面活性剂。图 0-2 中，曲线 1 物质无表面活性，曲线 2 物质具有表面活性，但不是表面活性剂。只有曲线 3 物质才可能成为表面活性剂。

上述表面活性剂的定义是从降低表面张力的角度来考虑的，这个定义是 Freundlich 在 1930 年提出来的。随着表面活性剂科学的不断发展，人们发现 Freundlich 的定义有一定的局限性。因为有相当一类物质，虽然其降低表面张力的能力较差，但它们很容易进入界面（如油水界面），在用量很小时即可显著改变界面的物理化学性质，这类物质也被称为表面活性剂，如一些水溶性高分子。

3. 表面活性剂的分子结构特点与基本功能

分析表面活性剂的结构发现，它们的分子结构有一个共同特点，其分子结构由两部分组成，一部分是亲溶剂的，另一部分是憎（疏）溶剂的。由于水是最主要的溶剂，通常表面活性剂都是在水溶液中使用，因此常把表面活性剂的这两部分分别称为亲水基（极性部分）和憎（疏）水基（非极性部分），如图 0-3 所示。疏水基也称亲油基。

例如，日常用的肥皂，其分子式为 $C_{17}H_{35}COONa$，这是最早使用的表面活性剂。其中—$C_{17}H_{35}$ 是非极性的，是肥皂的亲油基；而—COONa 是极性的亲水基。因此，它既亲油又亲水。有油污的织物涂上肥皂后，肥皂的亲油基与油污结合，其亲水基与水结合，因此经洗涤后，油污能被拉到水中，使织物清洁。

表面活性剂的这种特殊结构称为两亲性结构（亲水基亲水，疏水基亲油）。因此表面活性剂是一类两亲化合物。

表面活性剂的亲油基一般是由长链烃基构成，结构上差别较小，以碳氢基团为主，要有

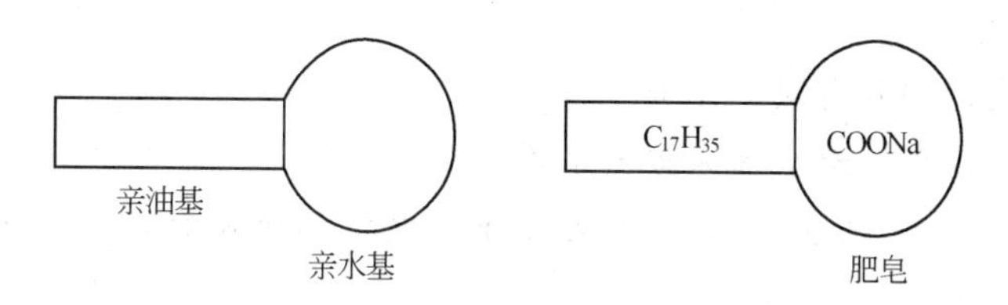

图 0-3　表面活性剂的分子结构

足够大小，一般 8 个碳原子以上。亲水基（极性基，头基）部分的基团种类繁多，差别较大，一般为带电的离子基团和不带电的极性基团。

表面活性剂最基本的功能有两个：第一是在表（界）面上吸附，形成吸附膜（一般是单分子膜）；第二是在溶液内部自聚，形成多种类型的分子有序组合体。从这两个功能出发，衍生出表面活性剂的其他多种应用功能。

表面活性剂在表（界）面上吸附的结果是降低了表（界）面张力，改变了体系的表（界）面化学性质，从而使表面活性剂具有起泡、消泡、乳化、破乳、分散、絮凝、润湿、铺展、渗透、润滑、抗静电以及杀菌等功能。

二、表面活性剂的分类

表面活性剂兼具亲水基和亲油基的这种特殊结构，使其具有独特的性能，而它的性质则又依亲水基、亲油基的不同而有很大差异。因此，可以按亲水基或亲油基的类型不同将表面活性剂分类。但通常的习惯是按亲水基的类型进行分类。

1. 按亲水基分类

表面活性剂性质的差异除与烃基大小、形状有关外，主要与亲水基的不同有关，因而表面活性剂的分类一般是以其亲水基团的结构为依据，即按表面活性剂溶于水时的离子类型来分类。

表面活性剂溶于水时，凡能离解成离子的叫做离子型表面活性剂，凡不能离解成离子的叫做非离子型表面活性剂。而离子型表面活性剂，按其在水中生成的表面活性剂离子种类，又可分为阴离子型表面活性剂、阳离子型表面活性剂和两性离子型表面活性剂。此外还有近来发展较快的、既有离子型亲水基又有非离子型亲水基的混合型表面活性剂。因此表面活性剂共有 5 大类。每大类按其亲水基结构的差别又分为若干小类。

下面举例说明这 5 种主要类型的表面活性剂。

（1）阴离子型　极性基带负电，主要有羧酸盐（$RCOO^- M^+$）、磺酸盐（$RSO_3^- M^+$）、硫酸酯盐（$ROSO_3^- M^+$）、磷酸酯盐（$ROPO_3^- M^+$）等。其中 R 为烷基，M 主要为碱金属和铵（胺）离子。

（2）阳离子型　极性基带正电，主要有季铵盐（$RN^+ R'_3 A^-$）、烷基吡啶盐（$RC_5H_5N^+ A^-$）、胺盐（$R_nNH_m^+ A^-$，$m=1\sim3$，$n=1\sim3$，几个 R 基团也可以不同）等。其中 A 主要为卤素和酸根离子。

（3）两性型　分子中带有两个亲水基团，一个带正电，一个带负电。其中的正电性基团主要是氨基和季铵基，负电性基团则主要是羧基和磺酸基。如甜菜碱 $RN^+(CH_3)_2CH_2COO^-$。

（4）非离子型　极性基不带电，主要有聚氧乙烯类化合物［$RO(C_2H_4O)_nH$］、多元醇类化合物（如蔗糖、山梨糖醇、甘油、乙二醇等的衍生物）、亚砜类化合物（$RSOR'$）、氧化胺（RNO）等。

（5）混合型　此类表面活性剂分子中带有两种亲水基团，一个带电，一个不带电。如醇醚硫酸盐 $R(C_2H_4O)_nSO_4Na$。

2. 按疏水基分类

按疏水基来分类，主要有以下几类。

(1) 碳氢表面活性剂　疏水基为碳氢基团。

(2) 氟表面活性剂　疏水基为全氟化或部分氟化的碳氟链（代替通常的疏水基团的碳氢链）。

(3) 硅表面活性剂　疏水基为硅烷基链或硅氧烷基链，由 Si—O—Si、Si—C—Si 或 Si—Si 为主干，一般是二甲硅烷的聚合物。

(4) 聚氧丙烯　由环氧丙烷低聚得到，主要用来与环氧乙烷一起制备聚合型表面活性剂。

3. 其他分类方法

① 从表面活性剂的应用功能出发，可将表面活性剂分为乳化剂、洗涤剂、起泡剂、润湿剂、分散剂、铺展剂、渗透剂、加溶剂等。

② 按照表面活性剂的溶解特性分为水溶性表面活性剂和油溶性表面活性剂。

③ 按照相对分子质量的大小分为低分子表面活性剂（一般表面活性剂）和高分子表面活性剂。

④ 此外，还有普通表面活性剂与特种表面活性剂，以及合成表面活性剂、天然表面活性剂、生物表面活性剂等不同分类。

表面活性剂的分类如图 0-4 所示。有关表面活性剂的详细类型及其结构将在本书以后章节中逐一讨论。

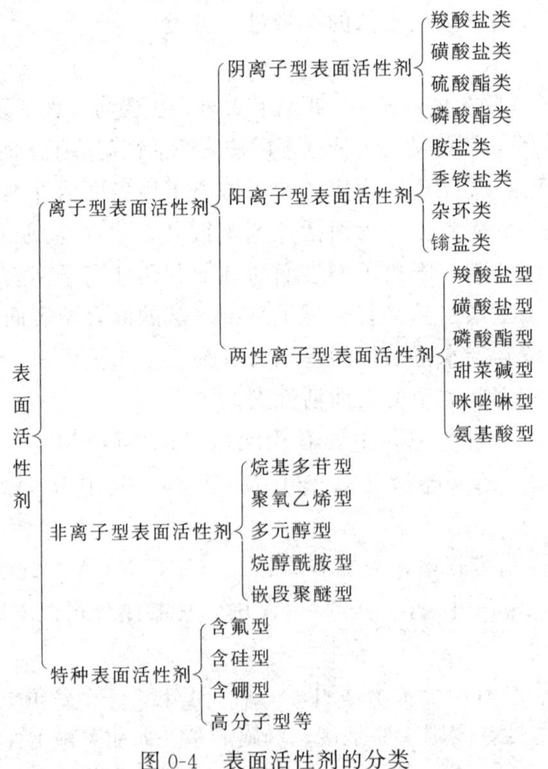

图 0-4　表面活性剂的分类

三、表面活性剂的发展与应用

表面活性剂工业的形成与发展与人类的生产、生活密切相关。早期人们主要是取自天然，如传统的肥皂等。到 20 世纪中叶，随着石油化学工业的发展，推动精细化工的形成与发展，促使表面活性剂的生产成为一个重要的化工产业分支。发达国家表面活性剂的产量逐年迅速增长，已成为国民经济的基础工业之一。

1980年世界表面活性剂的总产量达800万吨（不包括肥皂），其中阴离子表面活性剂320万吨，非离子表面活性剂320万吨，余下的为阳离子表面活性剂和两性离子表面活性剂（160万吨）。1980～1990年整个表面活性剂工业年增长率为6%，其中非离子表面活性剂增长10%，而醇系非离子表面活性剂增长最快，可达15%。

目前，国外已有表面活性剂5000多个品种，商品牌号达万种以上。有的大公司可生产2000种以上的表面活性剂。日本三洋化成公司生产1500多种表面活性剂，并以每年增加100个品种的速度在扩大新品种表面活性剂的生产。

随着国民经济的发展，我国表面活性剂工业取得了举世瞩目的巨大发展，综合能力和整体工业水平已进入世界强国之列，国际竞争能力逐年提高。

2009年我国表面活性剂总产量为301.8万吨（以100%活性物计），其中工业表面活性剂占72.26%，仅次于美国，占世界第二位。近几年我国表面活性剂产量统计如表0-1。

表0-1　我国表面活性剂产量统计　　单位：万吨

年　份		1999年	2002年	2009年
产量/万吨		90.0	157.2	301.8
其中	工业	39.0	91.1	217.9
	民用	51.0	66.1	83.9

到2009年我国已能生产阳离子、阴离子、非离子和两性离子表面活性剂四大类、45个分类、130个小类的4700多个品种，广泛应用于日化、工业、农业等领域。其中，年产量超过10万吨的品种增加到12个，年产量超过1万吨的品种增加到27个。

改革开放以来，我国表面活性剂行业通过技术引进与自主研发已建立起相对完整的表面活性剂工业体系，技术水平和装备国产化水平有所提升，技术更新速度不断加快，表面活性剂行业装备水平也有较大提高。

乙氧基化装置和磺化装置是衡量全行业装备水平的两个主要标志。我国先后从意大利Press公司引进10套物料大循环接触式大型乙氧基化装置，第一代、第二代、第三代都有，年生产能力约为24万吨。10年来中小企业共建成56套国产乙氧基化装置。我国从“六五”起，共引进66套各种类型的SO_3连续磺化装置，这些装置大多来自美国Chemithone公司和意大利Press公司，年生产能力约为40万吨。表面活性剂行业装备技术水平与世界同步，产量基本满足市场需求。进入21世纪，表面活性剂主要原料生产装置趋向大型化。

我国所生产的常规表面活性剂可基本满足市场需求，但功能型、专业型表面活性剂仍有缺口。如洗发香波用调理剂，化纤油剂用的耐高温平滑剂，油田钻采用的耐温耐盐高分子表面活性剂，软质聚氨酯泡沫用的均泡剂，耐强碱耐高温渗透剂用的聚醚，印染助剂、助燃剂、防水剂用的含硅含氟的改性聚硅氧烷，造纸、食品、纺织工业用的酯化、交联、醚化改性淀粉品种等。总之我国在这个领域的研究还有一些差距，在深加工和应用技术服务及复配技术方面还要加大科研力度。首先，经济、多功能、性能稳定、高效的表面活性剂一直是表面活性剂工业追求的目标。为此，一方面对现有并已大量使用的表面活性剂的生产工艺进行改进，进一步降低生产成本，提高产品质量；另一方面，进一步深入研究表面活性剂结构与性能的关系，开发具有特殊结构和功能的新型表面活性剂，或开拓现有表面活性剂的应用新领域。其次，研究表面活性剂与表面活性剂、表面活性剂与添加剂之间的相互作用及复配规律，通过表面活性剂之间、表面活性剂与其他物质的复配，以达到降低成本、提高性能、优化使用的目的。

表面活性剂的发展趋势：绿色是主流，多功能、专用化、分子设计是研究方向。

对人体安全、对环境无污染的表面活性剂称为绿色表面活性剂。随着人类生活水平的提高，对环境保护的要求越来越高，对表面活性剂在工业和日常生活中的应用提出了新的要求：在产品具有高表面活性的同时，其生物降解性好、低毒、无刺激，并采用再生资源，进行清洁生产。特别是由于近年来因洗面奶以及婴幼儿洗涤用品的发展，对表面活性剂的温和性要求也越来越高。因此，来自动植物原料的"绿色"原料受到重视，"绿色"表面活性剂和温和性表面活性剂将成为今后表面活性剂发展的重要方向之一。

特种表面活性剂指含硅、氟、硫表面活性剂和含磷两性表面活性剂，现已在化妆品、PU 合成革、汽车防挡玻璃、农膜、油田等领域推广应用。通过分子设计开发出兼具破乳、脱水、降凝等多功能的破乳剂，低磷或无磷高分子表面活性剂型水处理剂等。

随着表面活性剂的广泛实用，以及近代测试仪器的引入，其发展前景已经为世界各国的化学界所瞩目。

表面活性剂在重要工业部门里的应用如表 0-2 所示。有关不同类型表面活性剂的主要用途及在工业及高新技术领域的应用，将在本书以后各章中详细讨论。

表 0-2 表面活性剂的应用

应用行业	制品或目的	表面活性剂类型	作　用
洗涤剂工业	家用洗涤剂 纺织品洗涤剂 厨用洗涤剂 居室用洗涤剂 浴室用洗涤剂 厕用洗涤剂 玻璃、金属、塑料制品洗涤剂 工业用洗涤剂 食品工业用洗涤剂 铁路交通用洗涤剂 印刷工业用洗涤剂 电仪、精仪、光仪用洗涤剂 锅炉垢清除剂	阴离子型 阳离子型 非离子型 两性型	洗涤、乳化、杀菌
化妆品工业	基础化妆品 美容化妆品 毛发用化妆品 沐浴剂 口腔卫生用品 特殊化妆品 防晒化妆品 药用化妆品 面膜 婴儿用品	阴离子型 阳离子型 非离子型 两性型	乳化、分散、增溶、起泡、清洗、润滑、柔软
制药工业	软膏类药剂 呼吸系统药剂 眼药 降血糖药剂 栓剂 杀精子剂 杀菌剂 胶囊药剂	非离子型	药物载体、乳化、增溶、润湿、杀菌消毒

续表

应用行业	制品或目的	表面活性剂类型	作　用
食品工业	面食、焙烤食品 冰淇淋 糖果 巧克力 原糖 乳制品 饮料酒 肉类、水产品、豆制品 调味品	非离子型 天然表面活性剂	乳化、脱模防粘、膨松、品质改良、增稠稳定、结晶抑制、赋型、消泡、凝结黏合、澄清、发泡稳泡、增溶、脱模剥离
纺织工业	棉纺织 毛纺织 丝绸 煮茧 丝织	非离子型 阴离子型 阳离子型	平滑、抗静电、乳化、消泡、柔软、净洗、分散、渗透、匀染、缓染、促染、洗涤、缓染、茧层渗透、柔软、渗透、润滑
化学纤维工业	黏胶纤维 合成纤维纺丝后加工染色	阴离子型 阳离子型 非离子型	黏胶添加、凝固浴添加、变性、后处理添加、润滑、乳化、抗静电、分散、洗净、匀染、缓染
石油工业	钻井 采油 石油产品	阴离子型 阳离子型 非离子型	消泡、乳化、杀菌、防腐、增黏、稀释分散、润滑、降水失水、驱油、清蜡防蜡、乳化降黏、润湿降阻、原油破乳、油井堵水剂固沙、清净剂分散、抗氧化、高碱性添加
金属加工工业	金屑清洗 水基清洗 溶剂清洗 碱性清洗 酸洗 磷化处理 金属加工 切削 淬火 焊接 铸造 电镀 化学镀 金属防腐蚀	非离子型 阴离子型 阳离子型	分散、清洗、消泡、泡沫稳定、发泡、光亮、缓蚀、表面调节、乳化、润滑、润湿、洗净、脱模、烟雾抑制、防锈
制革工业	预处理 鞣制 整理	阴离子型 阳离子型 非离子型	增溶、乳化、润湿、渗透、发泡、消泡、洗涤、匀染、固色
塑料加工、橡胶、涂料工业	塑料 橡胶 涂料	阴离子型 非离子型 阳离子型 两性型 天然表面活性剂	润滑、乳化、消泡、发泡、增塑、抗静电、润湿、稳泡、分散、增稠、稳定、凝聚、消泡、流动性能调节
建筑业	混凝土 脱模剂 建筑涂料 沥青乳液	阴离子型 非离子型 阳离子型	减水、引气、乳化、砂浆塑化、分散、润湿、稳定、消泡

续表

应用行业	制品或目的	表面活性剂类型	作　用
矿业	除尘 浮选	阴离子型 非离子型 阳离子型 两性型	润湿剂、捕获剂、起泡剂、调节剂、调整剂(抑制剂、活化剂)
制浆造纸工业	蒸煮制浆 废纸回收利用 施胶 抄纸 纸张涂布 餐巾纸、卫生纸生产 特种纸生产 造纸废水处理	非离子型 阴离子型 两性型 阳离子型	浸透剂、树脂脱除剂、分散剂、脱墨剂、乳化剂、消泡剂、柔软剂、润湿剂、处理剂、助剂

本章小结

1. 表面和表面活性的基本概念。
2. 表面活性剂的定义。
3. 表面活性剂分子结构与特点。
4. 表面活性剂的基本分类方法。
5. 表面活性剂的发展以及基本应用。

思　考　题

1. 什么是表面和表面张力?
2. 什么是表面活性?
3. 什么是表面活性剂?
4. 表面活性剂的分子结构具有哪些特点?
5. 表面活性剂分为哪些类型?
6. 简述表面活性剂的发展历史。
7. 表面活性剂应用在哪些方面?

第一章　表面活性剂的功能及其作用

学习目标

1. 了解表面活性剂在溶液中的各种存在形式，掌握临界胶团浓度对表面活性剂性质的影响。
2. 了解起泡与消泡机理。
3. 掌握润湿与接触角的关系。
4. 掌握乳状液、微乳液与肿胀胶团的区别及各自的用途。
5. 了解分散体系的类型，了解分散与絮凝的机理。
6. 了解污垢去除机理。

第一节　表面活性剂在溶液中的状态

一、表面活性剂溶液的性质

1. 溶液的物理化学性质

表面活性剂水溶液的表面张力随浓度的变化而改变，当浓度比较低时，表面张力随浓度的增加而降低，但当浓度增加到一定值，表面张力几乎不再随浓度的增加而降低，也就是说表面活性剂溶液的表面张力随其浓度对数变化的曲线中有一突变点。不仅表面张力的变化有此特征，许多物理化学性质，如渗透压、密度、摩尔电导率、折射率、黏度等均有相同的变化规律，如图 1-1 所示，$C_{12}H_{25}SO_4Na$ 水溶液的各种性质都在一个相当窄的浓度范围内发生突变。

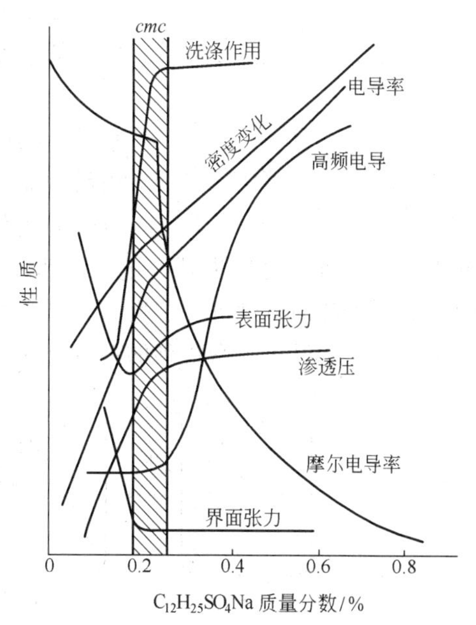

图 1-1　表面活性剂溶液特性示意图

2. 表面活性剂的溶解度

(1) 临界溶解温度（克拉夫特点）　离子型表面活性剂在水中的溶解度随温度的上升逐渐增加，当达到某一特定温度时，溶解度急剧陡升，该温度称为临界溶解温度（Krafft point），以 T_K 表示。表 1-1 列出了一些离子型表面活性剂的克拉夫特点。离子型表面活性剂的溶解特点与它在水中能够形成胶团有密切关系。

(2) 表面活性剂的浊点　非离子表面活性剂在水中的溶解度随温度上升而降低，升至某一温度，溶液出现浑浊，经放置或离心可得到富胶团和贫胶团两个液相，这个温度称为该表面活性剂的浊点（T_p）。这个现象是可逆的，溶液冷却后，即可恢复成清亮的均相。表 1-2 列出了几个典型非离子表面

表 1-1 一些离子型表面活性剂的克拉夫特点

表面活性剂	T_K/℃	表面活性剂	T_K/℃
$C_{12}H_{25}SO_4Na$	9	$C_8F_{17}COONa$	8
$C_{12}H_{25}SO_3Na$	38	$C_8F_{17}COOLi$	<0
$(C_{12}H_{25}SO_4)_2Ca$	50	$C_8F_{17}COOK$	25.6
$(C_{12}H_{25}SO_4)_2Mg$	25	$C_8F_{17}COOH$	0
$(C_{12}H_{25}SO_4)_2Ba$	105		

表 1-2 一些非离子表面活性剂的浊点

表面活性剂	T_p/℃	表面活性剂	T_p/℃
$C_{12}H_{25}(OC_2H_4)_3OH$	25	$C_8H_{17}(OC_2H_4)_6OH$	68
$C_{12}H_{25}(OC_2H_4)_6OH$	52	$C_8H_{17}C_6H_4(OC_2H_4)_{10}OH$	75
$C_{10}H_{21}(OC_2H_4)_6OH$	60		

活性剂的浊点。

出现浊点的原因是：非离子表面活性剂通过它的极性基与水形成氢键，温度升高不利于氢键的形成。温度升高到一定程度，非离子表面活性剂与水的结合减弱，水溶性降低，溶液出现浑浊。

表面活性剂的这些性质都与表面活性剂能在水中形成胶团有关。

二、表面活性剂胶团与临界胶团浓度

表面活性剂是由疏水的非极性基团和亲水的极性基团组成的分子，它在水溶液中会富集于表面并形成定向排列的表面层，因而使表面张力降低。

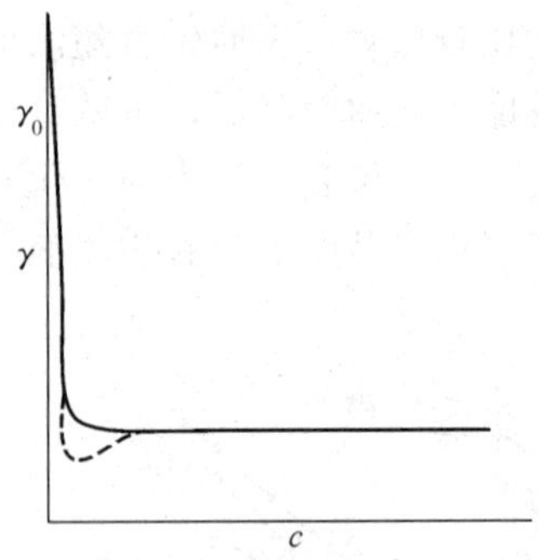

图 1-2 表面活性剂水溶液浓度和表面张力的关系

表面活性剂水溶液表面张力随浓度的变化如图 1-2 所示。在浓度很低时，溶液表面张力急剧下降，很快达到最低点，此后溶液表面张力随浓度变化很小。达到最低点的浓度一般在 1%以下。为了说明这一点，可参看示意图 1-3。

图 1-3 为按（a）、（b）、（c）、（d）顺序，逐渐增加表面活性剂的浓度，水溶液中表面活性剂的活动情况。当溶液中表面活性剂浓度极低时即极稀溶液时，如图 1-3(a) 中空气和水几乎是直接接触，水的表面张力下降不多，接近纯水状态。如果稍微增加表面活性剂的浓度，它就会很快聚集到水面，使水和空气的接触减少，表面张力急剧下降。同时水中的表面活性剂分子也三三两两地聚集到一起，疏水基互相靠在一起，开始形成如图 1-3(b) 所示的小胶团。表面活性剂浓度进一步增大，当表面活性剂的溶液达到饱和吸附时，形成亲水基朝向水疏水基朝向空气，紧密排列的单分子膜，如图 1-3(c) 所示。此时溶液的表面张力降至最低

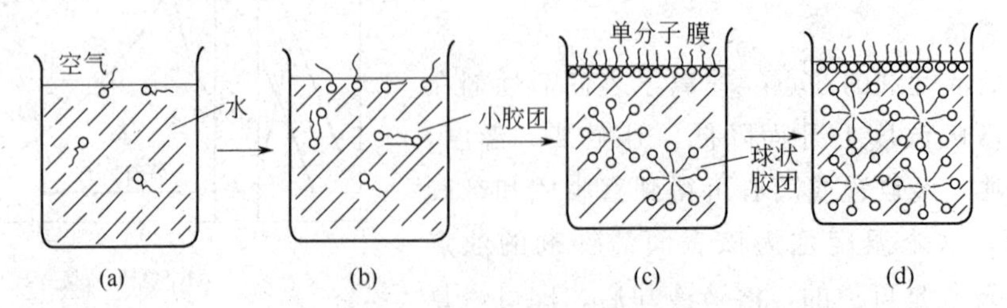

图 1-3 表面活性剂浓度变化和表面活性剂活动情况的关系

值，溶液中的表面活性剂会从单体（单个离子或分子）缔合成为胶态聚集物，即形成胶团。表面活性剂中开始大量形成胶团的浓度叫临界胶团浓度（*cmc*）。当溶液的浓度达到临界胶团浓度之后，若浓度再继续增加，溶液的表面张力几乎不再下降，只是溶液中的胶团数目和聚集数增加，如图 1-3(d) 所示。此状态相当于图 1-2 曲线上的水平部分。

由图 1-3 可知，为什么提高表面活性剂浓度，开始时表面张力急剧下降，而达到一定浓度后就保持恒定不再下降，临界胶团浓度是一个重要界限。

关于胶团的形成，可作如下解释。

表面活性剂分子具有不对称的两亲结构，其长链疏水基与水有互相排斥的作用，因此有从水中“排出”或“逃离”的趋势。表面活性剂浓度在 *cmc* 以下时，它以单个分子或离子状态吸附于溶液表面，形成表面吸附，它在体相中的浓度小于它在表面的浓度，使界面自由能减少，体系得到稳定。当溶液浓度达到 *cmc* 时，表面活性剂在表面上的吸附达到最大值，溶液浓度大于 *cmc* 时，表面活性剂在体相中的浓度显著增加，由于疏水基与水互相排斥，内部的表面活性剂为了减少界面自由能，只能形成疏水基向内，亲水基向外的缔合物，即胶团，从而使表面活性剂稳定地溶于水中。而胶团形成的动力，则是水分子与疏水基形成疏水水合作用，这是一个自发的过程。

胶团溶液是热力学稳定体系，处于胶团中的溶质与溶液中的单体形成动态平衡。胶团内核为疏水区，具有溶解油的能力。

表面活性剂溶液的很多物理化学性质如表面张力、电导率、渗透压等，与溶液中溶质的质点大小有密切关系，表面活性剂水溶液的浓度达到临界胶团浓度时，表面活性剂会随其浓度的增加大量形成胶团，导致质点大小和数量的突变，从而使溶液的一些性质发生突变，形成共同的突变浓度区域。表面活性剂溶液性质随浓度而变化的曲线如图 1-1 所示。

表 1-3　一些表面活性剂的临界胶团浓度（水溶液）

表面活性剂	温度/℃	*cmc*/(mol/L)	表面活性剂	温度/℃	*cmc*/(mol/L)
$C_8H_{17}SO_4Na$	40	1.4×10^{-1}	$C_{12}H_{25}NH_2\cdot HCl$	30	1.4×10^{-2}
$C_{10}H_{21}SO_4Na$	40	3.3×10^{-2}	$C_{16}H_{33}NH_2\cdot HCl$	55	8.5×10^{-4}
$C_{12}H_{25}SO_4Na$	40	8.7×10^{-3}	$C_{18}H_{37}NH_2\cdot HCl$	60	5.5×10^{-4}
$C_{14}H_{29}SO_4Na$	40	2.4×10^{-3}	$C_8H_{17}N(CH_3)_3Br$	25	2.6×10^{-1}
$C_{15}H_{31}SO_4Na$	40	1.2×10^{-3}	$C_{10}H_{21}N(CH_3)_3Br$	25	6.8×10^{-2}
$C_{16}H_{33}SO_4Na$	40	5.8×10^{-4}	$C_{12}H_{25}N(CH_3)_3Br$	25	1.6×10^{-2}
$C_8H_{17}SO_3Na$	40	1.6×10^{-1}	$C_{14}H_{29}N(CH_3)_3Br$	30	2.1×10^{-3}
$C_{10}H_{21}SO_3Na$	40	4.1×10^{-1}	$C_{16}H_{33}N(CH_3)_3Br$	25	9.2×10^{-4}
$C_{12}H_{25}SO_3Na$	40	9.7×10^{-3}	$C_{12}H_{25}(NC_5H_5)Cl$	25	1.5×10^{-2}
$C_{14}H_{29}SO_3Na$	40	2.5×10^{-3}	$C_{14}H_{29}(NC_5H_5)Br$	30	2.6×10^{-3}
$C_{16}H_{33}SO_3Na$	50	7×10^{-4}	$C_{16}H_{33}(NC_5H_5)Cl$	25	9.0×10^{-4}
$C_6H_{13}(OC_2H_4)_6OH$	20	7.4×10^{-2}	$C_{18}H_{37}(NC_5H_5)Cl$	25	2.4×10^{-4}
$C_6H_{13}(OC_2H_4)_6OH$	40	5.2×10^{-2}	$C_{11}H_{23}COOK$	25	2.6×10^{-2}
$C_8H_{17}(OC_2H_4)_6OH$	—	9.9×10^{-3}	$C_{12}H_{25}COOK$	25	1.25×10^{-2}
$C_{10}H_{21}(OC_2H_4)_6OH$	—	9×10^{-4}	$C_{15}H_{31}COOK$	50	2.2×10^{-3}
$C_{12}H_{25}(OC_2H_4)_6OH$	—	8.7×10^{-5}	$C_{17}H_{35}COOK$	55	4.5×10^{-4}
$C_{12}H_{25}(OC_2H_4)_{14}OH$	25	5.5×10^{-5}	$C_{17}H_{33}COOK$(油酸钾)	50	1.2×10^{-3}
$C_{12}H_{25}(OC_2H_4)_{23}OH$	25	6.0×10^{-5}	松香酸钾	25	1.2×10^{-2}

临界胶团浓度是表面活性剂的重要特性参数，它可以作为表面活性剂性能的一种量度。*cmc* 越小，此种表面活性剂形成胶团所需浓度越低，为改变体系表面（界面）性质，起到润湿、乳化、起泡、加溶等作用所需的浓度也越低。也就是说，临界胶团浓度越低，表面活性剂的应用效率越高。此外，临界胶团浓度还是表面活性剂溶液性质发生显著变化的一个“分水岭”。所以，临界胶团浓度是表征表面活性剂性质不可缺少的数据。通常将临界胶团浓度时溶液的表面张力 γ_{cmc} 作为表征表面活性剂活性的特征参数。表 1-3 列出一些表面活性剂的临界胶团浓度。

三、临界胶团浓度的测定

表面活性剂水溶液的许多物理化学性质随浓度变化，在 *cmc* 附近狭小的浓度范围内有一个突变点，原则上可以利用这些物理化学性质的突变，测定表面活性剂的 *cmc* 值。然而不同性质随浓度变化的机理有所不同，随浓度变化的改变率也不同，因此利用不同性质和方法测出的 *cmc* 有一定的差异，各种方法有不同的实用性，常用的有以下几种。

1. 表面张力法

表面活性剂水溶液的表面张力开始时随溶液浓度增加而急剧下降，到达一定浓度（即 *cmc*）后则变化缓慢或不再变化。因此常用表面张力-浓度对数图确定 *cmc*。具体做法是：测定一系列不同浓度表面活性剂溶液的表面张力 γ，作出 γ-lg$c$ 曲线，将曲线转折点两侧的直线部分外延，相交点的浓度即为此体系中表面活性剂的 *cmc*。这种方法可以同时求出表面活性剂的 *cmc* 和表面吸附等温线。此法的优点是：简单方便；对各类表面活性剂普遍适用；灵敏度不受表面活性剂类型、活性高低、浓度高低、是否有无机盐等因素的影响。而这些因素对其他一些方法的适用性有影响。例如，电导法只能测定离子型表面活性剂；采用电导法和渗透压法时，溶液中不能有无机盐存在。一般认为表面张力法是测定表面活性剂 *cmc* 的标准方法。只是在有少量高表面活性杂质（如高碳醇、胺、酸等物质）存在时，曲线会出现最低点，不易确定 *cmc*，而且所得结果往往存在误差。但是最低点的出现能说明表面活性剂含有高表面活性杂质，因而此法又可作为表面活性剂纯度的鉴定方法。

2. 电导法

电导法是测定 *cmc* 的经典方法，具有简便的优点，但只限于测定离子型表面活性剂。确定 *cmc* 时可用电导率对浓度或摩尔电导率对浓度的平方根作图，转折点的浓度即为 *cmc*。此方法对具有较高活性的表面活性剂准确性高，灵敏度较好；对 *cmc* 较大的表面活性剂灵敏度较差。无机盐的存在会影响测定的灵敏度。

3. 染料法

利用某些染料在水中和胶团中的颜色有明显差别的性质，采用滴定的方法测定 *cmc*。实验时，先在较高浓度（>*cmc*）的表面活性剂溶液中加入少量染料，此染料加溶于胶团中，呈现某种颜色。再用滴定的方法，用水将此溶液稀释，直至颜色发生显著变化，此时溶液的浓度即为 *cmc*。只要找到合适的染料，此法非常简便。但有时颜色变化不够明显，使 *cmc* 不易准确测定，此时可以采用光谱仪代替目测，以提高准确性。

4. 浊度法

非极性有机物如烃类在表面活性剂稀溶液（<*cmc*）中一般不溶解，体系为浑浊状。当表面活性剂浓度超过 *cmc* 后，溶解度剧增，体系变清。这是胶团形成后对烃起到了加溶作用的结果。因此，观测加入适量烃的表面活性剂溶液的浊度随表面活性剂浓度变化情况，浊

度突变点的浓度即为表面活性剂的 *cmc*。实验时可以使用目测或浊度计判断终点。这种办法存在加溶物影响表面活性剂 *cmc* 的问题，一般是使 *cmc* 降低，降低程度随所用烃的类型而异。若用苯作加溶物，有时 *cmc* 可降低 30%。

5. 光散射法

由于胶团为几十个或更多的表面活性剂分子或离子的缔合体，其尺寸进入光波波长范围，而具有较强的光散射。因此，利用散射光强度-溶液浓度曲线中的突变点可以测定 *cmc*。此法除测定 *cmc* 外，还可以测定胶团的聚集数、胶团的形状和大小。要求溶液非常干净，任何尘埃质点都对测定有显著影响。

四、表面活性剂的化学结构对临界胶团浓度的影响

1. 表面活性剂类型的影响

表面活性剂类型对临界胶团浓度有显著的影响。在疏水基相同的情况下，离子型表面活性剂的 *cmc* 比非离子型的大，大约差两个数量级。例如，癸基硫酸钠的 *cmc* 为 2.3×10^{-2}mol/L，而癸基甲基亚砜的 *cmc* 为 1.9×10^{-3}mol/L。两性表面活性剂的 *cmc* 与有相同碳原子数疏水基的离子型表面活性剂相近。

2. 疏水基碳氢链长度的影响

同类型表面活性剂的临界胶团浓度随疏水基增大而降低，这是由于表面活性剂分子或离子间的疏水相互作用随疏水基变大而增强。离子型表面活性剂碳氢链的碳原子数在 8～16 范围内，*cmc* 随碳原子数变化呈现一定规律：同系物每增加一个碳原子，*cmc* 下降约一半。对于非离子型表面活性剂，*cmc* 受疏水基碳原子数的影响更大。一般每增加两个碳原子，*cmc* 下降至 1/10。

3. 碳氢链分支及极性基团位置的影响

非极性基团的碳氢链有分支结构，或极性基团处于烃链较中间位置，会使烃链之间的相互作用减弱，*cmc* 值升高，表面活性降低。

在具有同样化学组成的表面活性剂分子异构体中，直碳氢链的表面活性剂 *cmc* 最低，支化度越高，*cmc* 越高。例如，2-乙基十二烷基硫酸钠的 *cmc* 为 4.3×10^{-3}mol/L，而正十四烷基硫酸钠的 *cmc* 要小将近一半，为 2.4×10^{-3}mol/L。

碳氢链相同时，极性基越靠近中间位置的，*cmc* 越大。例如，碳原子数为 14 的烷基硫酸钠，硫酸基在第 1 个碳原子上的，*cmc* 为 2.4×10^{-3}mol/L，而在第 7 个碳原子上的，*cmc* 为 9.7×10^{-3}mol/L。

4. 碳氢链上其他取代基的影响

在疏水基中除饱和碳氢链外还有其他基团时，会影响表面活性剂的疏水性，进而影响其 *cmc*。例如，在疏水链中有苯基时，一个苯基约相当于 3.5 个 CH_2 基团，*p*-*n*-$C_8H_{17}C_6H_4SO_3Na$ 虽然有 14 个碳原子，却只相当于有 11.5 个碳原子的烷基磺酸钠，其 *cmc* 为 1.5×10^{-2}mol/L。另外，碳氢链中有双键时，其 *cmc* 较饱和化合物高。在疏水基中引入极性基（如—O—、—OH 等），亦使 *cmc* 增大。

5. 疏水基化学组成的影响

含碳氟链的表面活性剂，其 *cmc* 要比同碳原子数的碳氢链表面活性剂低得多，相应地表面活性要高得多。碳氢链中的氢被氟部分取代的表面活性剂，其 *cmc* 随被取代程度的增加而减少。但碳氢链末端碳原子上的氢被氟取代的化合物，其 *cmc* 反而升高。例如，$CF_3(CH_2)_8CH_2N(CH_3)_3Br$ 的 *cmc* 为 $CH_3(CH_2)_8CH_2N(CH_3)_3Br$ 的 2 倍。

6. 亲水基团的影响

一价无机反离子对表面活性剂的 *cmc* 影响很小。若反离子为非极性的有机离子，那么随着反离子碳氢链的增加，表面活性剂的 *cmc* 不断降低。例如，$C_{12}H_{25}N(CH_3)_3Br$ 的 *cmc* 为 1.6×10^{-2}mol/L(25℃)，而 $C_{12}H_{25}N(CH_3)_3\cdot C_{12}H_{25}SO_4$ 的 *cmc* 为 4×10^{-5}mol/L。

除表面活性剂的化学结构外，添加剂（如无机盐、极性有机物）对表面活性剂的 *cmc* 会有影响；温度对 *cmc* 也会有影响。

五、胶团的结构、大小和形状

1. 胶团的结构

胶团的基本结构分为两部分：内核和外层，如图 1-4 所示。在水溶液中，胶团的内核由彼此结合的疏水基构成，形成胶团水溶液中的非极性微区。胶团内核与溶液间为水化的表面活性剂极性基构成的外层。

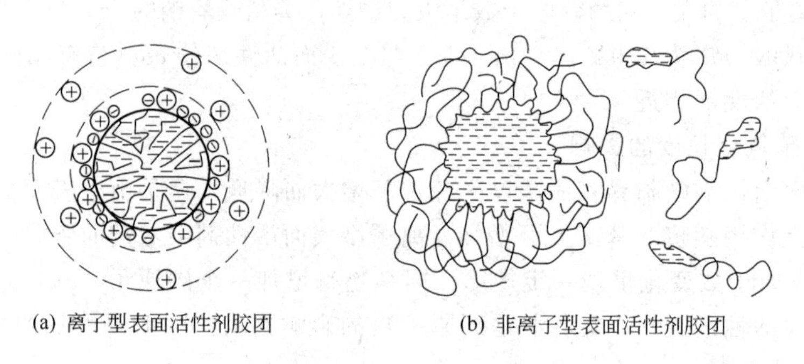

(a) 离子型表面活性剂胶团　　(b) 非离子型表面活性剂胶团

图 1-4　胶团结构示意图

（1）离子型表面活性剂胶团的结构　离子型表面活性剂有一个由疏水的碳氢链构成的类似于液态烃的内核，约 1～2.8nm。胶团的外层指胶团内核与水溶液之间的区域，主要由水化的表面活性剂亲水基构成。离子型表面活性剂胶团的外层包括表面活性剂离子的带电基团、通过电性吸引与之结合的反离子及水化水。例如，烷基硫酸盐表面活性剂胶团的外层不仅有硫酸根离子，还有与之结合的 Na^+ 等反离子。结合的反离子数量一般小于缔合的表面活性剂离子的数量，因此，胶团是带电的。因为整个体系是电中性的，在胶团-水界面之外必然有剩余的反离子存在于溶液中。由于带电的胶团产生电场，反离子在溶液中成扩散分布，形成扩散层，这个扩散层与胶团外层一起构成扩散双电层结构。胶团的扩散双电层厚度随溶液中离子强度的增加而减少。胶团外层的表面活性剂极性基和结合的反离子都有水化作用，因此胶团外层也含有水化层。

（2）非离子型表面活性剂胶团的结构　非离子表面活性剂胶团的内核也是由疏水的碳氢链构成的类似于液态烃的内核。胶团的外层由柔顺的聚氧乙烯链及与醚键相结合的水构成。非离子胶团不带电，溶液中不存在扩散双电层。

2. 胶团的大小

胶团的大小可以用缔合成一个胶团粒子的表面活性剂分子或离子的平均数目，即聚集数 *n* 来衡量。通常用光散射法、超离心法、扩散-黏度法、荧光光谱法等方法测定胶团的“分子量”，来确定胶团的聚集数。聚集数 *n* 可以从几十到几千甚至上万。一些表面活性剂的胶团聚集数见表 1-4。

影响胶团聚集数的因素如下。

表 1-4　一些表面活性剂的胶团聚集数

表面活性剂	介质	温度/℃	胶团聚集数	表面活性剂	介质	温度/℃	胶团聚集数
$C_8H_{17}SO_3Na$	H_2O	23	25	$C_{12}H_{25}NH_2 \cdot HCl$	H_2O	—	55.5
$C_{10}H_{21}SO_3Na$	H_2O	30	40	$C_{11}H_{23}COOK$	H_2O	室温	50
$C_{12}H_{25}SO_3Na$	H_2O	40	54	$C_{12}H_{25}(OC_2H_4)_6OH$	H_2O	15	140
$C_{14}H_{29}SO_3Na$	H_2O	60	80	$C_{12}H_{25}(OC_2H_4)_6OH$	H_2O	25	400
$C_8H_{17}SO_4Na$	H_2O	室温	20	$C_{12}H_{25}(OC_2H_4)_6OH$	H_2O	35	1400
$C_{10}H_{21}SO_4Na$	H_2O	23	50	$C_{12}H_{25}(OC_2H_4)_6OH$	H_2O	45	4000
$C_{12}H_{25}SO_4Na$	H_2O	23	71	$C_8H_{17}(OC_2H_4)_6OH$	H_2O	18	30
$C_{12}H_{25}SO_4Na$	NaCl(0.01mol/L)	25	89	$C_8H_{17}(OC_2H_4)_6OH$	H_2O	30	41
$C_{12}H_{25}SO_4Na$	NaCl(0.03mol/L)	25	100	$C_8H_{17}(OC_2H_4)_6OH$	H_2O	40	51
$C_{12}H_{25}SO_4Na$	NaCl(0.05mol/L)	25	105	$C_8H_{17}(OC_2H_4)_6OH$	H_2O	60	210
$C_{12}H_{25}SO_4Na$	NaCl(0.1mol/L)	25	112	$C_{10}H_{21}(OC_2H_4)_6OH$	H_2O	35	260
$C_{10}H_{21}N(CH_3)_3Br$	H_2O	—	36.4	$C_{14}H_{29}(OC_2H_4)_6OH$	H_2O	35	7500
$C_{12}H_{25}N(CH_3)_3Br$	H_2O	—	50	$C_{16}H_{33}(OC_2H_4)_6OH$	H_2O	34	16600
$C_{14}H_{29}N(CH_3)_3Br$	H_2O	—	75	$C_{16}H_{33}(OC_2H_4)_6OH$	H_2O	25	2430

（1）表面活性剂结构的影响　表面活性剂同系物水溶液中胶团的聚集数随其疏水基碳原子数增加而变大。对于非离子表面活性剂，这种变化尤为显著。

对于非离子表面活性剂，聚氧乙烯链长增加，而碳氢链长不变时，会引起非离子表面活性剂的亲水性增强，使表面活性剂的胶团聚集数减少。上述情况说明：表面活性剂亲溶剂性（在水中就是亲水性）变弱时胶团聚集数变大，反之则变小。

（2）无机盐的影响　在离子型表面活性剂溶液中加入无机盐时，胶团聚集数往往随盐浓度增加而增加。这是因为电解质的加入使聚集体的扩散双电层压缩，减少了表面活性剂离子头间的排斥作用，使表面活性剂更容易聚集成较大的胶团。而加入无机盐对非离子表面活性剂的聚集数影响不大。

（3）有机物的影响　在溶液中加入极性或非极性有机物质，表面活性剂溶液浓度大于其临界胶团浓度时会发生加溶作用。加溶作用一般会使胶团胀大，从而增加胶团的聚集数，直至达到加溶极限。这种影响随加溶物的性质不同有很大差异。通常非极性加溶物的影响有限，往往抑制胶团的进一步胀大；而醇和芳烃可促使胶团显著胀大。

（4）温度的影响　温度升高，非离子表面活性剂胶团的聚集数显著增加，特别是当温度接近表面活性剂溶液的浊点时变化尤为显著。其主要原因是，温度升高，削弱醚氧与水的结合而降低其亲水性。温度对离子型表面活性剂在水溶液中的聚集数没有太大影响，通常是升高温度使聚集数有所降低。

3. 胶团的形状

一般认为，在表面活性剂溶液浓度略大于 *cmc*，而且没有其他添加剂及加溶物的溶液中，胶团大多呈球状。在有些情况下，胶团形状呈扁圆状或盘状。

在 10 倍于 *cmc* 或更大浓度的溶液中，胶团一般是非球状的，而呈棒状结构。在这种结构中，表面活性剂分子的疏水链与水接触面积缩小，有更高的热力学稳定性。有些表面活性剂形成的棒状胶团有一定的柔顺性，能像蚯蚓一样蠕动。

溶液浓度继续增加，棒状胶团还可以聚集成束，形成六角束。

当溶液浓度更大时，就形成巨大的层状胶团。

随着浓度的增加，在溶液中加入适量的油（非极性液体），则可能形成微乳状液。若浓度进一步增加，可得到光学各向异性的液晶态。

图 1-5 表示出胶团形状随溶液浓度变化的情况。

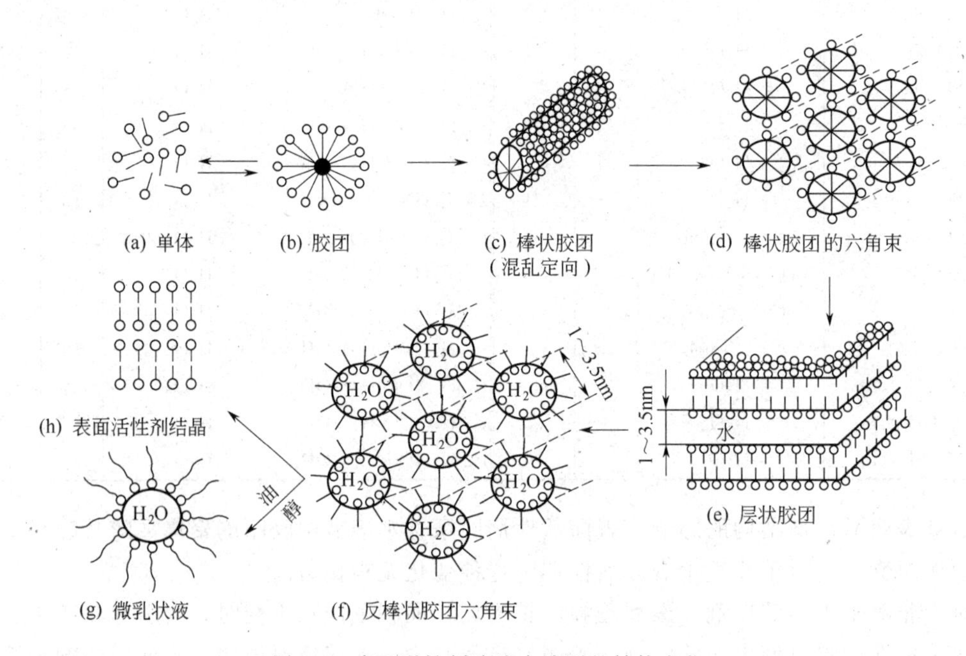

图 1-5 表面活性剂溶液中胶团的结构变化

六、液晶

大多数关于表面活性剂的讨论只涉及稀溶液，这时体系中只有单体和它们最基本的聚集体胶团。实际上，胶团只是表面活性剂溶液中存在的聚集形式之一。当体系的物理化学条件发生变化后，体系性质会发生改变，出现多种聚集体结构。图 1-5 中，从高度有序的结晶相到完全无结构的单体稀溶液，有一系列中间相态，它们的性质取决于表面活性剂的化学结构、体系的组成、温度、pH、添加剂等因素。

当表面活性剂从水溶液中结晶时，它们的分子间会发生强烈的相互作用，形成常见的晶体。此时的表面活性剂结晶中常带有一些溶剂，这些溶剂与极性基结合存在于晶体中，形成水合物，水合物有一定的组成和形态。因此，它们虽是晶体，但与干的晶体又有所不同。把溶剂加到这种表面活性剂晶体中，体系的结构会发生转变，从高度有序的晶体形式变成较为无序的相，称为液晶或介晶相。液晶的特点是兼有某些晶体和流体的物理性质。从结构上看，至少在一个方向上高度有序排列，因此，液晶会显示清楚的 X 光衍射花样。液晶一般分为两大类：热致液晶和溶致液晶。热致液晶的结构和性质决定于体系的温度，溶致液晶则取决于溶质分子与溶剂分子间的相互作用。除了天然脂肪酸皂，所有表面活性剂液晶都是溶致液晶。常见的表面活性剂-水体系中有三种不同的溶致液晶：层状液晶、六方液晶和立方液晶，它们的结构如图 1-6 所示。

不同类型的液晶是由不同形状的胶团以不同方式聚集而成的：层状液晶由层状胶团叠合而成；六方液晶由长棒状胶团平行排列而成；立方液晶则是由椭球形或短棒状胶团作立方点阵排列而成。

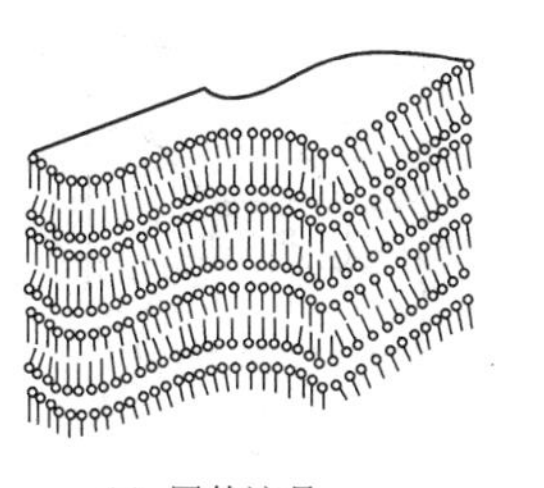
(a) 层状液晶

(b) 六方液晶

(c) 立方液晶

图 1-6　表面活性剂溶致液晶的结构

第二节　润湿作用

广义而言，润湿作用是指固体表面上的一种流体被另一种与之不相混溶的流体所取代的过程。因此，润湿作用至少涉及三相，其中两相是流体，一相是固体。一般常见的润湿现象是固体表面上的气体（通常是空气）被液体（通常是水或水溶液）取代的过程。例如，用含有表面活性剂的水溶液润湿玻璃，玻璃上的空气就被水取代了。能增强水或水溶液取代固体表面空气能力的物质称为润湿剂。

一、润湿过程

润湿过程可分成三类：接触润湿（沾湿）、浸入润湿（浸湿）和铺展润湿（铺展）。下面分别讨论这些过程的实质及自发进行的条件。

1. 沾湿

沾湿指液体与固体接触，变液-气界面和固-气界面为固-液界面的过程（图 1-7）。

设接触面积为单位值，则此过程中体系自由能的降低值（$-\Delta G$）为

$$-\Delta G=\gamma_{g\text{-}s}+\gamma_{g\text{-}l}-\gamma_{s\text{-}l}=W_a \quad (1\text{-}1)$$

式中　$\gamma_{g\text{-}s}$——气-固界面自由能；

$\gamma_{g\text{-}l}$——气-液界面自由能；

$\gamma_{s\text{-}l}$——固-液界面自由能。

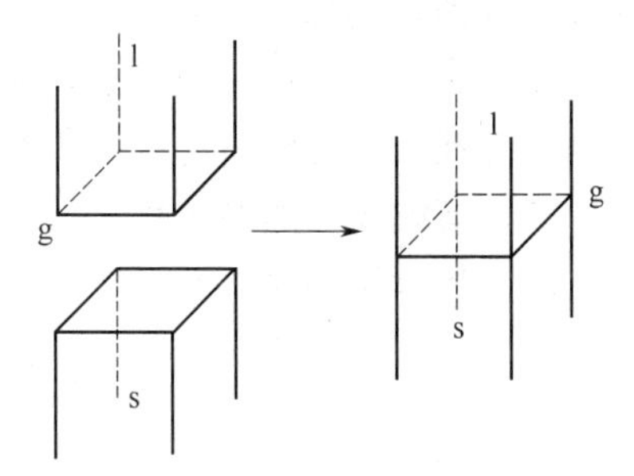

图 1-7　沾湿过程

W_a 为黏附功，是沾湿过程中，体系对外所能做的最大功，也是将接触的固体和液体自交界处拉开，外界所需做的最小功。此值越大，固体和液体结合越牢。根据热力学第二定律，在恒温恒压条件下，$W_a>0$ 的过程为自发过程，即自发沾湿。

2. 浸湿

浸湿指固体浸入液体中的过程（图 1-8）。

该过程实质是固-气界面变为固-液界面，而液体表面在过程中无变化。洗衣时把衣服泡在水中就是浸湿过程。

在浸湿面积为单位值时，过程自由能的降低值为

$$-\Delta G=\gamma_{s\text{-}g}-\gamma_{s\text{-}l}=W_i=A \quad (1\text{-}2)$$

W_i 为浸湿功，反映了液体在固体表面上取代气体的能力。恒温恒压下，$W_i>0$，能自发浸湿。W_i 体现了固体与液体间黏附的能力，又称为黏附张力，用符号 A 来代表。

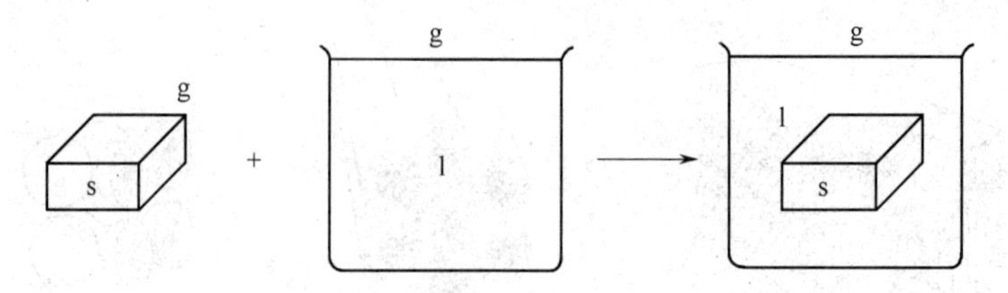

图 1-8 浸湿过程

3. 铺展

铺展指液体在固体表面取代空气并展开的过程，见图 1-9。

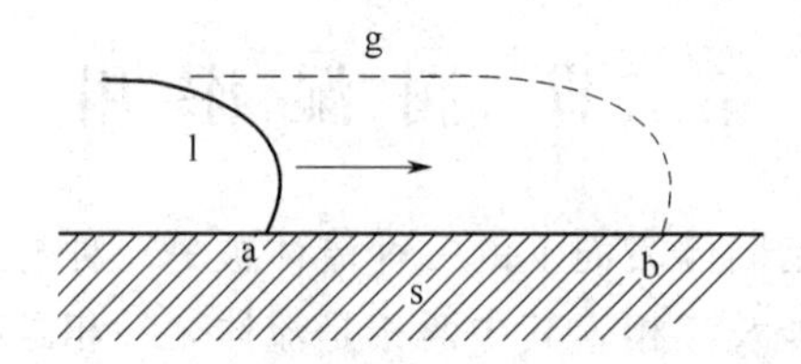

图 1-9 液体在固体上的铺展过程

铺展过程的实质是固-液界面代替固-气界面，同时液体表面扩展，形成新的气-液界面。

在铺展面积为单位值时，体系自由能降低为

$$-\Delta G=\gamma_{g-s}-\gamma_{l-s}-\gamma_{l-g}=S \tag{1-3}$$

S 称为铺展系数。恒温恒压下，$S>0$，液体可以在固体表面自动展开，连续地从固体表面取代气体。

经过上面的讨论，知道了三种润湿发生的条件。对于同一体系，$W_a>W_i>S$，若 $S>0$，则 $W_a>W_i>0$，故凡能自行铺展的体系，必能浸湿和沾湿。因此，常把铺展系数 S 作为体系润湿性能的指标。

实际中，应用上述结论来判断润湿情况是很困难的。然而，人们发现了固体表面存在接触角，并找出了接触角与有关界面能的关系，即润湿方程，为研究润湿现象提供了方便。

二、接触角与润湿方程

将液体滴于固体表面，随体系性质而异，会出现四种不同的情况。如图 1-10 所示。

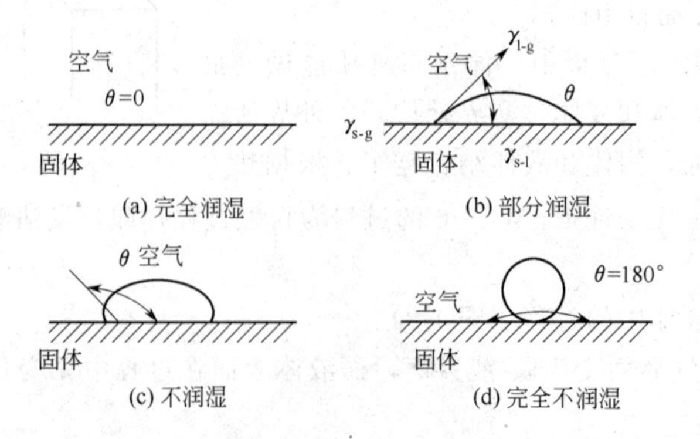

图 1-10 润湿的四种情况

在固、液、气三相交界处，自固-液界面经液体内部到气-液界面的夹角叫接触角，以 θ 表示。平衡接触角与三个界面自由能之间的关系为

$$\gamma_{s-g}-\gamma_{s-l}=\gamma_{l-g}\cos\theta \tag{1-4}$$

此式即为杨氏方程，也叫做润湿方程。该方程可看作是，在三相的交界处，三种界面张力平衡的结果。

将润湿方程分别代入式（1-1）、式（1-2）、式（1-3），则有

$$W_a=\gamma_{l\text{-}g}(\cos\theta+1) \tag{1-5}$$

$$W_i=\gamma_{l\text{-}g}\cos\theta \tag{1-6}$$

$$S=\gamma_{l\text{-}g}(\cos\theta-1) \tag{1-7}$$

理论上讲，测定了液体表面张力 $\gamma_{l\text{-}g}$ 和接触角 θ，就可以得到黏附功 W_a、浸润功 W_i 和铺展系数 S。由此可知，各种润湿发生的条件与固体表面的接触角有关。接触角越小，润湿性越好。

三种润湿自发进行的能量判据与接触角的关系见表 1-5。

表 1-5　三种润湿自发进行的能量判据与接触角的关系

润湿类型	能量判据	接触角判据
沾湿	$W_a=\gamma_{l\text{-}g}(\cos\theta+1)>0$	$\theta\leqslant180°$
浸湿	$W_i=\gamma_{l\text{-}g}\cos\theta>0$	$\theta\leqslant90°$
铺展	$S=\gamma_{l\text{-}g}(\cos\theta-1)>0$	$\theta\leqslant0°$

以接触角表示润湿性时，通常将 $\theta=90°$ 作为润湿与否的标准。$\theta>90°$ 为不润湿，$\theta<90°$ 为润湿。θ 越小，润湿性越好。

测定接触角的方法有角度测量法、长度测量法、力测量法、透过测量法等。

三、影响润湿的因素

1. 固体表面性质

由润湿方程可以看出，固体表面能越高，即 $\gamma_{s\text{-}g}$ 越大，越易润湿。例如，棉织物的 $\gamma_{s\text{-}g}$ 大于防雨布的 $\gamma_{s\text{-}g}$，所以棉织物易润湿。凡表面能高于 100mN/m 的固体，叫做高能表面固体，其表面叫做高能表面；凡表面能低于 100mN/m 的固体，叫做低能表面固体，其表面叫做低能表面。按照这个标准，有机固体和无机固体大致属于这两类；一般无机固体，如金属及其氧化物、卤化物及各种无机盐，其表面属于高能表面。许多有机固体和高聚物的表面则属于低能表面。高能固体表面与一般液体接触后，体系表面能有较大的降低，能为这些液体所润湿；低能固体表面的润湿性能一般来说不好，但随固液两相成分与性质的不同而有很大变化。另外，固体表面的不均匀性和表面粗糙度对润湿性能也会产生影响。

2. 加入表面活性剂

加入表面活性剂是改变体系润湿性质，以满足实际需要的主要手段。表面活性剂对固体表面润湿性的影响，取决于表面活性剂分子在固-液界面上定向吸附的状态及吸附量。

（1）提高液体的润湿能力　在水与低能固体表面组成的体系中，由于水的表面张力比固体的临界表面张力高，而不能在固体表面铺展。表面活性剂可以有效地降低水的表面张力，故常作为润湿剂加入到水中，以改善其润湿能力。应该选择降低水表面张力能力最强的表面活性剂，即 γ_{cmc} 和 cmc 最低的表面活性剂作为润湿剂。选择润湿剂，必须注意表面活性剂在固体表面上的吸附性质。比如，固体表面常带负电，阳离子型表面活性剂在固-液界面形成亲水基向内、亲油基向外的吸附层，高能表面变成了低能表面，反而不易被水润湿。因此，阳离子表面活性剂很少作为润湿剂使用。

(2) 在固体表面吸附，改变固体表面性质　表面活性剂的双亲分子吸附于固体表面，极性基易朝向固体，非极性基朝向气体，形成定向排列的吸附层。带有吸附层的固体表面裸露的是碳氢基团，具有低能表面特性，从而改变了原固体表面的润湿性，以达到防水、抗粘等目的。例如，在选矿工艺中，常使用黄原酸钾（钠）浮选方铅矿。黄原酸钾（钠）在方铅矿粒子表面发生化学吸附，极性基与固体表面的金属原子联结，非极性基朝外，使其润湿性大大降低，而易于附着在气泡上，从水中“逃出”漂浮于表面。能降低高能表面润湿性的表面活性物常见的有重金属皂类、高级脂肪酸、有机胺盐、有机硅化合物、氟表面活性剂等。

四、润湿剂

在实践中，可以添加表面活性剂改变固-液、固-气和液-气三个界面的界面张力，来改变固体的润湿性能。

能使液体润湿或加速润湿固体表面的表面活性剂为润湿剂；能使液体渗透或加速渗入孔性固体表面的表面活性剂为渗透剂。

润湿剂的分子结构特点：良好的润湿剂其疏水链应具有侧链结构，且亲水基应位于中部，或者是碳氢链为较短的直链，亲水基位于末端。由于润湿取决于在动态条件下表面张力降低的能力，因此，润湿剂不仅应具有良好的表面活性，还要有良好的扩散性，能很快吸附在新的表面上。

润湿剂有阴离子型和非离子型表面活性剂。阴离子型表面活性剂包括烷基硫酸盐、磺酸盐、脂肪酸或脂肪酸酯硫酸盐、羧酸皂类、磷酸酯等。它们有各自不同的适用环境，可用于农药、纺织、皮革、造纸、金属加工等许多领域。非离子型表面活性剂包括聚氧乙烯烷基酚醚、聚氧乙烯脂肪醇醚、聚氧乙烯聚氧丙烯嵌段共聚物等。

第三节　泡　　沫

一、泡沫的形成

泡沫是聚在一起的许多小泡，由不溶性气体分散在液体或熔融固体中所形成的分散物系。气体是分散相，液体是分散介质。被分散的气泡成多面体形状。由于气体与液体的密度相差很大，故液体中的气泡总是很快升至液面，形成以少量液体构成的液膜隔开气体的泡沫。泡沫是常见的现象。例如，搅拌肥皂水可以产生泡沫，打开啤酒瓶就有大量的泡沫出现。

泡沫中各个气泡相交处（一般是三个气泡相交）形成所谓 Plateau 交界，如图 1-11 的A 处。

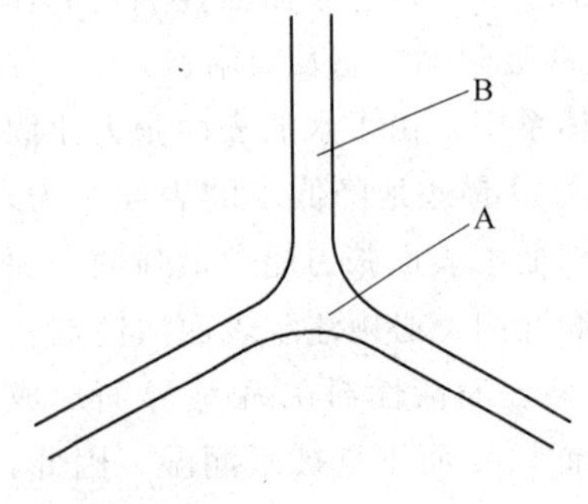

图 1-11　Plateau 交界

由图 1-11 所示，B 为两气泡的交界处，形成的气-液界面相对比较平坦，可近似看成平液面，而 A 为三气泡交界处，液面为凹液面，此处液体内部的压力小于平液面内液体的压力，即 B 处液体的压力大于 A 处液体的压力，液体自动由 B 处流向 A 处，使 B 处液膜变薄，这是泡沫的一种自动排液过程。液膜薄至一定程度，会导致液膜破裂，泡沫破坏。另一种排液过程是因重力作用产生的向下排液现象，使液膜减薄。

泡沫有两种聚集态：一是气体以小的球形均匀分散在较黏稠的液体中，气泡间的相互作用力弱，这种泡沫称为稀泡；二是泡沫密集的，气泡间被极薄的一层液膜所隔开，结构为多面体气泡的堆积，称为浓泡。一般来说，纯液体不会产生泡沫。例如，纯净的水不产生泡沫，只有加入肥皂等表面活性剂才能形成泡沫。能形成稳定泡沫的液体，必须有两个或两个以上组分。表面活性剂溶液是典型的易产生泡沫的体系，蛋白质及其他水溶性高分子也能形成稳定的泡沫。不仅水溶液，非水溶液也能产生泡沫。

起泡性好的物质称为起泡剂。一般肥皂、洗衣粉中的表面活性剂都是起泡剂。起泡剂只在一定条件下（搅拌、鼓气等）具有良好的起泡能力，但生成的泡沫不一定持久。例如，肥皂与烷基苯磺酸钠都是良好的起泡剂，但肥皂生成的泡沫持久性好，后者却较差。为了提高泡沫的持久性，会加入增加泡沫稳定性的表面活性剂，称为稳泡剂。如月桂酸单乙醇酰胺、十二烷基葡萄糖苷等，都是稳泡剂。表面活性剂的泡沫性能包括起泡性能和稳泡性能两个方面。起泡性能用“起泡力”来表示，即泡沫形成的难易程度和生成泡沫量的多少；泡沫稳定性指生成泡沫的持久性或泡沫寿命的长短。

二、泡沫的稳定性

泡沫是一种热力学不稳定体系，破泡后体系总表面积减少，能量降低，这是一种自发过程，泡沫最终还是要破坏的。泡沫破坏的过程，主要是隔开气体的液膜由厚变薄，直至破裂的过程。因此，泡沫的稳定性主要取决于排液快慢和液膜的强度，影响泡沫稳定性的主要因素就是影响液膜厚度和表面膜强度的因素。下面从几个方面对泡沫的稳定性进行讨论。

1. 表面张力

生成泡沫时，液体表面积增加，体系能量（表面能）也相应增加。泡沫破坏时，体系能量降低。从能量的角度考虑，低表面张力有利于泡沫的形成，即生成相同表面积的泡沫，所需的功较少，体系能量增加较少。例如，乙醇的表面张力在 20℃时为 22.4mN/m。由于其表面张力低，在外界条件作用下，乙醇易于产生泡沫，但泡沫不稳定，易破裂。而表面活性不太高的蛋白质、明胶等虽然产生泡沫不像乙醇容易，但泡沫一旦形成却很稳定。说明表面张力低易于产生泡沫，但不能保持泡沫有较好的稳定性。只有表面膜有一定强度，能形成多面体泡沫时，表面张力的排液作用才能显示出来。如果液膜的表面张力低，在 Plateau 交界和平面膜间的压差就会小，液膜排液的速度就慢，此时低表面张力才有利于泡沫的稳定。

2. 表面张力的自修复作用

表面张力不仅会影响泡沫的形成，而且在泡沫液膜受到冲击变薄时，有使液膜厚度复原、强度恢复的作用，即表面张力的自修复作用。小针轻轻刺入肥皂膜，肥皂膜可以不破，这说明肥皂膜有自修复作用。表面张力的自修复作用使泡沫具有良好的稳定性。当液膜受到外力冲击或扰动时，液膜局部变薄，使液膜面积增大，导致此处表面活性剂浓度降低，表面张力增加。如图 1-12 所示，A 处液膜比 B 处液膜薄，$\gamma_A > \gamma_B$。由于 B 处的表面活性剂浓度高于 A 处的浓度，所以表面活性剂由 B 处向 A 处迁移，使 A 处的表面活性剂浓度恢复，同时带动邻近的液体一起迁移，使 A 处的液膜厚度恢复。

3. 界面膜的性质

决定泡沫稳定性的关键因素在于液膜的强度，液膜的强度主要体现在液膜的表面黏度和弹性。

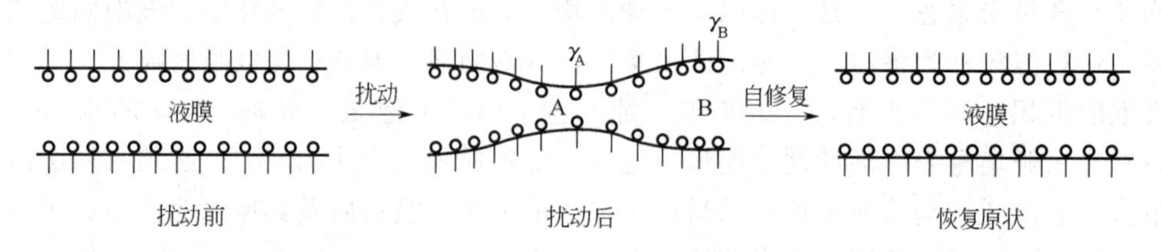

图 1-12 表面张力的自修复作用

(1) 表面黏度　表面黏度指液体表面单分子层内的黏度。它通常是由表面活性剂分子在表面上所构成的单分子层产生的。表 1-6 列出了几种表面活性剂水溶液的表面张力、表面黏度和泡沫寿命。

表 1-6　一些表面活性剂水溶液（0.1%）的表面张力、表面黏度与泡沫寿命

表面活性剂	表面张力/(mN/m)	表面黏度/Pa·s	泡沫寿命/s
烷基苯磺酸钠	32.5	3×10^{-4}	440
E607L	25.6	4×10^{-4}	1650
月桂酸钾	35.0	39×10^{-4}	2200
十二烷基硫酸钠	38.5	2×10^{-4}	69
十二烷基硫酸钠(0.008% $C_{12}H_{25}OH$)	22.0	32×10^{-4}	1590

表 1-6 所列数据表明，溶液表面张力的高低与泡沫寿命没有必然的关系。而表面黏度越高，泡沫寿命越长。十二烷基硫酸钠溶液的表面黏度最低，为 2×10^{-4} Pa·s，泡沫寿命也最短，为 69s。然而当其中加入浓度为 0.008% 的少量月桂醇后，表面张力下降，表面黏度增加，泡沫的寿命由 69s 增加到 1590s，极大地提高了泡沫的稳定性。这可能是因为十二烷基硫酸钠和月桂醇在气-液界面上形成了致密的混合膜，使表面黏度提高。

(2) 界面膜的弹性　表面黏度是产生稳定泡沫的重要条件，但同时还要考虑膜的弹性。例如，十六醇能形成表面黏度和强度很高的液膜，但稳泡作用不好，因为它形成的液膜刚性太强，容易在外界扰动下脆裂。因此理想的液膜应具有高黏度和高弹性。

另外，液膜内液体的黏度增加，也有利于泡沫稳定性的提高，因为这样可以使排液速度减缓，起到稳泡作用。

4. 气体的透过性

泡沫中的气泡大小不均匀，小泡中的压力比大泡中的压力高，这样，小泡中的气体通过液膜扩散到邻近的大泡中，使小泡变小直至消失，大泡变大最终破裂。气泡的透过性与液膜的黏度有很大关系，液膜的表面黏度高，气体的相对透过率就低，泡沫就越稳定性。表面活性剂吸附于泡沫的液膜上，形成紧密排列的吸附膜，使液膜的表面黏度升高，在阻止气泡排气的过程中起了很大作用。

5. 表面电荷

若泡沫液膜的表面带有同种电荷，当液膜受到挤压、气流冲击或重力排液，会使液膜变薄，当液膜薄到一定程度大约为 100nm 时，就会产生电斥作用，阻止液膜继续减薄以致破裂。使用离子型表面活性剂作起泡剂，它在水中离解会产生电荷。如十二烷基硫酸钠在水中电离后生成 $C_{12}H_{25}SO_4^-$，使液膜表面带负电，Na^+ 在液膜内，形成两层离子吸附的双电层结构，如图 1-13 所示。

当液膜变薄时，两表面的电相斥作用开始变得显著起来，防止液膜进一步变薄。

综合以上讨论可以看出，虽然影响泡沫稳定性的因素较多，但最重要的是液膜的强度。对于表面活性剂作为起泡剂及稳泡剂的情况而言，表面吸附分子排列的紧密、结实性（强度）为主要因素。表面吸附分子结构紧密、相互作用强时，不仅表面膜本身具有较大强度，还能使吸附层下面的溶液不易流动（表面黏度大），排液相对较困难，液膜厚度易于保持；而且，表面吸附分子排列紧密，还能减少气体的透过性，从而增加泡沫的稳定性。

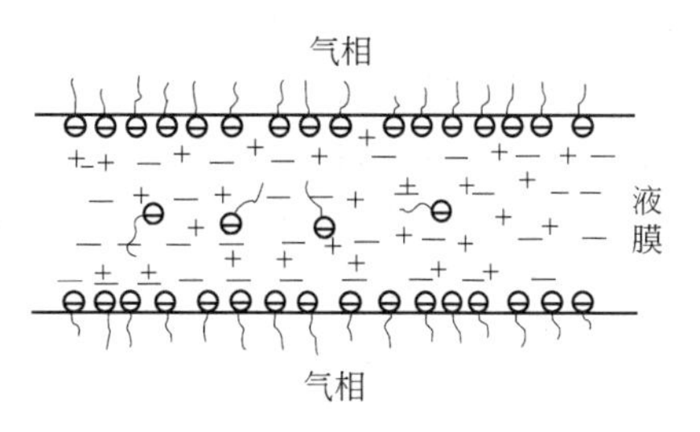

图 1-13　液膜双电层结构

三、消泡作用

在生产和生活中，有时需要泡沫，但有时泡沫也会带来麻烦。因此，研究泡沫的抑制和破灭，也是一个重要的课题。

1. 消泡机理

消除泡沫大致有两种方法，物理法和化学法。工业上经常使用的是化学法中的消泡剂消泡。常用的消泡剂都是易于在溶液表面铺展的有机液体。它在溶液表面铺展时，会带走邻近表面层的溶液，使液膜局部变薄，直至破裂，达到消泡的目的。一般情况下，消泡剂在液体表面铺展越快，液膜变得越薄，消泡作用也越强。一般能在表面上铺展，起消泡作用的液体，其表面张力较低，易吸附在溶液表面，使表面局部张力降低，铺展自此局部开始，同时带走表面液体，使液膜变薄，泡沫破坏。一种有效的消泡剂不但能够迅速破坏泡沫，还要有持久的消泡能力（即在一段时间内防止泡沫生成）。

2. 消泡剂

常用的消泡剂有以下几类。

(1) 支链脂肪醇　如二乙基己醇、异辛醇、异戊醇、二异丁基甲醇等。这些消泡剂常用于制糖、造纸、印染工业中。

(2) 脂肪酸及其酯　溶解度不大的脂肪酸及其酯，由于毒性极低，适用于食品工业。如失水山梨醇单月桂酸酯（Span-20）用于奶糖液的蒸发干燥，用于鸡蛋白和蜜糖液的浓缩，以防止发泡。

(3) 烷基磷酸酯　具有低水溶性及大的铺张系数，有水溶和非水溶体系。

(4) 有机聚硅氧烷　低表面能及在有机化合物中的低溶性，使其在水溶或非水溶体系中均有突出效果。广泛用于造纸、明胶、乳胶等工业中。

(5) 聚醚类　有聚氧乙烯醚、聚氧乙烯甘油醚等，是性能优良的水体系消泡剂。

(6) 卤化有机物　有氯化烃、氟有机化合物，常用作消泡剂。高氟化物表面张力极低，常用于防止非水体系起泡。

第四节　乳 化 作 用

一、乳状液

1. 概述

乳状液在日常生活中广泛存在，牛奶就是一种常见的乳状液。乳状液是指一种液体分散在另一种与它不相混溶的液体中形成的多相分散体系。乳状液属于粗分散体系，液珠直径一般大于0.1μm。由于体系呈现乳白色而被称为乳状液。乳状液中以液珠形式存在的相称为分散相（或称内相、不连续相）。另一相是连续的，称为分散介质（或称外相、连续相）。通常，乳状液有一相是水或水溶液，称为水相；另一相是与水不相混溶的有机相，称为油相。

乳状液分为以下几类：

① 水包油型，以O/W表示，内相为油，外相为水，如牛奶等；

② 油包水型，以W/O表示，内相为水，外相为油，如原油等；

③ 多重乳状液，以W/O/W或O/W/O表示。

W/O/W型是含有分散水珠的油相悬浮于水相中；O/W/O型是含有分散油珠的水相悬浮于油相中，如图1-14所示。

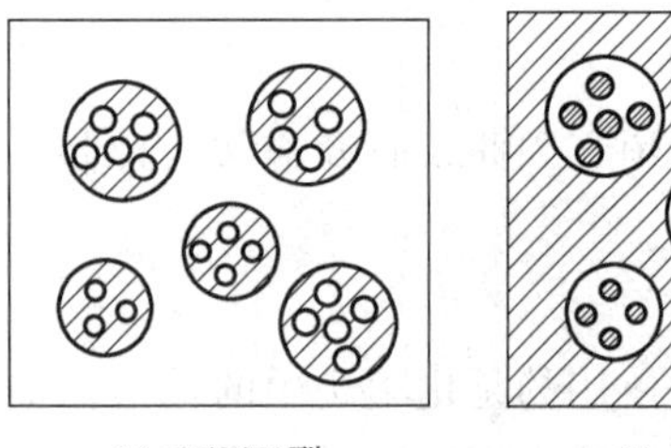

(a) W/O/W 型

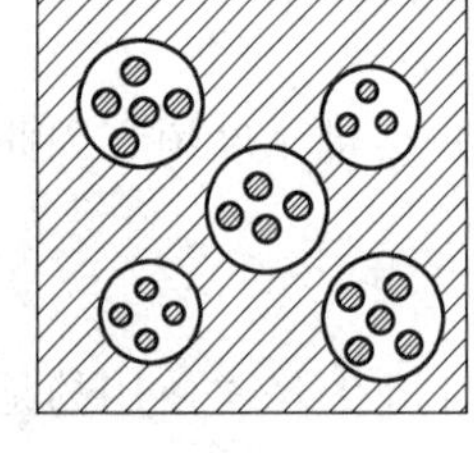

(b) O/W/O 型

图 1-14 多重乳状液

两种不相溶的液体无法形成乳状液。比如，纯净的油和水放在一起搅拌时，可以用强力使一相分散在另一相中，但由于相界面面积的增加，体系不稳定，一旦停止搅拌，很快又分成两个不相混溶的相，以使相界面达到最小。在上述两相体系中加入第三组分，该组分易在两相界面上吸附、富集，形成稳定的吸附层，使分散体系的不稳定性降低，形成具有一定稳定性的乳状液。加入的第三组分就是乳化剂。能使油水两相发生乳化，形成稳定乳状液的物质就叫乳化剂。它主要是表面活性剂，也有高分子物质或固体粉末。

2. 乳状液的物理性质

(1) 液珠大小与光学性质 乳状液常为乳白色不透明液体，它的这种外观与分散相液珠大小有直接关系。表1-7列出了分散相液珠大小与乳状液外观的关系。

表 1-7 乳状液的液珠大小与外观

液珠大小/μm	外 观	液珠大小/μm	外 观
大液滴(≥100)	可分辨出两相	0.05～0.1	灰色半透明液
1～100	乳白色乳状液	<0.05	透明液
0.1～1	蓝白色乳状液		

乳状液体系的分散相与分散介质有不同的折射率，光照在分散相液珠上，可发生反射、折射和散射现象。一般乳状液的液珠粒径为0.1～10μm，而可见光的波长为0.4～0.8μm，所以乳状液中光的反射比较显著。一般乳状液呈乳白色，不透明。如果液珠的粒径在0.05～0.1μm，即略小于入射光波长时，有散射现象发生，体系呈半透明状。实际上，当乳状液粒径小于0.1μm时，体系为半透明或透明的乳状液，已不再是一般的乳状液了，常称之为“微乳状液”，性质上与乳状液有很大不同。

(2) 乳状液的黏度 乳状液是一种流体，所以黏度（流动性质）是它的一个重要性质。当分散相浓度不大时，乳状液的黏度主要由分散介质决定，分散介质的黏度越大，乳状液的黏度也越大。另外，不同的乳化剂形成的界面膜有不同的界面流动性，乳化剂对黏度也有较大影响。

(3) 乳状液的电性质 乳状液的电导主要由分散介质决定。因此，O/W型乳状液的电导性好于W/O型乳状液。这一性质常被用于鉴别乳状液的类型，研究乳状液的变形过程。乳状液的另一电性质是分散相液珠的电泳。通过对液珠在电场中电泳速度的测量，可以提供与乳状液稳定性密切相关的液珠带电情况，是研究乳状液稳定性的一个重要方面。

二、乳状液的稳定性

乳状液是否稳定，与液滴间的聚结密切相关，而只有界面膜破坏或破裂，液滴才能聚结。这与影响泡沫稳定的主要因素表面膜强度非常相似。以下主要从体系的界面性质，来讨论影响乳状液稳定的因素。

1. 界面张力

乳状液中，一种液体高度分散于另一种与之不相混溶的液体中，这就极大增加了体系的界面，也就是要对体系做功，增加体系的总能量。这部分能量以界面能的形式保存于体系中，这是一种非自发过程。为了降低体系的能量，液滴间有自发聚结的趋势，这样可以使体系界面积减少，这个过程是自发过程。因此，乳状液是一种热力学不稳定体系。低的油-水界面张力有助于体系的稳定，通常的办法是加入表面活性剂，以降低体系界面张力。例如，煤油与水之间的界面张力是 35～40mN/m，加入适量表面活性剂后，可以降低到 1mN/m，甚至 10^{-3}mN/m 以下。这时，油分散在水中或水分散在油中就容易得多。界面张力的高低，表明乳状液形成的难易。加入表面活性剂，体系界面张力下降，是形成乳状液的必要条件，但不是乳状液稳定性高低的衡量标志。对于乳状液，总存在着相当大的界面，有一定的界面自由能，这样的体系总是力图减少界面面积，以使能量降低，最终发生破乳、分层。

2. 界面膜的性质

在油水体系加入乳化剂后，由于乳化剂的两亲分子结构，它必然要吸附在油水界面上，亲水基伸入水中，亲油基伸入油中，定向排列在油水界面上，形成界面膜。界面膜具有一定的强度，对乳状液中分散的液滴有保护作用，对乳状液的稳定性起着重要作用。

当表面活性剂浓度较低时，界面膜强度较差，形成的乳状液不稳定。表面活性剂增加到一定浓度，能够形成致密的界面膜，膜的强度增大，液珠聚结时受到的阻力增大，这时的乳状液稳定性较好。表面活性剂分子的结构对膜的致密性也有一定影响，直链型在界面上的排列较支链型紧密，形成的膜强度更大。

实验证明，单一纯净的表面活性剂形成的界面膜强度不高。混合表面活性剂或加入杂质的表面活性剂，界面分子吸附紧密，形成的膜强度大为提高。例如，纯净的 $C_{12}H_{25}SO_4Na$ 只能将其水溶液的表面张力降低至 38mN/m，加入少量 $C_{12}H_{25}OH$ 后，会在界面上形成混合膜，界面张力降低至 22mN/m，并且发现此混合物溶液的表面黏度增加，表明表面膜的强度增加。类似的例子还有十六烷基硫酸钠与胆甾醇，脂肪酸盐与脂肪酸，脂肪胺与季铵盐，十二烷基硫酸钠与月桂醇等，组成混合乳化剂，都可制得较稳定的乳化剂。混合乳化剂的特点是，组成中有一部分为表面活性剂（水溶性），另一部分为极性有机物（油溶性），其极性基一般为—OH、—NH_2、—COOH 等易于形成氢键的基团。

3. 界面电荷

大部分稳定的乳状液都带有电荷。以离子型表面活性剂作为乳化剂时，乳状液液滴必然带电。表面活性剂在界面吸附，亲油基在油相，亲水基在水相，与无机反离子形成扩散双电层。由于乳状液液滴带有相同电荷，液滴接近时会相互排斥，从而防止液滴聚结，提高了乳状液的稳定性。对于离子型表面活性剂作乳化剂的乳状液来说，界面电荷密度与表面活性剂分子在界面上的吸附量成正比。界面电荷密度越大，就表示界面膜分子排列得越紧密，界面膜强度也越大。这些因素都有利于提高乳状液的稳定性。

4. 分散介质的黏度

乳状液分散介质的黏度越大，分散相液滴运动速度越慢，有利于乳状液的稳定。因此，许多能溶于分散介质中的高分子物质常用来作增稠剂，以提高乳状液的稳定性。同时，高分子物质（如蛋白质）还能形成较坚固的界面膜，增加乳状液的稳定性。

以上讨论了一些与乳状液稳定性有关的因素。乳状液是一个复杂的体系，在不同的乳状液中，各种影响因素起着不同的作用。在各种因素中，界面膜的形成与膜强度是影响乳状液稳定性的主要因素。对于表面活性剂作为乳化剂的体系，界面张力与界面膜性质有直接关系。随着界面张力降低，界面吸附更多，膜强度增加，有利于乳状液的形成和稳定。

三、乳状液的 HLB、PIT 理论及其应用

1. 乳状液的 HLB 理论

HLB 值可用于衡量乳化剂的乳化效果，是选择乳化剂的一个经验指标。HLB 值指表面活性剂分子中亲水基部分与疏水基部分的比值，也称为亲水亲油平衡值。

HLB＝亲水基值/亲油基值

HLB 值将表面活性剂结构与乳化效率之间的关系定量地表示出来。这种数值主要来自经验值，虽然有时会有偏差，但仍有其实用价值。

HLB 数值在 0～40。HLB 值越高，表面活性剂亲水性越强；HLB 值越低，表面活性剂亲油性越强。一般而言，HLB＜8，大都是 W/O 型乳状液的乳化剂。HLB＞10，则为 O/W 型乳状液的乳化剂。表 1-8 为 HLB 值的大致应用范围。

表 1-8 不同 HLB 值的应用范围

HLB 值	应　　用	HLB 值	应　　用
1～3	洗涤剂	8～13	润湿剂
3～6	消泡剂	13～15	O/W 型乳状液
7～9	W/O 型乳状液	15～18	加溶剂

对于大多数多元醇脂肪酸酯，HLB 值计算如下：

$$HLB=20(1-S/A) \tag{1-8}$$

式中 S——酯的皂化值；

A——脂肪酸的酸值。

例如，甘油单硬脂酸酯的 $S=161$，$A=198$，则 HLB＝3.8。

对于皂化值不易得到的产品，如含聚氧乙烯和多元醇的非离子表面活性剂，则可用式 (1-9) 计算：

$$HLB=(E+P)/5 \tag{1-9}$$

式中 E——聚氧乙烯质量分数；

P——多元醇质量分数。

如果亲水基中只有聚氧乙烯而无多元醇，HLB 值计算如下：

$$HLB=E/5 \tag{1-10}$$

对于一些结构复杂，含有其他元素（如氮、硫、磷等）的非离子或离子表面活性剂，以上公式不能运用。Davies 将 HLB 值作为结构因子的总和来处理，把表面活性剂结构分解为一些基团，每一基团对 HLB 值均有确定的贡献。从实验结果得出各种基团的 HLB 值，称为 HLB 基团数，亲水基的基团数为正，疏水基的基团数为负。整个分子的 HLB 值用基团数加和法计算：

$$HLB=7+\sum 各个基团的基团数 \tag{1-11}$$

一些 HLB 基团数列于表 1-9 中。

表 1-9　HLB 基团数

基　团	HLB 基团数	基　团	HLB 基团数	基　团	HLB 基团数
$—SO_4Na$	38.7	酯(自由)	2.4	$—\overset{\vert}{C}H—$	−0.475
—COOK	21.11	—COOH	2.1	$—CH_2—$	−0.475
—COONa	9.1	—OH(自由)	1.9	$—CH_3$	−0.475
$—SO_3Na$	11	—O—	1.3	═CH—	−0.475
—N (叔胺)	9.4	$—(C_2H_4O)—$	0.33	$—CF_2—$	−0.870
酯(失水山梨醇环)	6.8	—OH(失水山梨醇环)	0.5	$—CF_3$	−0.870
		$—(C_3H_6O)—$	−0.15		

例如，太古油的化学结构式为

$$CH_3(CH_2)_5\underset{\displaystyle OSO_3Na}{\underset{\vert}{C}H}CH_2CH{=}CH(CH_2)_7COOH$$

$$HLB=7+(11+1.3+2.1)-17\times 0.475=13.3$$

如果是混合表面活性剂，其 HLB 值可用加权平均法求得

$$HLB(混合)=f_A\times HLB_A+(1-f_A)\times HLB_B \tag{1-12}$$

式中，f_A为表面活性剂 A 在混合物中的质量分数，这种关系只能用于 A、B 表面活性剂无相互作用的场合。

计算出表面活性剂的 HLB 值后，还需要确定油水体系的最佳 HLB 值，这样才能选出适合给定体系的乳化剂。

首先选择一对 HLB 值相差较大的乳化剂，例如，Span-60（HLB=4.3）和 Tween-80（HLB=15），利用表面活性剂 HLB 值的加和性，按不同比例配制成一系列具有不同 HLB 值的混合乳化剂，用这一系列乳化剂分别将指定的油水体系制备成一系列乳状液，测定各个乳状液的乳化效果，可得到图 1-15 中的曲线，“○”代表各个不同 HLB 值的混合乳化剂，乳化效果可以用乳状液的稳定时间来表示，由图 1-15 所示，乳化效果的最高峰在 HLB 值为 10.5 处。10.5 即为此指定油水体系的最佳 HLB 值。

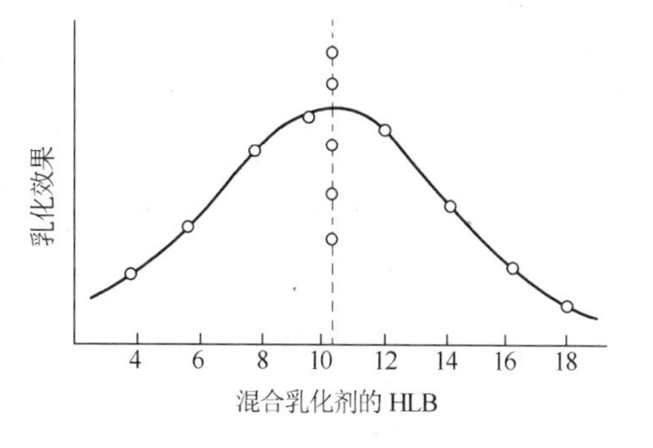

图 1-15　最佳 HLB 值的确定

上述最佳 HLB 值虽然是由一对乳化剂评价得到的，但它是此油水体系的特性，因此也适用于其他乳化剂。可以在最佳 HLB 值下，改变乳化剂，直至找到效果最好的乳化剂。

2. 乳状液的 PIT 理论

PIT 理论是选择乳状液所用乳化剂的又一种方法。HLB 方法没有考虑到因温度变化而导致 HLB 值的改变。温度对非离子型表面活性剂亲水亲油性的影响是很重要的。以聚氧乙烯醚和羟基作为亲水基的表面活性剂，在低温时，由于醚键与水形成氢键而具有亲水性，可形成 O/W 型乳状液。当温度升高时，氢键逐渐被破坏，亲水性下降，特别是在其“浊点”附近，非离子表面活性剂就由亲水变为亲油了，HLB 值降低，形成 W/O 型乳状液。应用 PIT 法可将温度影响考虑在内。PIT 指乳状液发生转相的温度，即表面活性剂的亲水亲油性

质达到适当平衡的温度，称为相转变温度，简写为 PIT。

PIT 的确定方法如下：将等量的油、水和 3%～5%的表面活性剂制成 O/W 型乳状液，加热、搅拌，在此期间可采用稀释法、染色法或电导法来检查乳状液是否转相。当乳状液由 O/W 型变为 W/O 型时的温度，就是此体系的相转变温度。

实验中发现，在 PIT 附近制备的乳状液有很小的颗粒，这些颗粒不稳定、易聚结。要得到分散度高而且稳定性好的乳状液，对于 O/W 型乳状液，要在低于 PIT 2～4℃的温度下配制，然后冷却至保存温度，这样才能得到稳定的乳状液。对于 W/O 型乳状液，配制温度应高于 PIT 2～4℃，然后再升温至保存温度。

PIT 与 HLB 值有近似直线的关系，HLB 值越大，则亲水性越强，即转变为亲油性表面活性剂的温度越高，PIT 越高，配制的 O/W 型乳状液稳定性也高。

四、乳状液的制备

乳状液的制备是将一种液体以液珠形式分散到另一种与之不相溶的液体中。因此在制备过程中会产生巨大的相界面，体系界面能大大增加，而这些能量需要外界提供。为了制备稳定性好的乳状液，需要采取适当的乳化方法和乳化设备。

按照不同的加料方式，常用的乳化方法有以下几种。

1. 剂在水中法

将乳化剂直接溶于水中，在激烈搅拌下将油加入。此法可直接生产 O/W 型乳状液。若继续加油，体系会发生变型，得到 W/O 型乳状液。此法常用于亲水性强的乳化剂，直接制成 O/W 型乳状液比较合适。制得的乳状液颗粒大小不均，稳定性较差。为改善它的性能，常将制得的乳状液用胶体磨或均化器进行处理。

2. 剂在油中法（转相乳化法）

将乳化剂加入油相，在激烈搅拌下加入水，水以细小的水珠分散在油中，形成 W/O 型乳状液。继续加水至体系发生变型，油由外相转至内相，得到 O/W 型乳状液。此法得到的乳状液颗粒均匀，稳定性好。

3. 瞬间成皂法

用皂作乳化剂的乳状液可用此法制备。将脂肪酸溶于油中，碱溶于水中，然后在剧烈搅拌下将两相混合，界面上瞬间生成了脂肪酸盐，得到乳状液。此法较简单，乳状液稳定性也很好。

4. 混合膜生成法

使用混合乳化剂，一个亲水，另一个亲油，将亲水乳化剂溶于水中，亲油乳化剂溶于油中。在剧烈搅拌下，将油水混合，两种乳化剂在界面上形成混合膜。混合乳化剂如十二烷基硫酸钠与十二醇，十六烷基硫酸钠与十六醇（或胆甾醇）等，此法制得的乳状液很稳定。

5. 轮流加液法

将水和油轮流加入乳化剂，每次只加少量。对于制备食品乳状液如蛋黄酱或其他含菜油的乳状液，此法特别适宜。

在制备乳状液时，需要一定的乳化设备，以便对被乳化的体系施以机械力，使其中的一种液体被分散在另一种液体中。常用的乳化设备有搅拌器、胶体磨、均化器和超声波乳化器。其中，搅拌器设备简单，操作方便，适用于多种体系，但只能生产较粗的乳状液。胶体磨和均化器制备的乳状液液珠细小，分散度高，乳状液的稳定性好。超声波乳化器一般都在实验室使用，在工业上使用成本太高。

五、乳状液的破乳

乳状液为热力学不稳定体系，它的不稳定性表现为变型、分层、絮凝、聚结和破乳。变型指 O/W 型乳状液变成 W/O 型，或 W/O 型变成 O/W 型；分层是形成了两个相体积分数不相等的乳状液，此时乳状液并没有被破坏；絮凝指乳状液的液珠聚集形成松散的絮团，絮凝过程是可逆的，但意味着乳状液开始不稳定；聚结指处于絮团中的液珠发生并聚，由小液珠变成大液珠，是不可逆过程，会导致破乳；破乳是乳状液发生油水分层，此时乳状液完全被破坏了。

在许多情况下，人们希望得到稳定的乳状液，但有些情况下，反而希望稳定的乳状液破坏，即破乳。如原油 W/O 型乳状液的破乳，羊毛洗涤废液中 O/W 型乳状液的破乳等。

常用的破乳方法有如下两种。

1. 物理法破乳

常用的有电沉降、超声、过滤、加热等方法。电沉降法主要用于 W/O 型乳状液，如原油的破乳。电沉降法是在高压静电场（电压约数十千伏）的作用下，使作为内相的水珠聚结；超声法既可用于形成乳状液，也可用于破乳，使用强度不大的超声波，会发生破乳；过滤法是将乳状液通过多孔性材料过滤，滤板将界面膜刺破，使乳状液内相聚结而破乳；加热法是简便易行的破乳法，提高温度，分子热运动加剧，有利于液珠的聚结，同时，提高温度会使体系黏度降低，从而降低了乳状液的稳定性，易发生破乳。

2. 化学法破乳

化学法破乳主要是改变乳状液的界面膜性质，设法降低界面膜强度或破坏界面膜，达到破乳的目的。例如，对于用皂作乳化剂的乳状液，加入无机酸会使脂肪酸皂变成游离脂肪酸失去乳化作用，发生破乳。乳状液中加入使乳化剂亲水亲油性发生变化的试剂，也可发生破乳。例如，在脂肪酸钠作乳化剂的乳状液中加入少量高价金属盐，如 Ca、Mg、Al 盐，会使原来亲水的脂肪酸钠变为亲油的脂肪酸 Ca、Mg、Al 盐，而使乳化剂破乳。

第五节　加溶与微乳

一、加溶作用

1. 加溶的概念

当表面活性剂溶液的浓度增大时，表面活性剂会缔合形成聚集体，这就是前面讲到的胶团（或胶束）。由于溶剂可以是水或油，因而胶团有两类：在水相中的胶团称为正胶团，通常指的胶团即为正胶团；在油相中的胶团称为反胶团或逆胶团。由于油的种类很多，油相中的胶团又统称为非水胶团。

胶团的一个重要性质是能增加在溶剂中原本不溶或微溶物的溶解度，这个性质称为加溶作用。例如，常温下，乙苯基本不溶于水，但在 100mL 0.3mol/L 的十六酸钾溶液中可溶解 3g。胶团能加溶不溶于水或微溶于水的油类，而反胶团能加溶水或极性溶剂。被加溶的物质称为加溶物。含有胶团和微量加溶物的溶液称为胶团溶液。当溶剂为水时，为含水胶团溶液；当溶剂为油时，为非水胶团溶液。它们都是外观透明的、各向同性的热力学稳定体系。

表面活性剂的加溶作用，只有在临界胶团浓度以上，胶团大量生成后才显现出来。图 1-16 为 25℃时，微溶物 2-硝基二苯胺溶解度与表面活性剂溶液浓度曲线。

从图 1-16 中可以看到，在表面活性剂浓度小于 *cmc* 时，2-硝基二苯胺溶解度很小，而

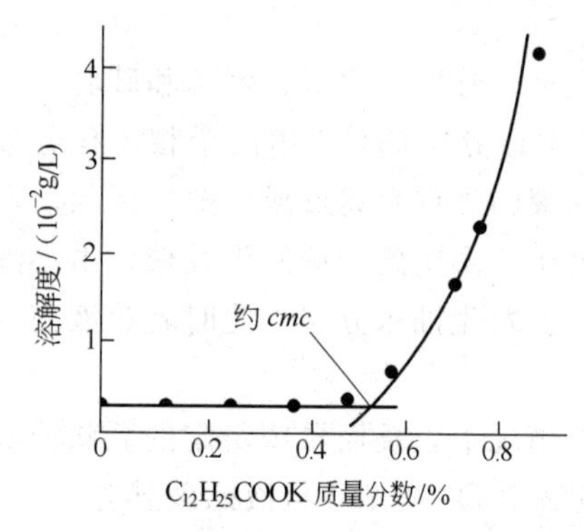

图 1-16　2-硝基二苯胺在月桂酸钾水溶液中的溶解度

且不随表面活性剂浓度改变。在 *cmc* 以上，溶解度随表面活性剂浓度的增加而迅速上升。表面活性剂溶液浓度超过 *cmc* 越多，微溶物就溶解得越多。因此可以推断，微溶物溶解度的增加与溶液中胶团形成有密切关系。

需要注意的是，加溶作用不同于水溶助长作用。水溶助长作用是使用混合溶剂来增大溶解度，以苯为例，大量乙醇（或乙酸）的加入会使苯在水中的溶解度大大增加。这是由于大量乙醇（或乙酸）的加入改变了溶剂的性质。而在加溶作用中，表面活性剂的用量非常少，溶剂性质也无明显变化。加溶作用也不同于乳化作用，加溶后不存在两相，是热力学稳定体系；而乳化作用则是两种不相混溶的液体形成的液-液分散体系，有巨大的相界面和界面自由能，是热力学不稳定的多分散体系。

2. 加溶的方式

加溶作用是一种与表面活性剂胶团有密切关系的现象，了解被加溶物与胶团的关系及加溶的部位，有助于认识加溶作用的本质，了解被加溶物与表面活性剂之间的相互作用。

被加溶物在胶团中的加溶方式有四种。

（1）加溶于胶团内核　饱和脂肪烃、环烷烃及苯等不易极化的非极性有机化合物，一般被加溶于胶团的内核中，就像溶于非极性碳氢化合物液体中一样［图 1-17(a)］。加溶后的紫外光谱或核磁共振谱表明被加溶物处于非极性环境中，X 射线表明在加溶后胶团变大。

（2）加溶于表面活性剂分子间的“栅栏”处　长链醇、胺等极性有机分子，一般以非极性碳氢链插入胶团内部，而极性头处于表面活性剂极性基之间，并通过氢键或偶极子相互作用［图 1-17(b)］。加溶后的 X 射线表明胶团未变大。若极性有机物分子的极性很弱，加溶时插入胶团的程度会增加，甚至极性基也会被带入胶团内核。

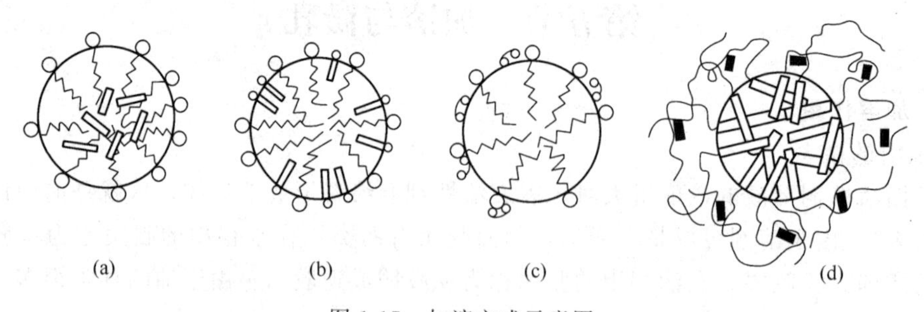

图 1-17　加溶方式示意图

表面活性剂；加溶物

（3）吸附于胶团表面　一些既不溶于水也不溶于非极性烃的小分子极性有机化合物，如苯二甲酸二甲酯以及一些染料，吸附于胶团的外壳或部分进入表面活性剂极性基层而被加溶［图 1-17(c)］。这些加溶物的光谱表明，它们处于极性环境中。在非离子表面活性剂溶液中，此类物质加溶于胶团的聚氧乙烯外壳中。

（4）加溶于胶团的极性基层　对短链芳香烃类的苯、乙苯等较易极化的碳氢化合物，开始加溶时被吸附于胶团-水界面处，加溶量增多后，插入定向排列的表面活性剂极性基之间，进而更深地进入胶团内核。在聚氧乙烯基为亲水基的非离子表面活性剂胶团溶液中，苯加溶于胶团的聚氧乙烯外壳中［图 1-17(d)］。

图 1-17 所示四种加溶方式，其加溶量的规律：(d)＞(b)＞(a)＞(c)。

虽然加溶方式主要取决于加溶物和加溶剂（表面活性剂）的化学结构，但胶团溶液处于动态平衡中，加溶物的位置随时间迅速改变，各种加溶物在胶团中的平均停留时间为 10^{-6}～10^{-10}s。因此，所谓加溶位置只是优选位置，并不能说加溶物就不会存在于其他位置。

在非水溶液中，反胶团也有加溶作用。被加溶物主要是水、水溶液及不溶于非水溶剂中的极性物质。加溶于反胶团中的水处于构成反胶团核心的极性基周围，首先以水合水的形式存在，更多的加溶水形成微水相存在于反胶团中。其他的极性加溶物采取与水体系中类似的加溶方式，插入构成反胶团的定向排列的两亲分子间。

加溶作用的本质是：由于胶团的特殊结构，从它的内核到水相提供了从非极性到极性环境的全过渡。因此，各类极性或非极性的难溶有机物都可以找到适合的溶解环境，而存在于胶团中。由于胶团粒子一般小于 0.1μm，加溶后的胶团溶液仍是透明液体。

3. 影响加溶能力的因素

加溶作用主要表现为在表面活性剂参与下，难溶有机物的溶解度增加。表面活性剂的加溶能力可以用加溶物溶解度 S 与表面活性剂溶液浓度 c_s 之比来表示。S/c_s 越大，表面活性剂的加溶能力越强。影响体系加溶能力的因素有空间因素和能量因素。空间因素指胶团提供的容纳加溶物的可用空间大小；能量因素是加溶物进入胶团引起体系能量变化的影响。表面活性剂结构、加溶物结构、有机添加剂、电解质、温度等会对空间和能量产生影响，进而影响加溶能力。

（1）表面活性剂结构　表面活性剂的链长对加溶量有明显的影响。在同系物中，碳氢链越长，*cmc* 越小，越易形成胶团，且胶团大小随碳氢链增长而增加（聚集数增加）。随着表面活性剂碳氢链的增长，非极性的烃类和弱极性的苯、乙苯在胶团内核的加溶量会增加。表 1-10 列出了乙基苯在羧酸钾同系物水溶液中的加溶量就说明了这一规律。胶团对极性有机物的加溶也有类似的规律。例如，25℃时，正辛醇在 0.1mol/L 油酸钠溶液中的加溶量大于在十二酸钾溶液中的加溶量，庚醇在烷基磺酸钠中的加溶量随烷基碳原子数增加而增加。除了疏水基链长的影响外，表面活性剂结构的变化也会影响加溶能力。疏水基有分支的表面活性剂，其加溶能力较直链者小，带有不饱和结构的，加溶能力较差。这些都与 *cmc* 和胶团聚集数有关。

表 1-10　乙基苯在羧酸钾同系物水溶液中的加溶量（25℃）

钾皂溶液/(mol/L)		摩尔比(加溶物/钾皂)	钾皂溶液/(mol/L)		摩尔比(加溶物/钾皂)
$C_7H_{15}COOK$	0.30	0.004	$C_{11}H_{23}COOK$	0.20	0.318
	0.48	0.025		0.50	0.424
	0.66	0.048		0.60	0.452
	0.83	0.080	$C_{13}H_{27}COOK$	0.96	0.563
$C_9H_{19}COOK$	0.10	0.014		0.24	0.782
	0.23	0.116		0.50	0.855
	0.44	0.154	$C_{15}H_{31}COOK$	0.070	1.06
	0.50	0.174		0.15	1.114
	0.70	0.202		0.23	1.32
$C_{11}H_{23}COOK$	0.042	0.166		0.29	1.47

表面活性剂的类型对加溶能力有影响。具有同样疏水基的表面活性剂，其加溶量有如下

次序：非离子型＞阳离子型＞阴离子型。其主要原因是非离子型表面活性剂的 *cmc* 比离子型的低，而阳离子型表面活性剂形成的胶团较疏松，使其加溶作用比阴离子型的强。

非离子型表面活性剂溶液对脂肪烃的加溶作用随疏水基链长增加而增加，但随聚氧乙烯链长增加而减小；而对于极性有机物，加溶作用随聚氧乙烯链长增加而增加。

（2）加溶物结构　加溶物的大小、形状、极性以及分支状况都对加溶作用有影响。脂肪烃与烷基芳烃的加溶量随加溶物链长增加而减小，随其不饱和程度增加而增加。有分支的化合物与其直链异构体的加溶量相当。多环化合物的加溶量随分子大小增大而减小。表 1-11 是一些加溶物碳氢链长、不饱和度和环化对加溶量的影响。

表 1-11　加溶物结构对加溶量的影响

加溶物		加溶量/mol	每个胶团(150 个分子)中加溶的分子数
碳数	名称		
C_5	正戊烷	0.247	59
C_6	正己烷	0.178	42
	己三烯	0.425	99
	环己烷	0.430	102
	苯	0.533	126
C_7	正庚烷	0.125	30
	甲苯	0.403	96
C_8	正辛烷	0.105	24
	乙苯	0.280	66
	苯乙烯	0.322	78
C_9	正壬烷	0.082	20
	正丙苯	0.209	50
C_{10}	正丁苯	0.147	35
多环	萘	0.042	10
	菲	0.0085	2.0
	芴	0.0056	1.3
	蒽	0.00108	0.26

被加溶物的极性对加溶量有一定影响。如正庚烷与正庚醇在水溶液中的加溶，当十四酸钾水溶液为 0.2mol/L 时，正庚醇的加溶量约为正庚烷的 2.5 倍。由此可见，烷烃由非极性变为极性化合物后，加溶量明显增大。这可能是因为非极性的烷烃只能加溶于胶团内核，而极性有机物可以更容易地加溶于胶团表面活性剂分子的“栅栏”处，使加溶量增大。

（3）有机添加剂　非极性化合物加溶于表面活性剂溶液中，会使胶团胀大，不太大的烃分子会插入定向排列的表面活性剂分子疏水基间，使胶团变得疏松，有利于极性有机物的加溶。与之相反，溶液中加溶了极性有机物，也会有利于非极性有机物的加溶。一般来说，极性有机物碳氢链越长、极性越小、越不易形成氢键的，使非极性有机物的加溶量越大。因此硫醇、胺和醇的加溶能力为：$RSH>RNH_2>ROH$。此外，表面活性剂在加溶了一种极性有机物后，会使加溶位置减少，而使另一种有机物加溶量减少。

（4）电解质　离子型表面活性剂溶液中加入无机电解质会抑制离子型表面活性剂的电离，降低其水溶性，使 *cmc* 降低、胶团聚集数变大。一般在 *cmc* 附近，加电解质使加溶量增加，这主要是由于增加了胶团尺寸和聚集数。但是，另一方面，加无机电解质使胶团极性基间的排斥作用减弱，使极性基排列更为紧密，导致极性有机物可加溶的位置减少，极性有机物的加溶量降低。但随着胶团聚集数变大，胶团内核变大，有利于弱极性和非极性的有机物在胶团内核加溶，加无机电解质使其加溶量增加。此外，加中性无机电解质于聚氧乙烯类非离子表面活性剂溶液中，会增加胶团聚集数，使烃加溶量增加。

（5）温度　温度对加溶作用的影响与表面活性剂的类型和加溶物的性质有关。对于离子型表面活性剂，升高温度使热运动加剧，胶团中能发生加溶作用的空间变大，使极性和非极性有机物加溶量均增大。对于聚氧乙烯醚类非离子表面活性剂，温度升高，聚氧乙烯基的水化作用减弱，*cmc* 降低，胶团更易形成，胶团聚集数增大。特别是温度升至表面活性剂浊点时，胶团聚集数会剧增，胶团变大，内核也变大，使非极性碳氢化合物和卤代烷类有机物的加溶量增加。极性有机物加溶在胶团的表面活性剂分子之间，其加溶量随温度上升先增加后下降，在达到表面活性剂的浊点之前会出现一个最大值。这是因为升高温度使表面活性剂热运动加剧并增加了胶团聚集数，使加溶量增加。继续升高温度，则加剧了聚氧乙烯的脱水作用使其容易卷缩，导致加溶空间变小，极性有机物的加溶量减少。对短碳链的极性有机物，其加溶量的降低更为明显。

加溶作用在乳液聚合、洗涤去污、代替有机溶剂溶解水不溶性物质、有机反应的胶团催化、干洗，以及生物、医药等方面都有着广泛的应用。

二、微乳

1. 微乳状液

微乳状液是两种不互溶的液体与表面活性剂自发形成的热力学稳定的、各向同性的、外观透明或半透明的分散体系。可以是油分散在水中（O/W 型），也可以是水分散在油中（W/O 型）。分散相质点为球形，半径非常小，通常为 10～100nm（0.01～0.1μm）。体系中有大量的表面活性剂和助表面活性剂，使油-水界面张力降至极低，微乳液是热力学稳定体系。

迄今为止，含有油、水、表面活性剂的混合体系有三种：乳状液、微乳液和含有加溶物的胶团或反胶团溶液，后者又称为肿胀胶团溶液。表 1-12 列出了这三类体系性质的比较。

表 1-12　乳状液、微乳液、肿胀胶团溶液的性质比较

性　质	乳 状 液	微 乳 液	肿胀胶团溶液
外观	不透明	透明或近乎透明	一般透明
质点大小	大于 0.1μm，一般为多分散体系	0.01～0.1μm，一般为单分散体系	一般小于 0.01μm
质点形状	一般为球形	球形	稀溶液中为球形，浓溶液中可呈各种形状
热力学稳定性	不稳定，用离心机易于分层	稳定，用离心机不能使其分层	稳定，不分层
表面活性剂用量	少，一般不用助表面活性剂	多，一般需加助表面活性剂	浓度大于 *cmc* 即可，加溶物多时要适当多加
与水、油混溶性	O/W 型与水混溶，W/O 型与油混溶	与油、水在一定范围内可混溶	能增溶油或水直至达到饱和

在结构方面，微乳液有 O/W 型和 W/O 型，类似于普通乳状。但微乳液与乳状液有本质上的区别：普通乳状液是热力学不稳定体系，分散相质点大，不均匀，外观不透明，靠表面活性剂或其他乳化剂维持动态稳定；而微乳液是热力学稳定体系，分散相质点很小，外观透明或近乎透明，经高速离心分离不发生分层现象。两者虽然都要用表面活性剂，但乳状液用量较少，在 1%～3%或更少；而微乳液需用 5%～20%或更多。

含有加溶物的胶团溶液是热力学稳定的均相体系，因此从稳定性方面，微乳液更接近加溶的胶团溶液。肿胀胶团溶液中，加溶物与形成胶团的表面活性剂分子之比小于2；而微乳液中，油和表面活性剂的分子之比有时可高达100。由此可见，微乳粒子是在肿胀胶团的基础上，有更多的加溶物进入胶团内部，内相液体的性质受表面活性剂的影响很小，接近溶液自身的性质。

2. 微乳液的形成机理

尽管在分散类型方面，微乳液与乳状液有相似之处，即有O/W型和W/O型，但微乳液与乳状液有两个根本的不同点。其一，乳状液的形成一般需要外界提供能量，如经过搅拌、胶体磨、超声粉碎等才能形成；而微乳液是自发形成的，不需要外界提供能量。其二，乳状液是热力学不稳定体系，最终会发生聚结，分成油-水两相；而微乳液是热力学稳定体系，不会发生聚结，即使在超离心作用下出现暂时分层现象，一旦取消离心力场，分层现象马上消失，回到原来的稳定体系。

关于微乳液的自发形成，Schulman和Prince等提出了瞬时负界面张力形成机理。这个机理认为，在表面活性剂存在下，油-水界面张力大大降低，一般为几个mN/m，这样的界面张力只能形成乳状液。但在助表面活性剂的存在下，由于产生混合吸附，界面张力进一步降至超低（10^{-3}～10^{-5}mN/m），以致产生瞬时负界面张力（$\gamma<0$）。由于负界面张力是不能存在的，体系将自发扩张界面，使更多的表面活性剂和助表面活性剂吸附于界面而使其体积浓度降低，直至界面张力恢复至零或极小的正值。这种由瞬时负界面张力导致的体系界面自发扩散的结果就形成了微乳液。如果微乳液发生聚结，则界面面积缩小，又产生负界面张力，从而有效地对抗微乳液的聚结，这样微乳液就会稳定地存在。

负界面张力虽然较为圆满地解释了微乳液的形成和稳定性，但它不能说明为什么微乳液会有O/W型和W/O型，而且负界面张力无法用实验测定，因此这一机理还缺乏实验基础。为此，人们试图从其他角度来解释微乳液的形成。Schulman和Bowcott还提出了双重膜理论。他们认为，表面活性剂和助表面活性剂形成的吸附层是第三相或中间相。作为第三相，混合膜具有两个面，正是这两个面与水、油相互作用的相对强度决定了界面的弯曲及其方向，因而决定了微乳液的类型。与乳状液相比，微乳液质点小得多，因此弯曲界面的曲率半径也小得多。当有醇存在时，表面活性剂与醇形成混合膜，其特点是具有更高的柔性，即醇的存在使混合膜液化，因而易于弯曲。当有水、油共存时，弯曲会自发进行。因此，醇对微乳液形成的一个重要作用是使界面的柔性得到改善。进一步的研究表明，所谓的第三相并不完全是表面活性剂和助表面活性剂，其中有油和水穿插在界面膜中。

从以上讨论，可以总结出微乳液形成的两个必要条件：

① 在油-水界面有大量表面活性剂和助表面活性剂混合物的吸附；

② 界面具有高度的柔性。

条件①要求所用表面活性剂的HLB值与体系相匹配，这可以通过选择合适HLB值的表面活性剂混合物，加入助表面活性剂，或改变体系的温度、盐度等来实现。条件②通常是通过加入助表面活性剂（如对离子型表面活性剂）或调节温度（如对非离子型表面活性剂）来实现。

3. 微乳体系的类型

Winsor在研究微乳液体系的相组成时发现，形成微乳液的体系可能有三种相组成方式。在形成O/W型微乳的体系中，可能出现微乳与过剩油组成的二相体系。由于油的相对密度小于水，微乳相密度大于油相，这样在容器中，油相处于上方，微乳相处于下方，称为下相微乳。在形成 W/O 型微乳的体系中，可能出现微乳与过剩水组成的二相体系。同样因为密度不同，在容器中水相处于下方，微乳相处于上方，称为上相微乳。微乳体系中还会形成三相共存的情况。这时，上层是油，中层是微乳，下层是水，各层之间有明确的界面，称为中相微乳。具有上述三种相组成的微乳体系，分别被称为 WinsorⅠ型（O/W 型微乳和过剩油的二相体系）、WinsorⅡ型（W/O 型微乳和过剩水的二相体系）、Winsor Ⅲ型（过剩油、微乳和过剩水组成的三相体系），如图 1-18 所示。

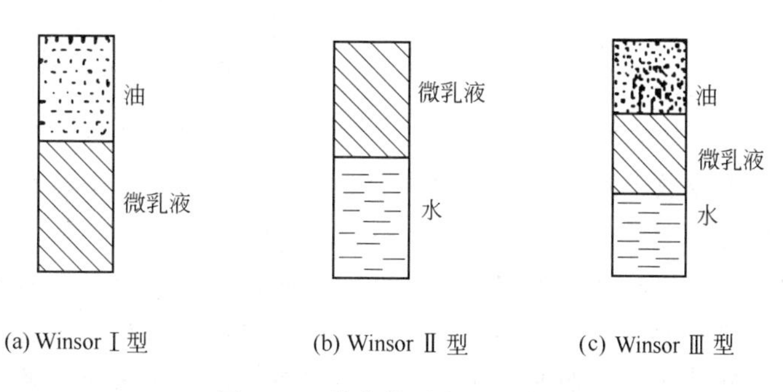

图 1-18　微乳体系类型示意图

人们把含有等体积水和油的特殊微乳体系称为最佳体系。显然，在低表面活性剂浓度下，中相微乳（Winsor Ⅲ型）的组成较 Winsor Ⅰ型和 Winsor Ⅱ型体系更接近最佳体系。含有等量油和水的中相微乳称为最佳中相或最佳表面活性剂相，它们在微乳研究中具有重要地位。

通过改变表面活性剂的亲水性和亲油性大小，这三种类型可以相互转化。常用的办法是对低浓度表面活性剂体系改变盐度。随着含盐量的增加，体系可以从 Winsor Ⅰ型经过 Winsor Ⅲ型变到 Winsor Ⅱ型。

根据对微乳体系类型的研究，可以得到相应的三种微乳液结构，即 O/W 型、W/O 型和双连续型，分别对应 Winsor Ⅰ型、Winsor Ⅱ型和 Winsor Ⅲ型。

20 世纪 70 年代以来，随着微乳液在提高原油采收率方面的巨大应用价值为人们所认识，微乳液的研究和应用得到了极大的发展。目前，微乳化技术已渗透到精细化工、石油化工、材料科学、生物技术以及环境科学等领域，成为具有巨大应用潜力的研究领域。

第六节　分散作用

一、分散体系的分类

分散作用是指一种或几种物质分散在另一种物质中形成分散体系的作用。被分散的物质叫分散相，另一种物质叫分散介质。溶液、悬浮液和烟雾等都是分散体系。这些分散体系的差别，主要在于分散相质子大小的不同。按分散相质子大小，分散体系可以分为三类：①粗分散体系，质点大于 0.5μm，质点不能通过滤纸；②胶体分散体系，质点大小为 1nm～0.5μm，质点可以通过滤纸，但不能透过半透膜；③分子分散体系，质点小于 1nm，可以通过滤纸和半透膜。

分散体系也可以按分散相和分散介质的聚集状态来分类，分为八类。分散介质为气体的分散体系称为气溶胶；分散介质为液体的称为液溶胶；分散介质为固体的称为固溶胶。分类情况如表 1-13 所示。

表 1-13　分散体系的分类

分散相	分散介质	分散体系	体系的名称和实例
液	气	气溶胶	如云雾
固	气		如烟尘
气	液	液溶胶	如泡沫
液	液		乳状液，如牛奶、石油中的水
固	液		溶胶和悬浮液，如油漆涂料、染料
气	固	固溶胶	固体泡沫，如馒头、泡沫塑料、浮石
液	固		固体乳状液，如硅凝胶
固	固		固体悬浮体，如合金

本节主要讨论固体分散于液体中的分散作用。在实际生产生活中，有时需要将固体粒子分散在液体中形成稳定而且均匀的分散体系。例如，颜料分散于油漆，药剂，油井用钻井液，染料等。把粉末浸没于一种液体中，通常不能形成稳定的分散体，粉末颗粒常常聚集成团，而且，即使粉末很好地分散在液体中形成分散体，也很难长时间保持稳定。在实际应用中，有时需要稳定的分散体，例如油漆涂料、印刷油墨等，有时又需要破坏分散体，使固体微粒尽快地聚集沉降，例如在湿法冶金、污水处理、原水澄清等方面。分散作用往往通过表面活性剂来实现，表面活性剂对分散作用有很大影响。

二、分散体系的稳定性

小质点分散体系（胶态分散体系）中的质点，由于质点间存在范德华引力，以及分散的质点具有较高的自由能，所以有聚集的倾向。分散体系与泡沫、乳状液等一样，皆为热力学不稳定的体系。由于质点本身的电离或吸附带电粒子等原因，质点表面都带有电荷，在分散介质中形成扩散双电层，使粒子在靠近到一定距离时，因双电层的重叠而产生排斥作用，降低了粒子间的范德华引力。胶体的稳定性取决于质点间相互吸引力与静电斥力的相对大小。关于胶体稳定性的 DLVO 理论，解释了质点分散与絮凝的物理化学原理，对胶体稳定性作了定量处理。根据这一理论，分散体系中加入与分散质点所带电荷相同的离子表面活性剂，分散体系稳定性增加；若加入与分散质点所带电荷相反的离子表面活性剂，分散体系稳定性下降。除了 DLVO 理论的电稳定因素外，还有另一种稳定机理，即质点表面上的大分子吸附层阻碍了质点间的聚集，这就是空间稳定作用。

总括起来，分散体系的稳定作用，可用一个图形象地表示出来，如图 1-19。分散体系中分散剂的重要作用就是防止分散质点接近到范德华力占优势的距离，使分散体系稳定，而不致絮凝、聚集。分散剂的加入能产生静电斥力，降低范德华力，有利于溶剂化（水化），并形成围绕质点的保护层。空间稳定作用是由于分散质点间未被吸附的高分子产生斥力并使质点分开。

三、表面活性剂的分散作用

固体粒子在液体中的分散过程一般分为三个阶段：固体粒子的润湿；粒子团的分散或碎裂；防止固体微粒重新聚集。

1. 固体粒子的润湿

润湿是固体粒子分散的最基本条件，若要把固体粒子均匀地分散在介质中，首先必须使每个固体微粒或粒子团能被介质充分润湿。这个过程的推动力可以用铺展系数 $S_{l\text{-}s}$ 表示。

$$S_{l\text{-}s}=\gamma_{s\text{-}g}-\gamma_{s\text{-}l}-\gamma_{l\text{-}g} \tag{1-13}$$

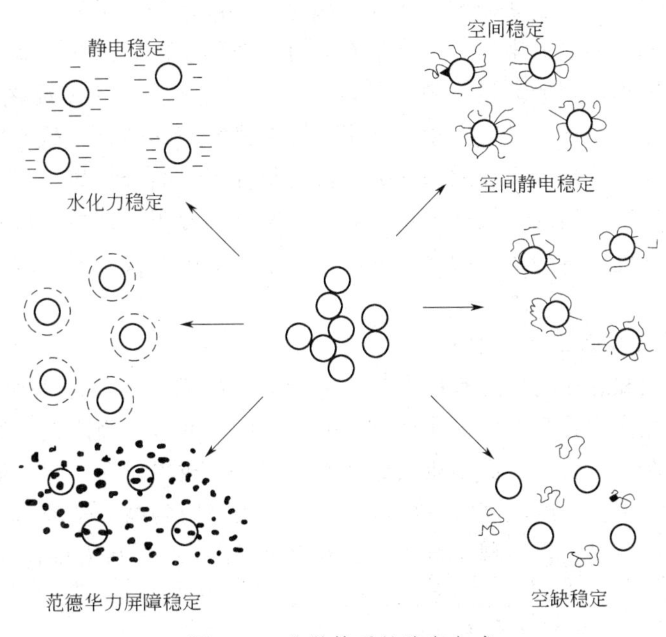

图 1-19　分散体系的稳定方式

当铺展系数 $S_{l\text{-}s}>0$ 时，固体粒子就会被介质完全润湿，此时接触角 $\theta=0°$。在此过程中，表面活性剂起了重要作用。液体中加入润湿剂（一般为表面活性剂），表面活性剂会在液-气界面（水为分散介质）形成定向吸附，使 $\gamma_{l\text{-}g}$ 降低；而且表面活性剂在固-液界面以疏水链吸附于固体粒子表面，亲水基伸入水相，这种定向排列使 $\gamma_{s\text{-}l}$ 降低。因此，有利于铺展系数 $S_{l\text{-}s}$ 增大，接触角变小，固体粒子被充分润湿。

2. 粒子团的分散或碎裂

粒子团的分散或碎裂涉及粒子团内部的固-固界面分离。在固体粒子团中常会存在缝隙，另外粒子晶体由于应力作用也会使晶体造成微缝隙，粒子团的碎裂就发生在这些地方。表面活性剂吸附在粒子微裂缝中，会加深微裂缝，而且可以减少固体质点分散所需的机械功；另一方面，离子型表面活性剂吸附于粒子表面时，可使粒子中质点获得相同电性的电荷，质点就互相排斥而易于分散在液体中。

3. 防止固体微粒重新聚集

固体微粒在液体中的分散体系为热力学不稳定体系，微粒聚集变大是自然趋势。固体分散于液体中后，需要采取有效措施，防止固体微粒再聚集。由于表面活性剂降低了固-液界面的界面张力，即增加了分散体系的热稳定性；并且表面活性剂吸附在固体微粒的表面上，从而增加了防止微粒再聚集的势垒。因此，加入表面活性剂会降低粒子再聚集的倾向。

四、分散体系的絮凝

絮凝作用主要是在体系中加入有机高分子絮凝剂（通常也是表面活性剂），有机高分子絮凝剂通过自身的极性基或离子基团与质点形成氢键或粒子对，加上范德华力而吸附在质点表面，在质点间进行桥联，形成体积庞大的絮状沉淀而与水溶液分离。絮凝作用的特点是：絮凝剂用量少，体积增大的速度快，形成絮状体的速度快，絮凝效率高。

1. 有机高分子絮凝剂的分子结构与电荷密度

有机高分子絮凝剂一般为共聚物，多为无规或嵌段共聚物，有的在高分子主链上还带有支链或环状结构。有机高分子絮凝剂为线性结构时，一般絮凝效果较好。

有机高分子絮凝剂的电荷来源于自身带有的可电离的基团。高分子絮凝剂的电荷密度取决于分子链节中可电离基团的数量。阳离子和阴离子型有机高分子絮凝剂溶解在水溶液中，能离解成多价的高分子离子并带有大量反离子。许多高分子离子是柔软弯曲的长链，在水溶液中，由于高分子离子的带电而使柔顺的分子链变得伸展，高分子离子带的电荷越多，伸展的程度就越大。絮凝效率高的有机高分子，其电荷密度和分子量都需要有一适当值。阴离子絮凝剂应具有较高的分子量和较低的电荷密度，在水溶液中，其分子链应是柔顺并有一定伸展度的线性结构。

2. 有机高分子絮凝剂的桥连作用

桥连作用指质点和悬浮物通过有机高分子絮凝剂架桥而被连接起来形成絮凝体的过程。有机高分子既有絮凝作用，又有保护作用。高分子浓度较低时，吸附在一质点表面的高分子长链可能同时吸附在另一质点或更多质点的表面，把几个质点拉在一起，最后导致絮凝，体现了高分子的絮凝作用。浓度较高时，质点表面完全被吸附的高分子覆盖，质点不会通过桥连而絮凝，溶胶稳定性提高，体现了高分子的保护作用。图 1-20 为桥连作用和保护作用的示意。

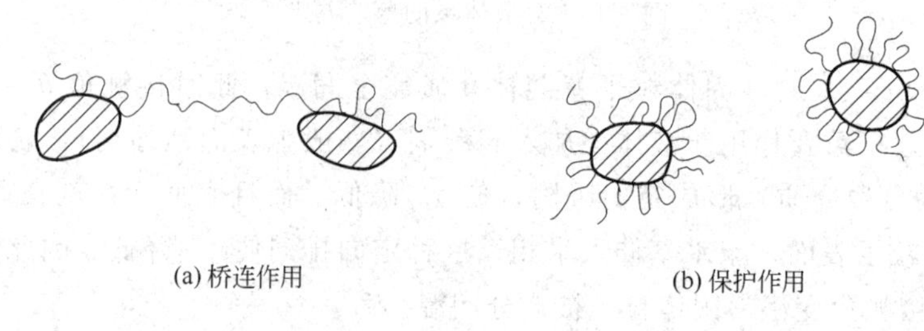

图 1-20　高分子的桥连作用和保护作用

带负电荷的质点与带正电荷的阳离子絮凝剂可以有桥连作用，这涉及电中和机理。在絮凝过程中，有机阳离子絮凝剂的分子量起着重要作用。若用分子量很小的有机阳离子絮凝剂处理固液悬浮体，观察不到絮凝现象；采用相对分子质量为 $(5\times10^4)\sim(2\times10^5)$ 的有机阳离子絮凝剂来处理油田污水，可观察到细小的絮凝体；再改用相对分子质量为 2×10^6 的有机阳离子絮凝剂来处理油田污水，会看到有粗大的絮凝体形成，污水被迅速澄清。

除阳离子絮凝剂外，阴离子絮凝剂与无机盐共同作用，也会与带负电荷的质点形成桥连，产生絮凝。无机盐即反离子的作用在于压缩双电层，降低质子表面电势，减少阴离子絮凝剂与质子间的电斥能，使阴离子絮凝剂顺利完成吸附-桥连-絮凝这一过程。

五、分散剂与絮凝剂

1. 分散剂

固体质点被液体润湿是分散过程中必需的第一步，若表面活性剂仅能润湿质点，而不能提高势垒高度使质点分散，则应该说此表面活性剂无分散作用，只能作为润湿剂。因此，能使固体质点迅速润湿，又能使质点间的势垒上升到一定高度的表面活性剂才称为分散剂。

水介质中使用的分散剂一般都是亲水性较强的表面活性剂，疏水链多为较长的碳链或成平面结构，如带有苯环或萘环，这种平面结构易作为吸附基吸附于具有低能表面的有机固体粒子表面，亲水基伸入水相，将原来亲油的低能表面变为亲水的表面。离子型表面活性剂还可以使靠近的固体粒子产生电斥力而分散。亲水的非离子表面活性剂可以通过长而柔顺的聚氧乙烯链形成水化膜，从而阻止固体粒子的絮凝，使其分散。常用的有亚甲基二磺酸钠、萘磺酸甲醛缩聚物钠盐、木质素磺酸、低分子量聚丙烯酸钠、烷基醚型非离子表面活性剂等。

有机介质中使用的分散剂有月桂酸钠、硬脂酸钠、有机硅、十八胺等。

2. 絮凝剂

有机高分子絮凝剂的絮凝作用主要是通过桥连而实现的，它需要具备几个条件：在介质中必须可溶；高分子的链节上具有能与固体粒子产生桥连的吸附基团；高分子应是线性的，并有适合于分子伸展的条件；分子链有一定的长度。常用的有机高分子絮凝剂有：丙烯酰胺类共聚物、丙烯酸类共聚物、顺丁烯二酸酐类共聚物、磺酸盐类共聚物、聚乙烯醇、聚氧乙烯醚、纤维素衍生物、淀粉衍生物等。

第七节　洗 涤 作 用

一、洗涤作用简介

1. 洗涤的基本过程

洗涤作用是表面活性剂应用最为广泛、具有最大实用意义的基本特性。它涉及千家万户的日常生活，并且广泛地应用于各种工业生产中。洗涤作用可以这样来描述：将浸在某种介质（一般为水）中的固体表面的污垢去除的过程。洗涤的过程可以表示为

物品·污垢＋洗涤剂⟹物品·洗涤剂＋污垢·洗涤剂

被洗物浸在介质中，由于洗涤剂的存在，减弱了污垢与固体表面的黏附作用，再加以机械搅动，借助介质（水）的冲力将污垢与固体表面分离而分散、悬浮于介质中，最后将污垢冲洗干净。洗涤过程是一个可逆过程，分散和悬浮于介质中的污垢有可能从介质中重新沉积在固体表面，这叫做污垢再沉积作用。因此，一种优良的洗涤剂应具有两种基本作用：一是降低污垢与固体表面的结合力，具有使污垢脱离固体表面的能力；二是具有防止污垢再沉积的能力。

实际进行的各种洗涤过程是非常复杂的。因为体系是复杂的多相分散体系，分散介质是含有各式各样组分的复杂溶液，分散相是性质及形态都很复杂的各种污垢，洗涤体系中还涉及各种性质不同的表面和界面。用现有的表面科学和胶体科学的基本理论难以对洗涤过程做出圆满的分析和解释。本节主要介绍洗涤过程的一些基本理论和表面活性剂在洗涤过程中所起的作用。

2. 污垢的种类

（1）油性污垢　纤维织物的主要污垢是油性污垢，它们大多是油溶性的液体或半固体，其中包括动植物油脂、脂肪酸、脂肪醇、胆固醇和矿物油（如原油、燃料油、煤焦油等）。其中动物油脂、脂肪酸类与碱作用经皂化溶于水。而脂肪醇、胆固醇和矿物油则不为碱所皂化，它们的疏水基与纤维表面有较强的范德华引力，可牢固地吸附在纤维上而不溶于水，但能溶于某些醚、醇和烃类有机溶剂。

（2）固体污垢　固体污垢有煤烟、灰尘、泥土、皮屑和铁锈等。液体污垢和固体污垢经常混合在一起形成混合污垢，往往是油污包住固体微粒，粒径一般为10～20μm，黏附在物品表面。这种混合污垢与物品表面的黏附性质，基本上与液体油污相似。

除此以外，有一些污垢被称为特殊污垢，如砂糖、淀粉、食盐、食物碎屑和人体分泌物（汗、血液、蛋白质、无机盐），它们在常温下能溶于纤维中，有些能通过化学吸附，牢固地

吸附在纤维上难以脱落。

3. 污垢的黏附

(1) 机械黏附　机械黏附主要表现在固体尘土的黏附现象上。由于衣料纺织的粗细程度、纹状及纤维特性不同，结合力有所不同。这种污垢几乎可以用单纯的搅拌和振动力将其去除。但当污垢粒子小于 0.1μm 时，就很难去除。夹在纤维中间和凹处的污垢有时也难以去除。

(2) 静电力黏附　在水介质中，静电引力一般较弱，但有时污垢也可以通过静电引力黏附。例如，纤维素和蛋白质纤维的表面在碱性溶液中带有负电（静电），而炭黑、氧化铁等固体污垢粒子在此条件下带有正电，它们可以通过静电引力产生黏附。另外，水中含有的钙、镁、铁、铝等多价金属离子在带负电的纤维和带负电的污垢粒子之间，可以形成多价阳离子桥，从而使带负电的表面黏附上带负电的污垢。静电结合力比机械结合力强，因此污垢去除较困难。

(3) 化学结合力　极性固体污垢（如黏土）、脂肪酸、蛋白质等与纤维素的羟基之间通过形成氢键或离子键的化学结合力而黏附在纤维上，这类污垢用通常的洗涤方法很难去除，需要采取特殊的化学处理，使之分解、去除。

(4) 分子间力黏附　物品和污垢以分子间范德华力（包括氢键）结合，例如，油污在各种非极性板材上的黏附，油污的疏水基通过与板材间的范德华力，将油污吸附在高分子板材的表面，污垢与表面一般无氢键形成，但若形成氢键，则污垢难以去除。天然纤维制品如棉、麻和丝织品与血渍的黏附，棉麻织物的纤维上有大量羟基存在，丝织物的主要成分是蛋白质，含有大量的多肽，血渍可以通过氢键与织物黏附，很难去除。

不同性质的表面与不同性质的污垢，有不同的黏附强度。在以水为介质的洗涤过程中，非极性污垢（如炭黑、石油等）比极性污垢（如黏土、粉尘、脂肪等）难以洗净。疏水表面（如聚酯、聚丙烯等）的非极性污垢比亲水表面（如棉花、玻璃等）的非极性污垢更不容易去除；而在亲水表面的极性污垢则比疏水表面的极性污垢难于去除。

二、污垢的去除

1. 液体污垢的去除

洗涤作用的第一步是洗涤液（介质加洗涤剂）润湿被洗物表面，否则洗涤液的洗涤作用难以发挥。水在一般天然纤维（棉、毛等）上的润湿性较好，在人造纤维（如聚丙烯、聚酯等）上的润湿性往往较差。一般洗涤液在浓度稍大（约 *cmc*）时，能很好地润湿纤维表面。

洗涤作用的第二步是油污的去除，液体油污的去除是通过“卷缩”机理实现的。液体油污原来以铺展的油膜存在于表面，将被洗物浸入洗涤液后，洗涤液优先润湿固体表面，而使铺展的油膜卷缩成油珠，如图 1-21 所示。

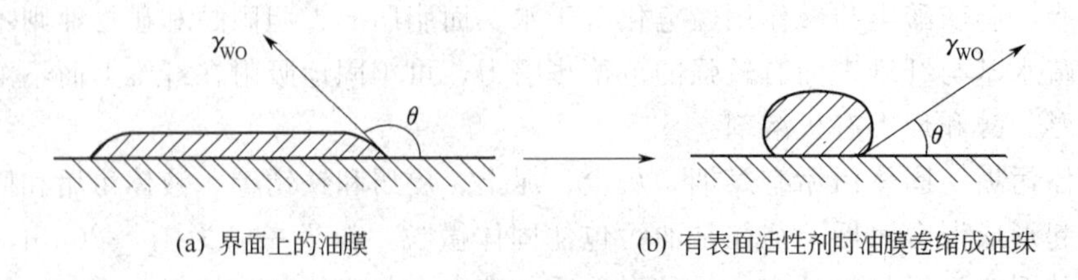

图 1-21　油水界面与固体之间形成的角

图 1-21(a) 表示油水界面（无表面活性剂）与固体之间形成的角 θ，$\theta \geqslant 90°$，表示水对

固体的润湿不如油污强。油-水、固-水、固-油的界面张力分别为 γ_{WO}、γ_{SW}、γ_{SO}，平衡时有下列关系：

$$\gamma_{SO}-\gamma_{SW}=\gamma_{WO}\cos\theta \tag{1-14}$$

$$\gamma_{SO}=\gamma_{SW}+\gamma_{WO}\cos\theta \tag{1-15}$$

如果水中加入表面活性剂，由于表面活性剂易在固-水界面和油-水界面吸附，故 γ_{SW} 和 γ_{WO} 降低，而 γ_{SO} 不变，为了维持新的平衡，$\cos\theta$ 值必须变大，即 θ 要变小。也就是说接触角 θ 从大于 90°变为小于 90°，甚至接近零，即洗涤液几乎完全润湿固体表面，油膜卷缩成油珠，自表面除去。

根据黏附功的定义：

$$W_{SW}=\gamma_S+\gamma_W-\gamma_{SW} \tag{1-16}$$

$$W_{SO}=\gamma_S+\gamma_O-\gamma_{SO} \tag{1-17}$$

式中　γ_S，γ_W，γ_O——固体、水溶液和油的表面张力；

　　W_{SW}，W_{SO}——固体与水和固体与油之间的黏附功。

式(1-16) 减去式(1-17)，可以得到

$$(W_{SW}-\gamma_W)-(W_{SO}-\gamma_O)=\gamma_{SO}-\gamma_{SW} \tag{1-18}$$

由式(1-14)，再根据黏附张力的定义 [式(1-2)]，式(1-18) 可写为

$$A_{SW}-A_{SO}=\gamma_{WO}\cos\theta \tag{1-19}$$

式中　A_{SW}，A_{SO}——固体与水溶液和固体与油的黏附张力。

由此可见，两种液体在固体表面（空气中）的黏附张力是油污被洗涤液从固体表面卷缩成油珠的重要参数，而不是简单的黏附功。若能满足

$$A_{SW}-A_{SO}\geqslant\gamma_{WO} \tag{1-20}$$

则接触角（洗涤液）$\theta=0$ 或不存在，也就是液体油污与固体表面的接触角 θ' 为 180°时，油污卷缩成球状，被彻底洗去。

若 $90°<\theta'<180°$，则污垢不能自发地脱离表面，但可被液流水力冲走，如图 1-22 所示。

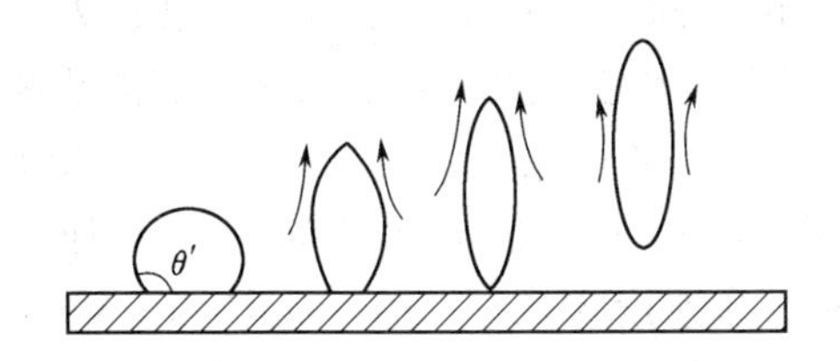

图 1-22　油滴（$90°<\theta'<180°$）被液流水力（箭头所示）从固体表面完全去除

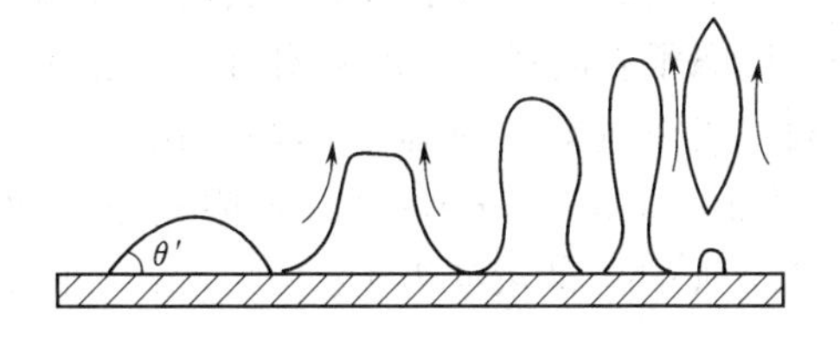

图 1-23　较大油滴（$\theta'<90°$）大部分被液流水力除去，有少量残留于表面

若 $\theta'<90°$，即使有运动液流的冲击，也仍有小部分油污残留于表面，如图 1-23 所示。要除去此残留油污，需要做更多的机械功，或是采用较浓表面活性剂溶液（浓度大于 *cmc*）的加溶作用。

2. 固体污垢的去除

液体油污的去除，主要依靠洗涤液对固体表面的优先润湿，固体污垢的去除机理不同于液体污垢，主要是两种污垢与固体表面的黏附性质不同。对于液体污垢，黏附强度可以用固-液界面的黏附自由能来表示，固体污垢在固体表面的黏附情况要复杂得多。固体污垢的黏附很少像液体一样扩散成一片，通常在一些点上与表面接触和黏附，黏附作用主要来自范

德华引力，其他力（如静电力）则弱得多。静电力可加速空气中灰尘在固体表面的黏附，但并不增加黏附强度。

质点与固体表面的黏附强度一般随接触时间增加而增强，在潮湿空气中的黏附强度高于在干燥空气中，在水中的黏附强度要比在空气中大为减弱。对固体污垢的去除，主要是由于表面活性剂在固体污垢及固体表面上的吸附，降低了固体污垢与固体表面的黏附强度，从而使污垢易于除去。

在洗涤中，首先发生的是洗涤液对污垢及表面的润湿。洗涤液能否润湿污垢质点或表面，可以从洗涤液能否在固体表面铺展或浸湿来考虑。铺展系数和浸湿功（参见本章第二节）为

$$S_{W/S}=\gamma_S-\gamma_{SW}-\gamma_W \tag{1-21}$$

$$W_i=\gamma_S-\gamma_{SW} \tag{1-22}$$

式中符号意义同前，但下标 S 表示的“固体”包括固体污垢及固体表面。只要 $S_{W/S}>0$ 或 $W_i>0$，洗涤液就能在污垢及表面铺展或浸湿。由于能铺展必能浸湿，故只要考虑铺展系数（$S_{W/S}$）就足够了。一般已沾污的物体，不易被纯净的水润湿。这是因为此时 γ_S 低，而 γ_{SW} 及 γ_W 较高，$S_{W/S}$往往小于零。若水中加入足够的表面活性剂，由于表面活性剂在固-液界面和溶液表面的吸附，使 γ_{SW} 和 γ_W 降低，这样 $S_{W/S}$可能变得大于零，洗涤液就能很好地润湿污垢及表面。

对于液体中污垢质点在表面的黏附，黏附功为

$$W_a=\gamma_{S_1W}+\gamma_{S_2W}-\gamma_{S_1S_2} \tag{1-23}$$

式中 γ_{S_1W}，γ_{S_2W}，$\gamma_{S_1S_2}$——固体-水溶液、质点-水溶液、固体-质点的界面自由能。

由式（1-23）可知，由于表面活性剂在固（S_1 或 S_2）-液界面吸附，会使 γ_{S_1W} 和 γ_{S_2W} 降低，则黏附功变小。也就是说，表面活性剂的吸附使质点与表面的黏附功降低，质点比较容易自表面除去。

表面活性剂吸附于质点及固体表面，不仅使黏附功降低，同时也可能增加质点与固体表面的表面电势（特别是离子型表面活性剂吸附时），由于同电荷相斥，使质点更易自表面除去。阴离子表面活性剂的吸附可以增加质点与固体表面的负表面电势；非离子表面活性剂的吸附对表面电势没有显著影响。例如，炭黑质点在水中带负电荷，向正极的电泳速度约为 $3\times10^{-4}cm^2/(s\cdot V)$。加入阴离子表面活性剂 $C_{12}H_{25}SO_4Na$ 后，电泳速度增加。当 $C_{12}H_{25}SO_4Na$ 的浓度为 $1\times10^{-4}mol/L$ 时，炭黑的电泳速度为 $3.8\times10^{-4}cm^2/(s\cdot V)$，浓度增加到 $2\times10^{-4}mol/L$ 时，炭黑的电泳速度为 $6.2\times10^{-4}cm^2/(s\cdot V)$；加入非离子表面活性剂 $C_{12}H_{25}O(C_2H_4O)_nH$（浓度为 $4\times10^{-4}\sim2\times10^{-2}mol/L$）后，电泳速度基本不变；加入阳离子表面活性剂 $C_{12}H_{25}N(CH_3)_2C_6H_5Cl$（浓度为 $1\times10^{-5}\sim1\times10^{-2}mol/L$）后，电泳速度急剧下降。此结果表明质点表面的 ξ 电势受溶液中表面活性剂的影响，尤其为表面活性剂离子电荷所制约。

一般固体或纤维在水中带负电荷，污垢质点在水中也多带负电荷，因此在一般情况下，加入阴离子表面活性剂，通常会提高质点与固体表面的界面电势，从而减弱了它们之间的黏附力，有利于污垢自固体表面除去；同时，分离了的污垢也不易再沉积于固体表面。

非离子表面活性剂虽然不能改变界面电势，但被吸附的非离子表面活性剂往往可以在表面上形成空间阻碍，有利于防止污垢的再沉积。因此，非离子表面活性剂的洗涤效

果并不差。

阳离子表面活性剂一般不能用作洗涤剂。由于阳离子表面活性剂使界面电势降低或消除，不利于洗涤。甚至有“反洗涤”作用，即它的洗涤作用比纯水还差，这是因为表面活性剂正离子被牢固地吸附于负电表面。

固体污垢的去除，与污垢质点大小有很大关系。污垢质点越大，就越容易除去，小于0.1μm的质点很难除去。对于固体污垢，即使有表面活性剂存在，如果不加机械作用也很难除去。这是因为污垢质点不是流体，由于污垢与固体表面黏附，溶液很难渗入质点与表面之间，必须加机械作用来帮助溶液渗透，从而减弱污垢与表面的结合力，使污垢易于除去。污垢质点越大，在洗涤过程中承受水力的冲击越大，而且离表面较远处的液流速度更高，冲击力会更大，所以大质点易于除去。

三、影响表面活性剂洗涤作用的因素

由于洗涤体系的复杂性，影响洗涤效果的因素复杂多样，在这里主要讨论与表面活性剂有关的一些因素。

1. 表面张力

表面活性剂是洗涤液的主要成分，降低体系表面张力是表面活性剂非常重要的性质，大多数性能优良的表面活性剂都具有显著降低体系表面张力的作用。在洗涤过程中，表面活性剂能使洗涤液具有较低的表面张力，这有利于洗涤液产生润湿作用，从而才有可能进一步起洗涤作用。此外，较低的表面张力有利于液体油污的清除，也有利于油污的乳化、分散，防止油污再沉积。

2. 吸附作用

表面活性剂在界面上的吸附是影响洗涤效果的重要因素。由于表面活性剂在界面上的吸附，使界面和表面的各种性质（如体系的能量、电性质、化学性质及机械性质）发生变化。

对于液体油污，表面活性剂在油-水界面和固-水界面的吸附主要导致界面张力降低，从而有利于油污的去除。

对于固体污垢，表面活性剂在固体污垢质点上的吸附，与表面活性剂的类型和固体粒子的电性有关。

阴离子表面活性剂在界面上的吸附，主要取决于污垢表面的电性质。在水介质中，一般污垢质点带负电，不易吸附阴离子表面活性剂。若质点的非极性较强，则可通过质点与表面活性剂碳氢链间的范德华引力克服电斥力而发生吸附。此时质点表面由于吸附了阴离子表面活性剂，负电荷密度增加，这样质点间的斥力及质点与固体表面（在水介质中一般也带负电）间的斥力也相应增加，从而提高了洗涤效果。若污垢质点带正电（如$BaSO_4$质点可以带正电），用阴离子表面活性剂作洗涤剂，首先会产生静电吸引，使质点电荷减少，表面活性剂疏水基包裹在质点外面，使表面变得疏水，降低了质点在洗涤液中的分散稳定性，质点容易聚沉，不利于洗涤。要使质点重新分散并稳定地悬浮于水中，需要加入大量的表面活性剂。水溶液中的表面活性剂碳氢链与吸附在质点上的表面活性剂碳氢链之间，可以通过范德华力吸附，这样在第一吸附层上又吸附了第二层表面活性剂，此时表面活性剂极性基朝向水相，质点表面变得亲水，并且带负电。

非离子表面活性剂自身不带电，因此在质点表面的吸附基本不受质点电性影响。质点吸附非离子表面活性剂后，体系的稳定性大大增加。这是因为非离子表面活性剂以疏水链吸附于质点表面，亲水链伸入水中，形成一层有一定厚度的水化膜，把质点包裹起

来，使质点变得亲水。而且形成了防止质点相互靠近的空间阻碍，提高了质点的分散稳定性，不易再沉积于固体表面。质点的稳定性随非离子表面活性剂链长增加、水化膜厚度增加而提高。

非离子表面活性剂在不同纤维上的吸附情况不同。在非极性纤维上的吸附是通过碳氢链与碳氢链间的疏水效应来实现的，疏水基朝向非极性纤维，亲水基朝向水中，使纤维变得亲水，易于洗涤；在亲水性强的棉纤维上的吸附是通过聚氧乙烯链中的醚键氧原子与棉纤维表面的羟基形成氢键，而吸附于棉纤维表面的，因此在纤维-水界面上是以亲水的聚氧乙烯链吸附于纤维表面，而疏水链朝向水中，使原来亲水的纤维表面变得疏水，因此非离子表面活性剂不宜用于洗涤棉纤维。

两性离子表面活性剂分子结构中既含有阳离子基团又含有阴离子基团，所以无论污垢表面带何种电荷，它都能吸附在污垢表面，而不会产生聚沉现象。并且使污垢表面更加亲水，有利于污垢在水中的分散与悬浮，不易再沉积，洗涤效果较好。

从表面活性剂类型来看，阴离子表面活性剂与非离子表面活性剂的洗涤性能较好；而阳离子表面活性剂不宜用作洗涤剂；近二十年才发展起来的两性表面活性剂，由于它的耐硬水性，低刺激性，很好的生物降解性，抗静电性和杀菌性，已成为洗涤剂中的后起之秀。

3. 表面活性剂疏水链长

表面活性剂同系物中，碳氢链长与表面活性、润湿性、乳化作用等物理化学性质有密切关系，也与洗涤性能有一定关系。一般情况下，碳氢链较长的，洗涤效果较好。图 1-24 是在55℃下，烷基硫酸钠的洗涤曲线。可以看出，表面活性剂的碳氢链越长，洗涤效果越好。

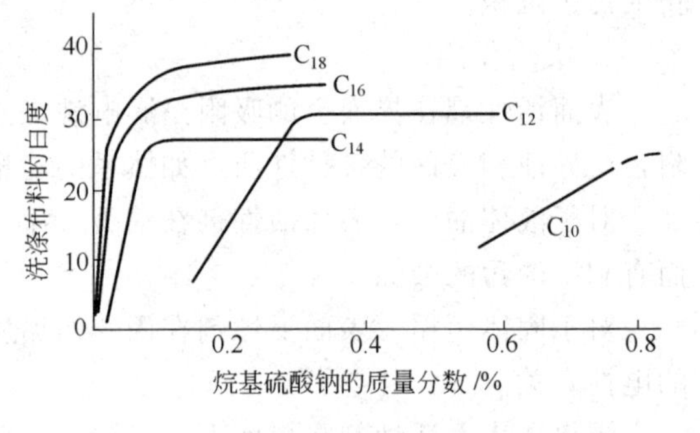

图 1-24 烷基硫酸钠的洗涤曲线（55℃）

4. 乳化与起泡

乳化作用在洗涤过程中是相当重要的。因为液体油污“卷缩”成油珠，从固体表面脱落进入洗涤液后，还有很多与固体表面接触而再沉积的机会，为了防止再沉积发生，最好的办法是将油污乳化，使其稳定地分散悬浮于洗涤液中。要使乳化顺利进行，需要考虑洗涤剂本身的乳化性能，乳化能力不够的，可适当添加乳化剂。

通常人们认为一种洗涤液的性能好坏决定于其起泡作用。实际并非如此，二者之间没有直接相应的关系。有时采用低泡性洗涤剂，洗涤效果也很好。但这并不是说泡沫在洗涤中完全无用，在某些时候，泡沫有助于去除污垢。例如，洗涤液形成的泡沫可以把从玻璃等硬表面洗下的油滴带走；擦洗地毯时，泡沫有助于带走尘土污垢。

5. 加溶作用

在洗涤过程中，液体油污通过表面活性剂胶团的加溶作用而除去，看起来似乎合情合理，但实际上并非如此。表面活性剂的加溶作用是在表面活性剂溶液浓度大于 *cmc* 时发生的。实际上，一般洗涤过程添加的表面活性剂的量并不多，通常在 *cmc* 以下，加之被洗织物具有较大的表面积，将从溶液中吸附大量的表面活性剂，因此会使溶液中表面活性剂浓度进一步降低，更达不到 *cmc*。也就是说，加溶作用没有存在的前提条件。此外，许多试验结果表明，洗涤作用与表面活性剂的其他性质（如表面张力的降低）相似，在溶液浓度未达 *cmc* 以前，随浓度而变，但在 *cmc* 以后，则基本不再有显著变化。这就说明，在洗涤过程中，加溶作用并非主要因素。

但当使用 *cmc* 较小的一些非离子表面活性剂时，油污的去除程度随表面活性剂浓度（*cmc* 以上）增加而显著增加。另外，在局部洗涤时（如衣物抹上洗涤剂搓洗，香皂洗脸等），加溶作用可能是去除油污的主要原因。

四、表面活性剂和助洗剂

1. 表面活性剂

洗涤剂是按一定配方配制成的产品，洗涤剂中的主要活性成分是表面活性剂。在洗涤剂中，阴离子型表面活性剂是最早使用的一类表面活性剂，也是使用最广泛的一类。阴离子表面活性剂作为洗涤剂的类型主要有脂肪酸盐（肥皂）、烷基苯磺酸盐（ABS）、脂肪醇硫酸盐（AS）、脂肪醇聚氧乙烯硫酸盐（AES）、脂肪醇聚氧乙烯羧酸盐（AEC）和脂肪酸甲酯磺酸盐（MES）等。

非离子表面活性剂有较好的去污性能，耐硬水性、耐高浓度电解质的能力较强。常用的有聚氧乙烯烷基醇醚、聚氧乙烯烷基酚醚、烷基糖苷等。

两性离子表面活性剂具有低毒性、低刺激性的优点，且有良好的生物降解性和配伍性。常用的有 *N*-酰基氨基酸型、甜菜碱型、咪唑啉型等。

2. 助洗剂

在合成洗涤剂中，作为重要成分的表面活性剂约占10%～30%，助洗剂约占30%～80%。助洗剂中，主要是无机盐，如磷酸盐、碳酸钠、硫酸钠、硅酸钠等，此外还有少量其他有机添加剂。通常洗涤助剂应具有以下功能：增强表面活性，螯合高价阳离子，软化硬水，增加污垢的分散、乳化、加溶，防止污垢再沉积，增稠，抑菌，增白等。

本章小结

1. 表面活性剂的物理化学性质

2. 表面活性剂在溶液中的状态

① 胶团；临界胶团浓度；表面活性剂的化学结构对临界胶团浓度的影响。

② 润湿作用；润湿过程的三种类型；影响润湿的因素；润湿剂。

③ 泡沫的形成；稳定及消泡。

④ 乳化作用；乳状液的 HLB、PIT 理论。

⑤ 加溶作用；加溶、微乳的对比。

⑥ 分散作用；固体分散在液体中形成的分散体系；分散体系的稳定性；分散剂与絮凝剂。

⑦ 洗涤作用；污垢的去除；影响表面活性剂洗涤作用的因素；表面活性剂和助洗剂。

思考题

1. 什么是表面活性剂的临界胶团浓度？在临界胶团浓度时，溶液的性质会有哪些变化？

2. 简述离子型表面活性剂和非离子型表面活性剂各自的胶团结构。

3. 影响泡沫稳定性的因素主要有哪些？
4. 可以用哪些方法鉴别乳状液的类型？
5. 计算 $C_{12}H_{25}SO_4Na$、$C_8H_{17}(OC_2H_4)_6OH$、$C_{11}H_{23}COOK$ 三种表面活性剂各自的 HLB 值。
6. 简述接触角与润湿的关系。
7. 乳状液、微乳液、肿胀胶团有什么区别？
8. 简述微乳液的形成机理。
9. 微乳液在工业生产中有哪些应用？
10. 分散体系分为哪些类型？
11. 表面活性剂在洗涤过程中起到了什么作用？

第二章　表面活性剂的合成

学习目标

1. 了解表面活性剂的基本结构。
2. 理解表面活性剂基本合成方法和一般生产技术。
3. 掌握各种表面活性剂的主要用途。
4. 了解表面活性剂生产中常用设备的类型、结构、性能特点，以及它们的适用条件。

本章主要介绍常见阴离子、阳离子、两性离子、非离子表面活性剂的化学结构、性质用途及合成技术。

第一节　阴离子表面活性剂

阴离子表面活性剂溶于水时，能解离出发挥表面活性部分的带负电基团（阴离子或称负离子）。阴离子表面活性剂按亲水基团分为脂肪羧酸酯类（R—COONa），脂肪醇硫酸酯类（$R—OSO_3Na$），磺酸盐类（$R—SO_3Na$），磷酸酯类（$R—OPO_3Na$）。

阴离子表面活性剂亲水基团的种类有局限，而疏水基团可由多种基团构成，故种类很多。阴离子表面活性剂一般具有良好的渗透、润湿、乳化、分散、增溶、起泡、抗静电和润滑等性能，用作洗涤剂有良好的去污能力。

一、羧酸盐型阴离子表面活性剂

羧酸盐型阴离子表面活性剂俗称皂类，是使用最多的表面活性剂之一。

1. 脂肪酸盐

(1) 肥皂　肥皂即属高级脂肪酸盐。

① 结构类型　化学式为 RCOOM，R 为烃基，可以是饱和的，也可以是不饱和的，其碳数在 8～12 之间，M 为金属原子，一般为钠，也可以是钾或铵。

② 合成路线　油脂与碱的水溶液加热起皂化反应制得肥皂。

$$\begin{array}{l}R—COOCH_2\\ \qquad\quad\ |\\ R—COOCH\\ \qquad\quad\ |\\ R—COOCH_2\end{array} + 3NaOH \longrightarrow 3R—COONa + \begin{array}{l}CH_2—OH\\ |\\ CH—OH\\ |\\ CH_2—OH\end{array}$$

天然油脂　　碱　　肥皂　　甘油

肥皂的生产是表面活性剂最古老的生产工艺之一，设备简单，制备容易。工业制皂有盐析法、中和法和直接法。从原理上讲，盐析法和直接法都是油脂皂化法。目前比较先进的工艺是中和法和连续皂化法。国内制皂工厂大多采用盐析法。

盐析法的主要工艺过程如下。

a. 皂化　将油脂与碱液放入皂化釜，加热煮沸。在开口皂化釜中，先加入熔融态油脂，再慢慢加入碱液。空锅时先加入易皂化的油脂如椰子油，先皂化作乳化剂。反复进行反应时，留下锅底作乳化剂即可。皂化第一阶段要形成稳定胶体；第二阶段加浓碱液后皂化速率快，要防止结块；第三阶段由于未皂化的油脂浓度低，皂化速率很慢，需要很长时间皂化。皂化率可达95%～98%，脂肪皂化后形成皂胶。

b. 盐析 在皂胶中加入电解质食盐，使皂胶中过量的水和杂质分离出来，得到纯的皂胶。杂质包括水解生成的甘油、色素、磷脂、动植物纤维、机械杂质等。将有害杂质除去，可从废液中回收甘油。为使分离干净，盐析、碱析可进行多次。

c. 碱析 在皂胶中加入一定的碱，使未完全皂化的油脂进一步皂化，并降低皂胶中氯化钠等无机盐的含量，进一步除去杂质，净化皂胶。

d. 整理 皂胶经碱析后结晶比较粗糙，电解质含量比较高（NaOH 0.6%～1%；Cl^- 0.4%～0.8%；Na_2CO_3；Na_2SO_4 等）。整理过程中进一步加电解质，补充皂化和排出皂胶中的杂质，使皂胶结晶细致。补充何种电解质，视皂胶的组成和对肥皂的要求而定。如果皂胶中含氯较高，或需要加入较多的填充物，应加烧碱处理；如含氯较少，填充物加入量少，需要氯化钠整理。一般来说，洗涤皂多用碱整理（氯含量高时影响洗涤力）；香皂多用盐整理（游离碱含量要低），经整理后皂胶的脂肪含量达60%以上。整理就是在净化皂胶的同时进一步皂化。

e. 调和 通过搅拌或碾磨将填料加入皂胶中，是控制肥皂质量的最后一道工序。直接影响肥皂的硬度、晶型、脂肪酸含量、外观、气味、洗涤力、保存性等。填料中有硅酸钠（水玻璃）、碳酸钠、滑石粉等。硅酸钠、碳酸钠可以提高肥皂的洗涤性能和防止肥皂酸败。滑石粉可增加肥皂中的固体物，防止肥皂收缩变形，使肥皂有良好的外观。填料亦有软化硬水的作用。调和中，有时加入皂用香精，如香草油、松油醇、β-萘甲醚等，以掩盖肥皂的不良气味。

总之，制皂中最重要的一步是皂化，盐析、碱析、整理都是为除去杂质，减少水分，提高脂肪酸含量得到符合工艺要求的纯净皂基。皂基经调和加入肥皂配方的复料即可成型。

此法生产周期至少一天有时甚至需几天时间。这是传统工艺的主要缺点。为了缩短皂化时间可采用催化剂如氧化锌、石灰石等。先将油脂高压水解，再加碱中和。先进的连续化皂化法是利用油脂在高温高压（200℃，20～30MPa）下快速皂化的原理，4min就可得到40%～80%的肥皂，产品质优价廉。具体生产方法可查阅有关资料。

③ 性能与用途 油脂可以是动物油脂如牛油，也可以是植物油脂如椰子油、棕榈油、米糠油、大豆油、花生油、硬化油等。由于所用天然油脂不同，得到的肥皂性质也不同。如适用的温度范围：含C_{12}～C_{14}为主的椰子油皂常温下即可使用；含C_{18}的硬脂酸皂温度至70～80℃才行；含双键的油酸皂，虽也是C_{18}，却因双键的存在而适用范围较宽。皂化所用的碱可以是氢氧化钠、氢氧化钾或氢氧化铵。用氢氧化钠皂化油脂得到的肥皂称为钠皂，用氢氧化钾或氢氧化铵皂化油脂得到的肥皂称为钾皂和铵皂，钠皂质地较钾皂硬，铵皂最软。脂肪酸钠是香皂和肥皂的主要成分；脂肪酸钾是液体皂的主要成分；金属皂和有机碱皂主要用作工业表面活性剂。

（2）多羧酸皂 多羧酸皂使用不多，较典型的是作润滑油添加剂、防锈剂用的烷基琥珀酸系制品，琥珀酸学名丁二酸，其上带有一个长碳链后便成为有亲油基的二羧酸。

① 结构类型 此系列产品一般是利用C_3～C_{24}的烯烃与顺丁烯二酸酐共热，在200℃下直接加成为烷基琥珀酸酐而制得。其中较常见的是十二烷基琥珀酸。

② 合成路线

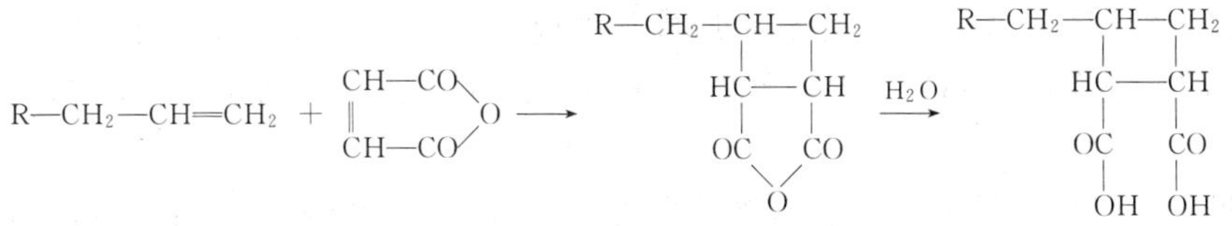

$$\mathrm{R{-}CH_2{-}CH{=}CH_2} + \begin{array}{l}\mathrm{CH{-}CO}\\ \ \|\qquad\quad\ \ \mathrm{O}\\ \mathrm{CH{-}CO}\end{array} \longrightarrow \begin{array}{c}\mathrm{R{-}CH_2{-}CH{-}CH_2}\\ \quad\ \ |\qquad |\\ \quad\mathrm{HC{-}CH}\\ \quad\ \ |\qquad |\\ \quad\mathrm{OC}\quad\mathrm{CO}\\ \quad\ \ \backslash\ /\\ \quad\mathrm{O}\end{array} \xrightarrow{H_2O} \begin{array}{c}\mathrm{R{-}CH_2{-}CH{-}CH_2}\\ \quad\ \ |\qquad |\\ \quad\mathrm{HC{-}CH}\\ \quad\ \ |\qquad |\\ \quad\mathrm{OC}\quad\mathrm{CO}\\ \quad\ \ |\qquad |\\ \quad\mathrm{OH}\quad\mathrm{OH}\end{array}$$

③ 性能与用途　一般来说，亲油基上带有两个亲水基的产物，其表面活性不会优良。因而，此系列产品常将两个羧基中的一个用丁醇或戊醇加以酯化，生成单羧酸盐，即变为润湿、洗净、乳化作用良好的表面活性剂。

(3) 松香皂　松香皂是一种天然植物树脂酸用碱中和的产物。

① 结构类型　分子式为 $C_{19}H_{29}COOM$。它本身没有洗涤作用，但却有优良的乳化力和起泡力。

② 合成路线

$$\mathrm{RCOOH+MOH\longrightarrow RCOOM}$$

$$(\mathrm{M=K^+、Na^+}\text{等})$$

③ 性能与用途　松香酸钠盐广泛应用于洗衣皂生产中，它能改变肥皂泡沫性能，防止酸败，增加边缘透明性。用松香皂、聚硅氧烷及其他非离子表面活性剂配成的一种低泡沫洗涤剂，特别适用于自动洗衣机在高温（85℃）下洗涤。松香皂溶液与己二醇、乙酸、水、乙酸乙酯等配成清洗剂可以用于清洗金属表面。与乙二醇、乙二胺复配可以作为润滑剂、颜料分散剂。松香及改性松香皂也可以作为混凝土起泡剂，制造轻质混凝土构件。

松香酸皂另一个重要用途是作为造纸施胶剂。近来，这种施胶剂不断发展和改进。如松香与马来酸酐（或富马酸）加成，再经甲醛改性，最后制成钾皂，可作强化施胶剂使用。

歧化松香钠（钾）特别适用于烯烃的乳液聚合反应，用它们制成的乳化剂可以使丁二烯-苯乙烯、丁二烯-苯乙烯-丙烯酸体系进行乳液聚合。

当前世界上表面活性剂行业有两个明显的发展趋势：一是从环境保护考虑，合成生态性能优良的产品；二是由于石油价格不断上涨及其资源危机，迫使人们寻求新的原料来源。松香是一种来源丰富、价格便宜的再生型天然化工原料。我国有着丰富的松脂资源，目前年产量 50 万吨，松香产量 40 万吨/年，居世界第一位。在当前表面活性剂原料短缺、价格上涨、环保要求更高的情况下，开发利用松香类合成表面活性剂，无疑具有资源优势。

2. *N*-酰基氨基羧酸盐

(1) 结构类型　*N*-酰基氨基羧酸盐是脂肪酰氯与氨基酸的反应产物。随着碳链的长度和氨基酸种类的不同，可以有多种同系产品生成。*N*-酰基氨基羧酸盐的结构为：

$$\begin{array}{l}\mathrm{R{-}CON(CONR'')_{\mathit{n}}COONa}\\ \qquad\quad |\\ \qquad\quad \mathrm{R'}\end{array}$$

式中，R 为长碳链烷基；R′和 R″为蛋白质分解产物带有的低碳烷基。常用的氨基酸原料是肌氨酸和蛋白质水解物。较著名的是 *N*-油酰基多缩氨基酸钠（商品名为雷米邦）。

(2) 合成路线　*N*-油酰基多缩氨基酸钠的制备过程为蛋白质水解；油酰氯的制备；油酰氯与蛋白质的缩合。

① 蛋白质的水解　将动物皮屑（也可用脱脂蚕蛹）脱臭，加入 10%～14%的石灰和适量的水，以蒸汽直接加热，并保持 0.35MPa 左右的压力，搅拌 2h，过滤后即可得到含多缩氨基酸钙的滤液，加纯碱使钙盐沉淀，再过滤，将滤液蒸发浓缩，便可用于和油酰氯的

缩合。

② 油酰氯的制备　油酸经干燥脱水后放入搪瓷釜，加热至50℃，搅拌下加入约油酸量20%～25%的三氯化磷。55℃下保温搅拌30min，放置分层，得到相对密度0.93的褐色油状产物。

③ 油酰氯与蛋白质的缩合　于搪瓷釜中放入多缩氨基酸溶液，60℃下搅拌加入油酰氯，保持碱性反应条件，最后加少量保险粉，升温至80℃，并将pH调至8～9。为了分解水层，先将产物用稀酸沉淀，分水后加氢氧化钠溶解，即得到产品。当用于洗发和沐浴香波时，中和可用氢氧化钾。

(3) 性能与用途　此类产品除具有表面活性外，其突出优点是低毒、低刺激性。因而广泛用于人体洗涤品、化妆品、牙膏、食品等。

3. 聚醚羧酸盐

(1) 结构类型　聚醚羧酸盐其分子式如下：

$$R—(OC_2H_4)_nOCH_2COONa$$

(2) 合成路线　聚醚羧酸盐是聚乙二醇型非离子表面活性剂进行阴离子化后的产品。以高级醇聚氧乙烯醚这种非离子表面活性剂为原料，与氯乙酸钠反应或与丙烯酸酯反应，均可制备这种产品。

$$R—(OCH_2CH_2)_nOH + ClCH_2COONa \longrightarrow R—(OCH_2CH_2)_nOCH_2COONa$$

$$R—(OCH_2CH_2)_nOH + CH_2{=}CHCOOR' \longrightarrow R—(OCH_2CH_2)_nCH_2CH_2COONa$$

(3) 性能与用途　聚醚羧酸盐主要用于润湿剂、钙皂分散剂及化妆品。

二、硫酸酯盐型阴离子表面活性剂

硫酸酯盐表面活性剂的化学通式为$ROSO_3M$ [式中，M为Na、K、$N(CH_2CH_2OH)_2$，碳链R的碳数为8～18]。主要包含脂肪醇硫酸酯盐、不饱和醇的硫酸酯盐、仲烷基硫酸酯盐、脂肪酸衍生物的硫酸酯盐等。

1. 脂肪醇硫酸酯盐

(1) 性能　脂肪醇硫酸酯盐简称AS，与肥皂比较，脂肪醇硫酸酯盐溶解性大，即使在高浓度水溶液中也不会形成像肥皂那样的凝胶，而保持液体状态，水溶液呈中性，耐硬水，在碱性至弱酸性条件下不水解，性能稳定。

(2) 合成路线　脂肪醇硫酸酯盐的制法是将脂肪醇经硫酸化后用碱中和。

$$R—OH + H_2SO_4 \longrightarrow R—OSO_3H + H_2O$$

$$R—OSO_3H + NaOH \longrightarrow R—OSO_3Na + H_2O$$

在工业生产中难以使脂肪醇100%硫酸化，制得的硫酸化物一般为80%～90%，所以脂肪醇硫酸酯盐常含有未反应的脂肪醇，还含有副产物水合硫酸钠。如以三氧化硫或氯磺酸作硫酸化剂，产物中几乎不含副产物。

① 原料制备　制备脂肪醇硫酸酯盐的原料——脂肪醇是表面活性剂工业的一种重要亲油基原料，在多种表面活性剂的合成中有所应用，包括阴离子、非离子和阳离子等。脂肪醇的工业生产方法有三种：脂肪酸、脂肪酸酯还原生产脂肪醇；动植物蜡中提取脂肪醇；利用脂肪酸工业副产的二级不皂化物提取脂肪醇。

以上三种方法都是天然油脂为原料的加工生产方法。这种再生性原料不受储量、能源的影响，制得的醇都是直链醇，特别适用于表面活性剂工业，因而一直受到重视，特别是椰子油制十二醇，一些国家已建立了稳定的供应基地。但是，天然油脂毕竟来源有限，远不能满足需要。随着石油化工的发展，合成醇已形成较成熟的大吨位生产工艺。

② 脂肪醇的硫酸化 所用硫酸化剂有浓硫酸、发烟硫酸、三氧化硫、氯磺酸和氨基磺酸等多种。浓硫酸是最简单的硫酸化剂，随着浓度的增加，反应速率及转化率均提高。发烟硫酸结合反应生成水的能力更强，反应也将更快、更完全，但与三氧化硫和氯磺酸比较，高级醇的转化率较低。氯磺酸硫酸化的反应几乎是定量反应，脂肪醇转化率可达90%以上。但这一方法成本较高，反应中排出的氯化氢较难处理，因而，常用于小规模硫酸化生产，如牙膏、化妆品用月桂醇硫酸钠的制取等。对于大规模生产，三氧化硫是更具优势的硫酸化剂，没有氯化氢副产物，脂肪醇转化率高，产品含盐量低，质量好，成本也最低。其缺点是三氧化硫反应能力强，容易产生副反应，需使用合适的反应器及严格控制工艺条件。

(3) 用途 脂肪醇硫酸酯盐具有良好的洗净力、乳化力、泡沫丰富，易于生物降解。其水溶性和去污力均比肥皂好，又由于溶液呈中性、不损织物，且在硬水中不产生沉淀，因而广泛应用于家庭及工业洗涤剂，还用于香波、化妆品等。其缺点是亲水基和亲油基由酯键相联接，与磺酸盐型表面活性剂比较，热稳定性较差，在强酸或强碱介质中易于水解。高级醇硫酸酯盐作洗涤剂时会受硬水影响而降低效能，需添加相当量的螯合剂才行。

2. 其他硫酸化产物

(1) 硫酸化烯烃 长链不饱和烯烃的硫酸化产物也称脂肪仲醇硫酸酯盐或仲烷基硫酸酯盐。

① 性能与用途 其优点是具有优良的渗透力，在纺织工业中占有一定的地位。它们的性质随碳链结构和亲水基的位置不同而有所不同，链长较短带有支链和亲水基位于亲油基中部的渗透力、润湿性好，但洗净力差。链长增加洗净力增加，而溶解性下降。这些规律也适用于其他表面活性剂。

② 合成路线 硫酸化烯烃中最重要的品种是商品名为梯波尔的 α-烯烃硫酸酯盐。它的原料烯烃采自于油页岩、石油、低温煤焦油等，常见加工方法有如下几种。

a. 齐格勒法制取 α-烯烃 齐格勒法是德国化学家齐格勒发现的。齐格勒聚合得到的中间体——高级三烷基铝在催化剂作用下与乙烯发生置换反应，便得到长链 α-烯烃和三乙基铝，反应式如下：

$$Al\begin{cases}(CH_2CH_2)_nC_2H_5\\(CH_2CH_2)_nC_2H_5\\(CH_2CH_2)_nC_2H_5\end{cases} + 3CH_2{=}CH_2 \longrightarrow Al(C_2H_5)_3 + 3CH_2{=}CH(CH{=}CH)_{n-1}C_2H_5$$

齐格勒聚合得到的 α-烯烃质量较好，正构烯含量可达94.9%左右，二烯烃等杂质很少，但烯烃碳数分布广，需经蒸馏切取合适的馏分，其中目的馏分的得率极低。为了解决这些问题，在工艺方法上采取了许多措施，出现了一些新的技术发明，现已能够有效提高产品收率。过轻或过重的组分可经异构化、歧化制成目的内烯烃，用作合成表面活性剂原料高级醇。

b. 石蜡裂解法制取 α-烯烃 此法是将 $C_{21}\sim C_{25}$（目的烯烃碳数的两倍）的石蜡进行热裂解。得到较低碳数的烯烃。反应式如下：

$$RCH_2CH_2CH_2CH_2R' \longrightarrow RCH{=}CH_2 + R'CH{=}CH_2$$

$$RCH_2CH_2CH_2CH_2R' \longrightarrow RCH{=}CH_2 + R'CH_2CH_3$$

石蜡裂解得到的烯烃纯度较低，仅为87%左右，含有7%二烯烃及相当量的多烯烃，还会有二次副反应生成的裂化残油和高聚物。由其制备的表面活性剂色泽较差，性能也不理想，不如齐格勒法生产的α-烯烃好。

c. 长链高碳烷烃脱氢制烯烃　此方法主要生产内烯烃，由美国UOP公司开发并实现工业化。产品质量好，含量90%以上，更适合作烷基苯生产中的烷基化剂。

(2) 硫酸化油　天然不饱和油脂或不饱和蜡经硫酸化再中和的产物通称为硫酸化油。常用的油脂为蓖麻油、橄榄油，有时也使用花生油、棉籽油、菜籽油和牛脚油等。这些产品均结合硫酸量较低，仅有微弱亲水性，可勉强溶于水或成为乳状液。因此，完全不适宜做洗涤剂。一般多用作纺纱油剂、纤维整理剂等的复配原料，较少单独作为商品出售。

硫酸化反应需在低温下进行，以避免分解、聚合、氧化等副反应过多。反应生成物中含有原料油脂和副产物，组成较为复杂。以土耳其红油为例，原料油为蓖麻油，经硫酸化后，含有未反应的蓖麻油、蓖麻油脂肪酸、蓖麻油脂肪酸硫酸酯、硫酸化蓖麻油脂肪酸硫酸酯、二羟基硬脂酸硫酸酯、二羟基硬脂酸、二蓖麻醇酸、多蓖麻醇酸、多蓖麻醇酸硫酸酯和其他内酯等。中和以后成为结合硫酸量5%～10%、浓度40%左右的市售土耳其红油。这种产品虽硫酸化程度很低，但水溶性却很大，这是因为副产的大量皂类起作用的结果。红油具有优良的乳化力，耐硬水性较肥皂强，润湿渗透力好，但几乎无洗净力，用作纤维染色助剂、乳化剂或皮革柔软剂。

为了改进低度硫酸化油对酸的稳定性，已有一系列高度硫酸化油产品出现。结合硫酸量可达15%～20%，例如玛瑙皂、阿维罗KM等。

(3) 硫酸化脂肪酸酯　硫酸化脂肪酸酯是不饱和脂肪酸的低级醇酯经硫酸化、再中和的产物。常用原料为油酸丁酯、蓖麻酸丁酯等。这些产品属于红油的改良品种，性能有所提高，结合硫酸量为12.5%～20%，渗透力强，常作低泡染色助剂。

(4) 硫酸化脂肪酸盐　为不饱和脂肪酸盐经硫酸化、再中和的产物，分子上同时有两个亲水基，因而较肥皂洗涤性下降，润湿、渗透性提高。

三、磺酸盐型阴离子表面活性剂

1. 烷基苯磺酸盐

(1) 性能与用途　烷基苯磺酸钠（LAS）是黄色油状体，经纯化可以形成六角形或斜方形薄片状结晶，具有微毒性，对水硬度较敏感，不易氧化，起泡力强，去污力高，易与各种助剂复配，成本较低，合成工艺成熟，应用领域广泛，是非常出色的表面活性剂。烷基苯磺酸钠对颗粒污垢、蛋白污垢和油性污垢有显著的去污效果，对天然纤维上颗粒污垢的洗涤作用尤佳，去污力随洗涤温度的升高而增强，对蛋白污垢的作用高于非离子表面活性剂，且泡沫丰富。但烷基苯磺酸钠存在两个缺点：一是耐硬水较差，去污性能可随水的硬度而降低，因此以其为主活性剂的洗涤剂必须与适量螯合剂配用；二是脱脂力较强，手洗时对皮肤有一定的刺激性，洗后衣服手感较差，宜用阳离子表面活性剂作柔软剂漂洗。近年来为了获得更好的综合洗涤效果，LAS常与脂肪醇聚氧乙烯醚（AEO）等非离子表面活性剂复配使用。LAS最主要用途是配制各种类型的液体、粉状飞粒状洗涤剂，擦净剂和清洁剂等。

(2) 合成路线　烷基苯磺酸钠的生产工艺路线有多种，如图2-1所示。

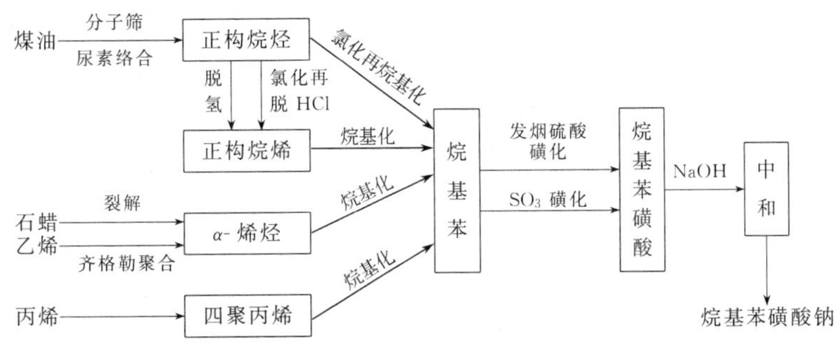

图 2-1 烷基苯磺酸钠生产工艺路线

生产过程可分为三步：烷基苯的制备，烷基苯的磺化和烷基苯磺酸的中和。

① 烷基苯的制备

a. 性能与用途 烷基苯的四条原料路线中以煤油路线应用最多。煤油来源方便，成本较低，工艺成熟，产品质量也好。石蜡裂解和乙烯低聚都是制取高碳醇和 α-烯烃的方法。α-烯烃作为烷基化剂与苯反应得到烷基苯。这样生产的烷基苯多为 2-苯基烷，作洗涤剂时性能不理想。丙烯低聚制得的四聚丙烯支链化程度高，由其生产的烷基苯不易生物降解，会造成公害，20 世纪 60 年代已被正构烷基苯所代替，现只有少量生产以供农药乳化剂配用。

b. 合成路线 天然煤油中正构烷烃仅占 30%左右，将其提取出来的方法有两种，尿素络合法和分子筛提蜡法。

尿素络合法是利用尿素能和直链烷烃及其衍生物形成结晶配合物的特性而将正构烷与支链异构物分离的方法。在有直链烷烃和其衍生物存在时，尿素可以由四面晶体转化形成直径为 0.55nm、内壁为六方晶格的孔道。直链烷烃，例如 C_3 ～ C_{14} 正构烷烃的横向尺寸约在 0.49nm，如果增加一个甲基支链，它的横向尺寸就增加到 0.56nm，分支链越大，横向尺寸越大，苯环或环烷环的尺寸更大，如苯的直径达 0.59nm。这样一来煤油中只有小于尿素晶格的正构烷烃分子才能被尿素吸附入晶格中，而比尿素晶格大的支链烃、芳烃、环烷烃就被阻挡在尿素晶格之外。然后再将这些不溶性固体加合物用过滤或沉降的办法将它们从原料油中分离出来。将加合物加热分解，即可得到正构烷烃，而尿素可以重复使用。

应用分子筛吸附和脱附的原理，将煤油馏分中的正构烷烃与其他非正构烷烃分离提纯的方法称为分子筛提蜡。这是制备洗涤剂轻蜡的主要工艺。分子筛也称人造沸石，是一种高效能高选择性的超微孔型吸附剂。它能选择性地吸附小于分子筛空穴直径的物质，即临界分子直径小于分子筛孔径的物质才能被吸附。在分子筛脱蜡工艺中选用 5A 分子筛就是基于此点。5A 分子筛的孔径为 0.5～0.55nm，因此它只能吸附正构烷烃，而不能吸附非正构烷烃。吸附了正构烷烃的分子筛经脱附得到正构烷烃。表 2-1 为两种提蜡用分子筛的性质。

表 2-1 5A 和 10X 分子筛性质

分子筛名称	孔径/nm	内表面积/(m^2/g)	机械强度/MPa	吸附正构烷烃/(mg/g)	吸苯量/(mg/g)
5A	0.5～0.55	850～800	≥1.96	≥105	—
10X	小于 1	约 1030	≥1.47	—	≥108

由上述方法得到的正构烷烃可经两条途经制得烷基苯，即氯化法和脱氢法。

氯化法是将正构烷烃用氯气进行氯化，生成氯代烷。氯代烷在催化剂氯化铝存在下与苯发生烷基化反应而制得烷基苯。生产工艺路线见图 2-2。

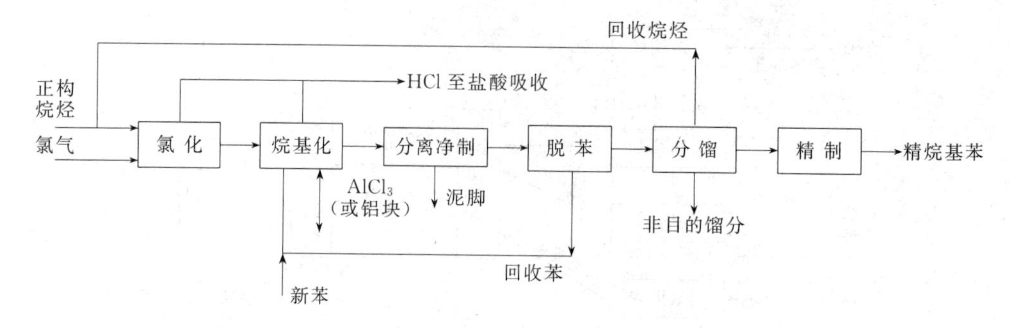

图 2-2 氯化法生产烷基苯工艺路线

反应混合物经分离净制除去催化剂配合物和重烃组成的褐色油泥状物质（泥脚）。再分离出来反应的苯和未反应的正构烷烃，分别循环利用，便得到粗烷基苯。粗烷基苯虽已可以使用，但为了提高产品质量，仍需精制处理，以除去大部分不饱和杂质。这样产品可避免着色和异味。

脱氢法生产烷基苯是美国环球油品公司（UOP）开发并于 1970 年实现工业化的一种生产洗涤剂烷基苯的方法。由于其生产的烷基苯内在质量比氯化法的好，又不存在使用氯气和副产盐酸的处理与利用问题，因此这一技术较快地在许多国家被采用和推广。生产过程大致如图 2-3 所示。

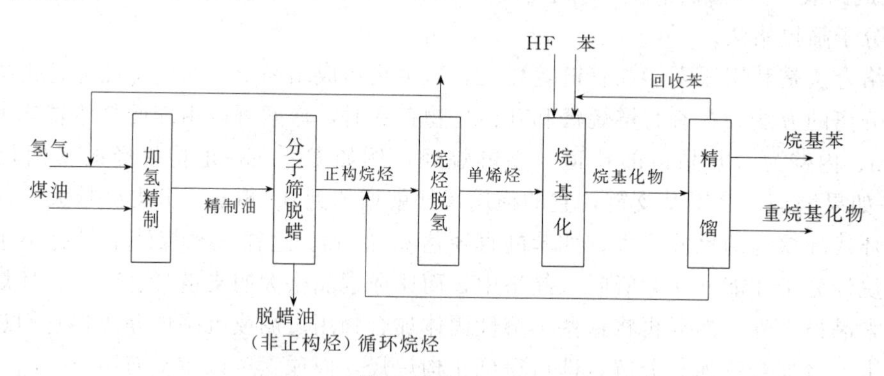

图 2-3 脱氢法生产烷基苯流程简图

煤油通过选择性加氢精制，除去所含的 S、N、O、双键、金属、卤素、芳烃等杂质，以使分子筛提蜡和脱氢催化剂的效率及活性更高。高纯度正构烷烃提出后，经催化脱氢制取相应的单烯烃，单烯烃作为烷基化剂在 HF 催化下与苯进行烷基化反应，制得烷基苯。精馏回收未反应的苯和烷烃，使其循环利用。此时，便得到品质优良的精烷基苯。

② 烷基苯的磺化　磺化是个重要而广泛使用的有机化工单元反应，磺化这一步对烷基苯磺酸钠洗涤剂的质量的影响很大。单体中活性物的高低、颜色的深浅以及不皂化物的含量都与磺化工艺有密切关系。生产过程随烷基苯原料的质量和组成及磺化剂的种类不同而异。常用磺化剂有浓硫酸、发烟硫酸、三氧化硫等。

以浓硫酸作磺化剂，酸耗量大、产品质量差，生成的废酸多，效果很差，国内已很少利用。

长期以来，烷基苯的磺化一直采用发烟硫酸作为磺化剂。当硫酸浓度降至一定数值时磺化反应就终止，因而其用量必须大大过量。它的有效利用率仅为 32%，且产生废酸。但其工艺成熟，产品质量较为稳定，工艺操作易于控制，所以至今仍有采用。

近年来，三氧化硫磺化在我国已逐步采用，而国外20世纪60年代就已发展。这是因为三氧化硫磺化得到的单体含盐量低，可用于多种产品的配制（如用于配制液体洗涤剂、乳化剂、纺织助剂等）；又能以化学计量与烷基苯反应，无废酸生成，节约烧碱，降低成本，三氧化硫来源丰富等。因此，三氧化硫替代发烟硫酸作为磺化剂已成趋势。

三氧化硫磺化生产过程主要包括空气干燥、三氧化硫制取、尾气处理三个部分。

③ 烷基苯磺酸的中和　中和部分含如下两个反应：

$$R-C_6H_4-SO_3H + NaOH \longrightarrow R-C_6H_4-SO_3Na + H_2O$$

$$H_2SO_4 + 2NaOH \longrightarrow Na_2SO_4 + H_2O$$

烷基苯磺酸与碱中和的反应与一般的酸碱中和反应有所不同，它是一个复杂的胶体化学反应。由于烷基苯磺酸黏度很大，在强烈的搅拌下，磺酸被粉碎成微粒，反应是在粒子界面上进行的。生成物在搅拌作用下移去，新的碱分子在新的磺酸粒子表面进行中和，照此下去，磺酸粒子逐步减少，直至磺酸和碱全部作用，成为均相的胶体。中和产物，工业上俗称单体，它是由烷基苯磺酸钠（称为活性物或有效物）、无机盐（如芒硝、氯化钠等）、不皂化物和大量水组成。单体中除水以外的物质含量称为总固体含量。不皂化物是指不与烧碱反应的物质，主要是不溶于水、无洗涤能力的油类，如石蜡烃、高级烷基苯及其衍生物、砜等。中和工艺的影响因素主要有：工艺水的加入量，电解质加入量，中和温度和pH的控制，此外，两相能否充分混合也是一个重要条件。中和的方式分间歇式、半连续式和连续式三种。间歇中和是在一个耐腐蚀的中和锅中进行，中和锅为一敞开式的反应锅，内有搅拌器、导流筒、冷却盘管、冷却夹套等。操作时，先在中和锅中放入一定数量的碱和水，在不断搅拌的情况下逐步分散加入磺酸，当温度升至30℃后，以冷却水冷却；pH为7～8时放料，反应温度控制在30℃左右。间歇中和时，前锅要为后锅留部分单体，以使反应加快均匀。所谓半连续中和是指进料中和为连续，pH调整和出料是间歇的。它是由一个中和锅和1～2个调整锅组成，磺酸和烧碱在中和锅内反应，然后溢流至调整锅，在调整锅内将单体pH调至7～8后放料。连续中和是目前较先进的一种方式。连续中和的形式很多，但大部分是采取主浴（泵）式连续中和。中和反应是在泵中进行的，以大量的物料循环使系统内各点均质化。

2. 烷基磺酸盐

烷基磺酸盐的通式为 $RSO_3^- M^+_{(1/n)}$，M^+ 为碱金属或碱土金属离子，n 为离子的价数。烷基的碳数应在 C_{12}～C_{20} 范围内，以 C_{13}～C_{17} 为佳。在其同系物中以十六烷基磺酸盐的性能最好。烷基磺酸盐的性质已有详细的研究。由于其价格较高，实用性质并不比价格较低的烷基苯磺酸钠优越多少，而且高碳化合物在水中的溶解度也低，抗硬水性也稍差，故在工业上产量也较小。

与羧酸盐和硫酸酯盐相比，烷基磺酸盐克拉夫特点（T_K）高，水溶性差，但其抗硬水性能优于羧酸盐和硫酸酯盐。研究表明，虽然烷基磺酸盐的水溶性比烷基硫酸盐差，但当与阳离子表面活性剂复配时，混合体系的水溶性次序正好相反，即烷基磺酸盐-烷基季铵盐的水溶液高于烷基硫酸盐-烷基季铵盐。

正构烷烃在引发剂作用下与 SO_2、O_2 反应得到仲烷基磺酸盐（表面活性剂S）（混合物）。其在水中的溶解性好于伯烷基磺酸盐。

3. 烯基磺酸盐（AOS）

（1）性能与结构　烯基磺酸盐是近二十年来开发的阴离子型表面活性剂。它的去污性能好，可完全生物降解，对皮肤刺激性较小，原料供应充足。因此，受到洗涤行业的重视。

AOS的各种性质都与碳链的长度、双键位置、产品中烯基磺酸、羟基酸、二磺酸的比例及其他杂质含量有关。在水中溶解度以C_{12}AOS为最高。表面活性随碳数增加而增强，以C_{15}～C_{17}AOS最好。去污力以C_{14}～C_{16}AOS最好，而且在硬度较高的水中有较高的去污力。起泡性以C_{12}～C_{13}AOS起泡性较好。润湿性以C_{12}AOS最强。AOS是一种很有发展前途的洗涤剂用表面活性剂，它的生物降解性接近100%，对酸碱性稳定，有优良的水溶性，对水的硬度也不敏感。AOS在诸多表面活性剂中毒性很低，AOS涂抹在皮肤上，对皮肤的刺激性比LAS和AES低。

（2）用途　AOS已开始用于低磷或无磷洗涤剂中。AOS与酶有良好的协同作用，是制造加酶粉状洗涤剂的良好原料，以其配制的洗衣粉具有优良的性能，易保存，不吸潮，流动性好。例如，日本洗衣粉配方中，除含有LAS、AES外，还含有5%的AOS。美国也有一种完全用AOS与其他无机助剂配制的重垢洗衣粉商品。AOS与非离子表面活性剂和阴离子表面活性剂都有良好的配伍性能。适用于配制各种重垢液体洗涤剂和中性液体洗涤剂，还适用于LAS和AS不能适用的浴液和化妆品领域，可生产合成皂和复合皂等。

四、磷酸酯盐型阴离子表面活性剂

（1）结构类型　磷酸酯盐与硫酸酯盐相似，但结构上可以有单酯盐和双酯盐两种。常见的磷酸酯盐包括烷基磷酸单、双酯盐和脂肪醇聚氧乙烯醚磷酸单、双酯盐和烷基酚氧乙烯醚单、双酯盐。它们的结构式如下：

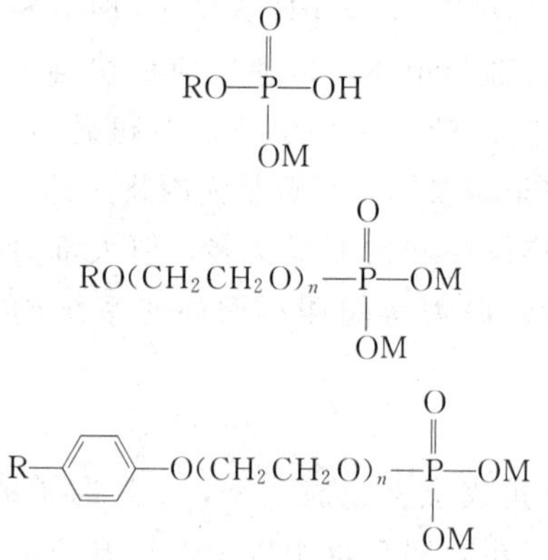

单酯盐：

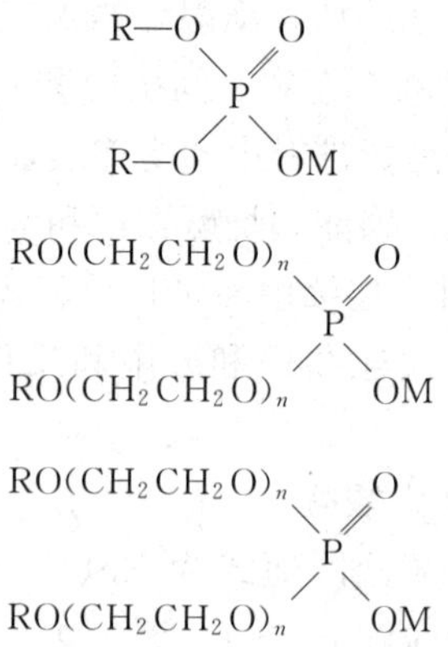

$$RO-P(=O)(OH)-OM$$

$$RO(CH_2CH_2O)_n-P(=O)(OM)-OM$$

$$R-C_6H_4-O(CH_2CH_2O)_n-P(=O)(OM)-OM$$

双酯盐：

$$(R-O)_2P(=O)OM$$

$$[RO(CH_2CH_2O)_n]_2P(=O)OM$$

$$[RO(CH_2CH_2O)_n]_2P(=O)OM$$

烷基磷酸双酯盐的表面活性高于烷基磷酸单酯盐。如双酯钠盐的*cmc*大大低于单酯盐，双酯盐的表面张力也比单酯盐低。此外，双酯盐也比单酯盐有更好的去污能力。两种磷酸酯盐起泡性均很差。实际使用的产品都为两者的混合物。

（2）合成路线　工业上采用脂肪醇和五氧化二磷反应制取烷基磷酸酯，反应式如下：

$$P_2O_5+4ROH \longrightarrow 2(RO)_2PO(OH)+H_2O$$

$$P_2O_5+2ROH+H_2O \longrightarrow 2ROPO(OH)_2$$

$$P_2O_5+3ROH \longrightarrow (RO)_2PO(OH)+ROPO(OH)_2$$

反应产物是单酯和双酯的混合物。单酯和双酯的比例与原料中的水分含量以及反应中生成的水量有关，水量增加，产物中的单酯含量增多，脂肪醇碳数较高，单酯生成量也较多。醇和 P_2O_5 的摩尔比对产物组成也有影响，二者的摩尔比从 2∶1 改变到 4∶1，产物中双酯的含量可从 35%增加到 65%。用这种方法制得的产品成本较低。焦磷酸和脂肪醇用苯作溶剂，在 20℃进行反应，可制得单烷基酯。用三氯化磷和过量的脂肪醇反应，可制得纯双烷基酯。脂肪醇和 POCl（亚磷卤氧化物）反应，也可制得单酯或双酯。

(3) 性能与用途　磷酸酯盐表面活性剂一般较少单独使用，大多数是作为各种用途的配合成分使用。由于磷酸酯盐对硬表面有极好的洗涤性能，故可用于金属洗净和电镀；又由于它易溶于有机溶剂，故还可与溶剂配合用作干洗涤剂；还可用作乳化剂、增溶剂、抗静电剂、抗蚀剂和合成树脂、涂料等的分散剂等。

第二节　阳离子表面活性剂

阳离子表面活性剂最初是作为杀菌剂出现的。20 世纪 60 年代产量有了较大的增长，应用范围也日益扩大。例如，可用作天然或合成纤维的柔软剂、抗静电剂和纺织助染剂，肥料的抗结块剂，农作物除莠剂，沥青和石子的黏结促进剂，金属防腐剂，颜料分散剂，塑料抗静电剂，头发调理剂，化妆品用乳化剂，矿石浮选剂和杀菌剂。

阳离子表面活性剂在水溶液中或某些有机溶剂中可形成胶团，降低溶液的表面张力，具有乳化、润湿、去污等性能。在弱酸性溶液中能洗去织物（像丝毛类）上带正电荷的污垢，但日常生活中却很少使用，这是因为一般纤维织物和固体表面均带负电荷，且不用酸性介质洗涤。当使用阳离子表面活性剂时，它吸附在基质和水的界面上。由于表面活性剂和基质间具有强烈的静电引力，亲油基朝向水相，使基质疏水，因此不适用于洗涤。但当其吸附在纤维表面形成定向吸附膜后，中和了纤维表面带有的负电荷，减少了因摩擦产生的自由电子，因而具有较好的抗静电性能。此外，它还能显著降低纤维表面的静摩擦系数，具有良好的柔软平滑性能，故广泛用作纤维的柔软整理剂。

在使用阳离子表面活性剂时应注意：它不能与肥皂或其他阳离子表面活性剂共用，否则将引起阳离子活性物沉淀而失效；同样，遇到偏硅酸钠、硝酸盐、蛋白质、大部分生物碱羧甲基纤维素也会发生作用而失效；阳离子活性剂能与直接染料或荧光染料发生作用，使织物退色，使用时也要注意。

市售的阳离子表面活性剂的种类很多，但工业上有重要作用的都是含氮化合物。此外，还有𬭸盐类化合物，主要用作杀菌剂，但种类很少。含氮化合物阳离子表面活性剂主要分为两大类：胺盐和季铵盐。

一、胺盐型阳离子表面活性剂

1. 结构类型

胺盐为伯胺、仲胺或叔胺与酸的反应产物。常见的胺盐主要有脂肪胺盐 RNH_3X（X=Cl，Br，I，CH_3COO，NO_3，CH_3SO_4 等，下同），*N*-烷基单乙醇胺盐（$RNH_2CH_2CH_2OH$）X，*N*-烷基二乙醇胺盐 $[RNH(CH_2CH_2OH)_2]X$ 以及聚亚乙基多胺盐等。

2. 性能与用途

胺盐是弱碱的盐。在酸性条件下具有表面活性，在碱性条件下胺游离出来而失去表面活性。简单有机胺的盐酸盐或醋酸盐可在酸性介质中用作乳化剂、润湿剂，也常用作浮选剂以及作为颜料粉末表面的憎水剂。

3. 合成路线

（1）高级伯胺的制取　常用高级伯胺的合成方法有脂肪酸法和高级醇法。

① 脂肪酸法　脂肪酸与氨在0.4～0.6MPa、300～320℃下反应生成脂肪酰胺：

$$RCOOH+NH_2 \rightleftharpoons RCONH_2+H_2O$$

然后用铝土矿石作催化剂，进行高温催化脱水，得到脂肪腈：

$$RCONH_2 \rightleftharpoons RCN+H_2O$$

脂肪腈用金属镍作催化剂，加氢还原，可得到伯胺、仲胺和叔胺：

$$RCN + 2H_2 \xrightarrow{Ni} RCH_2NH_2$$

$$2RCN + 4H_2 \xrightarrow{Ni} (RCH_2)_2NH + NH_3$$

$$3RCN + 6H_2 \xrightarrow{Ni} (RCH_2)_3N + 2NH_3$$

反应过程中如有氨存在，再加入一种合适的添加剂（氢氧化钾或氢氧化钠），即能抑制仲胺的生成。工业生产上的反应压力为2.94～6.87MPa、温度为120～150℃。如果碱的用量达到0.5%反应可在1.22～1.42MPa下进行。如果需制取不饱和碳链的脂肪胺（如十八烯胺），则氢化反应可在有氢饱和的醇中进行。脂肪酸、氨和氢直接在催化剂上反应制取胺的新工艺如下：

$$RCOOH + NH_3+2H_2 \longrightarrow RCH_2NH_2+ 2H_2O$$

脂肪酸甘油酯（或甲酯）与氨及氢反应也可制取伯胺，所用催化剂正在不断改进提高。用脂肪酸法，可由椰子油制取以十二胺为主的椰子胺，用牛脂制取十八胺为主的牛脂胺，可由松香酸制取廉价的松香胺。

② 脂肪醇法　脂肪醇和氨在380～400℃和12.16～17.23MPa下反应，可制得伯胺。

$$ROH + NH_3 \longrightarrow RNH_2+ H_2O$$

高碳醇与氨在氢气和催化剂存在下，也能发生上述反应，使用催化剂，可将反应温度和压力降至150℃和10.13MPa。伯胺大量用于浮游选矿剂和纤维柔软剂。如C_8～C_{18}伯胺，椰子油、棉籽油，牛脂等制得的混合胺以及它们的醋酸盐均为优良的浮选剂。用作纤维柔软剂的伯胺结构复杂一些，多为含酰胺键的亚乙基多胺化合物。

（2）高级仲胺的制取　高级仲胺的合成方法主要有如下几种。

① 脂肪醇法　高碳醇和氨在镍、钴等催化剂存在下生成仲胺。

$$2ROH + NH_3 \xrightarrow{Ni} R_2NH +2H_2O$$

② 脂肪腈法　首先，脂肪腈在低温下转化为伯胺，然后在铜铬催化剂存在下脱氨，制得仲胺。

$$2RNH_2 \xrightarrow{Cu\text{-}Cr} R_2NH + NH_3$$

③ 卤代烷法　卤代烷和氨在密封的反应器中反应，主要产物为仲胺，仲胺盐的价值相对于伯胺尤其是叔胺而言，明显低些。市售产品主要是高级卤代烷与乙醇胺或高级胺与环氧乙烷的反应产物，品种较少。

（3）高级叔胺的制取　叔胺盐是胺盐型阳离子表面活性剂中的一个大类，用途较广。叔胺又是制取季铵盐的主要原料。其合成方法及原料路线有许多，应用较多的有如下几种。

① 伯胺与环氧乙烷或环氧丙烷反应制叔胺　这一方法是工业上制取叔胺的重要方法，应用很广，反应式如下：

$$RNH_2 + 2CH_2\text{—}CH_2(O) \xrightarrow{230℃(碱性催化剂)} RN(CH_2CH_2OH)_2$$

在碱性催化剂存在下可进一步反应，生成聚醚链，如下式所示：

$$RN\begin{cases}(CH_2CH_2O)_pH\\(CH_2CH_2O)_qH\end{cases}$$

分子中随聚氧乙烯含量的增加，产物的非离子性质也增加；但在水中的溶解度却不随pH的变化而改变，并且具有较好的表面活性。有人称其为阳离子进行非离子化的产品。

② 脂肪酸与低级胺反应制取叔胺　由这类叔胺制得的胺盐成本较低，性能较好，大都用作纤维柔软整理剂。例如，硬脂酸和三乙醇胺加热缩合酯化，形成叔胺，再用甲酸中和，生成索罗明（Soromine）A型阳离子表面活性剂。

$$C_{17}H_{33}COOH + N(CH_2CH_2OH)_3 \xrightarrow{160\sim180℃} C_{17}H_{33}COOCH_2CH_2N(CH_2CH_2OH)_2$$

$$\xrightarrow{HCOOH} C_{17}H_{33}COOCH_2CH_2N(CH_2CH_2OH)_2 \cdot HCOOH$$

用硬脂酸和氨基乙醇胺或亚乙基三胺加热缩合后再与尿素作用，经醋酸中和后，可制得优良的纤维柔软剂阿柯维尔（Ancovel）A，分子式如下：

$$\begin{array}{c}RCONHCH_2CH_2NCH_2CH_2OH\\ |\\ C{=}O \cdot CH_3COOH\\ |\\ RCONHCH_2CH_2NCH_2CH_2OH\end{array}$$

③ 非对称高级叔胺的制取　非对称叔胺是合成季铵盐的中间体。通常它是由一个C_8以上长碳链和两个短碳链（如甲基、乙基、苄基等）构成。其合成路线有以下几条。

a. 长碳链氯代烷与低碳的烷基仲胺（如二甲基胺）生成叔胺　反应温度130～170℃，压力1.01～4.05MPa，制得的叔胺需蒸馏提纯，否则色泽很深。

$$RCl + NH(CH_3)_2 \xrightarrow{NaOH} RN(CH_3)_2 + NaCl + H_2O$$

b. α-烯烃制取叔胺　α-烯烃在过氧化物存在下与溴化氢进行反应，生成1-溴代烷，1-溴代烷与二甲胺反应生成二甲基胺溴酸盐，然后，在氢氧化钠作用下生成目的产物叔胺。

c. 脂肪腈与二甲胺、氢在镍催化剂存在下反应制叔胺

$$RCN + (CH_3)_2NH + 2H_2 \xrightarrow{Ni} RCH_2N(CH_3)_2 + NH_3$$

d. 脂肪伯胺与甲酸、甲醛混合物反应制烷基二甲基叔胺

$$RNH_2 + 2HCHO + 2HCOOH \longrightarrow RN(CH_3)_2 + 2CO_2 + 2H_2O$$

e. 脂肪伯胺（或仲胺）在甲醛存在下进行加氢制得叔胺

$$RNH_2 + 2HCHO + 2H_2 \xrightarrow{Ni} RN(CH_3)_2 + 2H_2O$$

f. 脂肪醇与二甲基胺制叔胺　在铜铬催化剂存在下，于250～300℃、20.27～25.33MPa进行反应。

$$ROH + HN(CH_3)_2 \xrightarrow{H_2(Cu\text{-}Cr)} RN(CH_3)_2 + H_2O$$

上述以α-烯烃为原料的路线成本较低，虽使用了昂贵的溴化氢，但已解决其回收问题，

是目前认为较先进的方法。

叔胺盐产品多用作柔软剂、纤维整理剂，也可用作杀菌剂、皮革增色剂、印染助剂等。

二、季铵盐型阳离子表面活性剂

1. 结构类型

季铵盐是最重要的阳离子表面活性剂，主要有以下品种。

① 烷基季铵盐（$RNR^1R^2R^3X$，R＝长链烃基、对烷基苯乙基等；R^1、R^2、$R^3=C_1\sim C_4$的烷基、苄基、羟乙基等。R^1、R^2、R^3可以相同，也可以不同；X＝Cl、Br、I、CH_3SO_4等，下同)。其中最常用的是$C_{12}\sim C_{18}$烷基三甲基氯（溴）化铵，以及十二烷基二甲基苄基氯化铵（洁尔灭)、十二烷基二甲基苄基溴化铵（新洁尔灭）等。

② 双烷基季铵盐（$RRNR^1R^2X$)。

③ 亲水部分和疏水部分通过酰胺、酯、醚等基团来连接的铵盐，如$RCONH(CH_2)NR^1R^2R^3X$（pamine类表面活性剂)、$RO(CH_2)_nNR^1R^2R^3X$、$RCOO(CH_2)_nNR^1R^2R^3X$等。

④ 其他如双季铵盐和多季铵盐等，如迪恩普（DNP)$R^1[N^+R^2(R^3OH)_2]_n\cdot nA^-$。

季铵盐与伯胺、仲胺、叔胺的盐不同，胺盐遇碱会生成不溶于水的胺，而季铵盐不受pH变化的影响。不论在酸性、中性或碱性介质中，季铵离子均无变化。

阳离子表面活性剂迪恩普（DNP）的结构为$R^1[N^+R^2(R^3OH)_2]_n\cdot nA^-$，它属于低聚型的季铵盐型阳离子表面活性剂。在结构中含有多个羟基，因此亲水性较好，与阴离子表面活性剂有较好的配伍性。它具有阳离子表面活性剂的基本特性，且在“二合一”香波中具有增稠效果。表面活性剂pamine类表面活性剂可用做染料固色剂、柔软剂等。

2. 合成路线

常用的季铵盐合成方法有如下几种。

(1) 从伯、仲、叔胺制取季铵盐

$$RNH_2+2CH_3Cl+2NaOH\xrightarrow{\triangle}RN(CH_3)_2+2NaCl+H_2O$$

$$RN(CH_3)_2\xrightarrow{(CH_3)_2SO_4}R-\overset{\displaystyle CH_3}{\underset{\displaystyle CH_3}{\overset{|}{\underset{|}{N}}}}-CH_3\cdot CH_3SO_4$$

烷基三甲基季铵甲基硫酸酯

$$RN(CH_3)_2\xrightarrow{CH_3Cl}R-\overset{\displaystyle CH_3}{\underset{\displaystyle CH_3}{\overset{|}{\underset{|}{N}}}}-CH_3\cdot Cl$$

烷基三甲基氯化铵

这是一种应用最广的方法。反应在极性溶剂（如水或酒精）中进行得较为迅速。为了提高产率，必须保证反应物不呈酸性，因此要加入Na_2CO_3或K_2CO_3。例如，十二烷基三甲基氯化铵（防黏剂DT)，从十二胺或*N*,*N*-二甲基十二胺制取。

$$C_{12}H_{25}NH_3+CH_3Cl\xrightarrow{NaHCO_3(125℃)}C_{12}H_{25}N(CH_3)_2\cdot Cl$$

$$C_{12}H_{25}N(CH_3)_2+CH_3Cl\longrightarrow C_{12}H_{25}N(CH_3)_3\cdot Cl$$

这一产品能溶于水，呈透明状，具有优良的表面活性，常用作黏胶凝固液的添加剂。

(2) 低级叔胺与卤代烷反应制取季铵盐

$$RBr + N(CH_3)_3 \xrightarrow{60\sim80℃(加压)} R-\overset{\overset{CH_3}{|}}{\underset{\underset{CH_3}{|}}{N}}-CH_3 \cdot Br$$

如需在分子中引入芳基化合物，则可将伯胺通过甲基化反应制得叔胺后，与氯化苄反应，即可得含有苄基的季铵盐。

$$RN(CH_3)_2 + ClCH_2-C_6H_5 \xrightarrow{40\sim100℃(微量水)} R-\overset{\overset{CH_3}{|}}{\underset{\underset{CH_3}{|}}{N}}-CH_2-C_6H_5 \cdot Cl$$

3. 性能与用途

当烷基为十二碳时，便是十二烷基二甲基苄基氯化铵，国内商品名为“洁而灭”。它是消毒杀菌剂，也可用作聚丙烯腈染色的缓染剂。当烷基为十二烷基、阴离子为Br^-时，即为“新洁而灭”（十二烷基二甲基苄基季铵溴化物）。这是一种很强的阳离子杀菌剂，在我国使用比较普遍。应用时如掺入少许非离子活性物，如壬基酚聚氧乙烯醚或胺的氧化物，杀菌作用将更强。当烷基为硬脂酰胺次乙基、阴离子为Cl^-时，即为匀染剂 Pc，分子式为：

$$C_{17}H_{35}CONHCH_2-CH_2-\overset{\overset{CH_3}{|}}{\underset{\underset{CH_3}{|}}{N}}-CH_2-C_6H_5 \cdot Cl$$

叔胺或胺盐与环氧乙烷或环氧丙烷作用制取季铵盐。叔胺与环氧乙烷缩合后的硝酸盐、过氧酸盐都是应用较广的抗静电剂。例如，胶片抗静电剂 Pc 的制取如下式所示：

$$C_{18}H_{37}-\overset{\overset{CH_3}{|}}{\underset{\underset{CH_3}{|}}{N}} + HClO_4 \longrightarrow C_{18}H_{37}-\overset{\overset{CH_3}{|}}{\underset{\underset{CH_3}{|}}{N}} \cdot HClO_4 \xrightarrow{\overset{O}{CH_2CH_2}} C_{18}H_{37}\overset{\overset{CH_3}{|}}{\underset{\underset{CH_3}{|}}{N}}-CH_2CH_2OH \cdot ClO_4$$

此外，高速胶辊抗静电剂 LA 使用于纺织橡胶辊时，可防止纱面与辊摩擦产生静电，避免纱断头。这一产品是叔胺与酸反应后通入环氧乙烷所得，其化学结构为：

$$C_{18}H_{37}\overset{\overset{CH_3}{|}}{\underset{\underset{CH_3}{|}}{N^+}}-CH_2CH_2OH \cdot C_{11}H_{23}COO^-$$

另一有效抗静电剂的结构为：

$$R-N\begin{matrix} \diagup (CH_2CH_2O)_pH \\ \diagdown (CH_2CH_2O)_qH \end{matrix} \qquad p+q=15$$

可以将其视为非离子化的阳离子。

三、其他阳离子表面活性剂

1. 含氮原子环型胺盐

除直链含氮化合物外，一些环状含氮化合物也可制成优良的阳离子表面活性剂，这里主要介绍一下应用较多的吡啶型胺盐和咪唑啉型胺盐。

（1）吡啶型胺盐　吡啶与$C_2\sim C_{18}$卤代烷，在130～150℃下反应，蒸馏除去水及未反应的吡啶，即得到吡啶型胺盐。

$$RX + C_5H_5N \longrightarrow R-N^+C_5H_5 \cdot X^-$$

例如，十六烷基氯化吡啶、十六烷基溴化吡啶可用作染色助剂和杀菌剂，十八酰胺甲基氯化吡啶是常用的纤维防水剂，它是吡啶氯化物与十八酰胺反应后再接甲醛的产物。

（2）咪唑啉型胺盐　用氨乙基单乙醇胺或聚乙烯多胺与脂肪酸（硬脂酸、油酸）160～200℃下反应，则生成咪唑啉型化合物。它们的醋酸盐、磷酸盐广泛应用于纺织柔软剂、破乳剂、防锈剂等方面。

$$RCOOH + NH_2CH_2CH_2NHR \longrightarrow R-C_3H_4N_2-R$$

例如，用油酸与氨乙基单乙醇胺反应、脱水，可生成 α-十七烯基羟乙基咪唑啉（即 Amine 220）。

$$C_{17}H_{33}COOH + H_2NCH_2CH_2NHCH_2CH_2OH \xrightarrow{160\sim200℃} C_{17}H_{33}-C_3H_4N_2-CH_2OH + 2H_2O$$

2. 双季铵盐

在阳离子表面活性剂的活性基上带有两个正电荷的季铵盐称为双季铵盐。如以叔胺与 β-二氯乙醚反应，可以制取双季铵盐，反应如下：

$$RN(CH_3)_2 + ClCH_2CH_2OCH_2CH_2Cl \longrightarrow RN(CH_3)_2CH_2CH_2OCH_2CH_2N(CH_3)_2R \cdot Cl_2$$

同样，如以叔胺与对苯二甲基二氯反应，可生成如下的双季铵盐。

$$RN(CH_3)_2CH_2-C_6H_4-CH_2N(CH_3)_2R \cdot Cl_2$$

这些化合物都是很好的纺织柔顺剂。

第三节　两性离子表面活性剂

两性离子表面活性剂广义地讲是指在同一分子中，兼有阴离子性和阳离子性，以及在非离子性亲水基中有任意一种离子性质的物质。但是，通常主要是指兼有阴离子性和阳离子性亲水基的表面活性剂，因此这种表面活性剂在酸性溶液中呈阳离子性，在碱性溶液中呈阴离子性，而在中性溶液中有类似非离子表面活性剂的性质。

两性表面活性剂的阳离子部分可以是胺盐、季铵盐或咪唑啉类，阴离子部分则为羧酸盐、硫酸盐、磺酸盐或磷酸盐。

两性表面活性剂易溶于水，溶于较浓的酸、碱溶液，甚至在无机盐的浓溶液中也能溶解，难溶于有机溶剂。一般地讲，两性表面活性剂的毒性小，具有良好的杀菌作用，耐硬水性好，与各种表面活性剂的相容性也很好。此外它还有良好的洗涤力和分散力。因此，两性表面活性剂可用作安全性高的香波用起泡剂、护发剂、纤维的柔软剂和抗静电剂、金属防锈剂等，也可用作杀菌剂以及用于石油工业。

两性表面活性剂可分为氨基酸型两性表面活性剂、甜菜碱型两性表面活性剂、咪唑啉型两性表面活性剂等。

一、氨基酸型两性表面活性剂

氨基酸兼有羧基和氨基，本身就是两性化合物。当氨基上氢原子被长链烷基取代就成为具有表面活性的氨基酸型表面活性剂。

1. 结构类型

氨基酸型两性表面活性剂的种类很多，常见的有如下几类。

（1）羧酸型

① 长链烷基氨基酸　如 $RNH(CH_2)_nCOOH$，$RN[(CH_2)_nCOOH]_2$，$n=2$，3

② N-烷基多氨乙基甘氨酸　如 $R(NHCH_2CH_2)_nNHCH_2COOH$

③ 烷基多胺多氨基酸　如 $R(NHCH_2CH_2CH_2)_nNHCH_2CH_2COOH$

④ 烷基低聚氨基酸　如 $R—[\underset{\underset{CH_2COONa}{|}}{N}(CH_2)_n]_m—N(CH_2COONa)_2$，$n=2$，3；$m=1\sim4$

⑤ 酰基低聚氨基酸　用酰基取代烷基低聚氨基酸中的烷基即得酰基低聚氨基酸。

（2）磺酸型　如 $RNHC_2H_4SO_3H$。

2. 合成路线

氨基酸型两性表面活性剂是在一个分子中具有胺盐型的阳离子部分和羧酸型的阴离子部分的两性表面活性剂。现在使用的氨基酸型两性表面活性剂主要是丙氨酸型和甘氨酸型两类。

（1）丙氨酸型两性表面活性剂　丙氨酸型两性表面活性剂是指丙氨酸上的氢为长链烷基取代的取代物，其制法是将烷基胺（如月桂胺）与丙烯酸甲酯在加热下反应生成月桂基氨基丙酸甲酯，然后以碱处理。

$$C_{12}H_{25}NH_2+CH_2=CHCOOCH_3 \longrightarrow C_{12}H_{25}NHCH_2CH_2COOCH_3$$

$$C_{12}H_{25}NHCH_2CH_2COOCH_3+NaOH \xrightarrow{加热} C_{12}H_{25}NHCH_2CH_2COONa+CH_3OH$$

此外，由烷基胺与 2mol 丙烯酸甲酯在加热下反应生成烷基亚氨二丙酸甲酯，再以碱处理得烷基亚氨二丙酸钠：

$$RNH_2+2CH_2=CHCOOCH_3 \longrightarrow RN\begin{cases}CH_2CH_2COOCH_3\\CH_2CH_2COOCH_3\end{cases}$$

$$RN\begin{cases}CH_2CH_2COOCH_3\\CH_2CH_2COOCH_3\end{cases}+2NaOH \xrightarrow{加热} RN\begin{cases}CH_2CH_2COONa\\CH_2CH_2COONa\end{cases}+2CH_3OH$$

丙氨酸型两性表面活性剂易溶于水，偏酸性时呈阳离子活性；偏碱性时呈阴离子活性。在微酸性等电点时，溶解度最小，表面张力和渗透力低，去污力差；在偏碱性时去污力强。

丙氨酸型两性表面活性剂具有良好的去污力、起泡力，性温和，对皮肤刺激性小，可用于生产香波和金属清洗剂，还可用作染色助剂等。

（2）甘氨酸型两性表面活性剂　甘氨酸型两性表面活性剂是指甘氨酸上的氢为长链烷基取代的取代物，其制法是将烷基胺（如月桂胺）与一氯乙酸钠水溶液反应：

$$C_{12}H_{25}NH_2+ClCH_2COONa \xrightarrow{NaOH} C_{12}H_{25}NHCH_2COONa+NaCl$$

$$C_{12}H_{25}NHCH_2COONa+ClCH_2COONa \xrightarrow{NaOH} C_{12}H_{25}N\begin{cases}CH_2COONa\\CH_2COONa\end{cases}+NaCl$$

此外，将十二烷基氯与二亚乙基三胺反应，然后与一氯乙酸反应可制得十二烷基二(氨乙基)甘氨酸 ($C_{12}H_{25}NHCH_2CH_2NHCH_2CH_2NHCH_2COOH$)。如在二亚乙基三胺上引入2个辛基，然后与一氯乙酸反应可制得双(辛氨基乙基)甘氨酸。

$$C_8H_{17}NHCH_2CH_2\underset{\displaystyle CH_2COOH}{\underset{|}{N}}CH_2CH_2NHC_8H_{17}$$

甘氨酸型两性表面活性剂性温和、刺激性和毒性小、杀菌力强，为广谱性杀菌剂，可用于家庭、食品工业、发酵工业和乳制品业中，也可用作特殊洗涤剂。

3. 性能与用途

氨基酸型两性表面活性剂的性质随 pH 而变。随着 pH 的改变可转为阴离子型或阳离子型。

$$R\overset{+}{N}H_2CH_2CH_2COOH \underset{H^+}{\overset{OH^-}{\rightleftharpoons}} R\overset{+}{N}H_2CH_2CH_2COO^- \underset{H^+}{\overset{OH^-}{\rightleftharpoons}} RNHCH_2CH_2COO^-M^+$$

在等电点时，阴离子与阳离子在同一分子内相互平衡，此时溶解度最小，润湿力最小，泡沫性亦最低。

在正常 pH 范围内有些氨基酸表面活性剂具有很低的表面张力与界面张力。例如 *N*-椰油基-*β*-氨基丙酸钠 (Deriphat 151) 及 *N*-十二酰/豆蔻酰-*β*-氨基丙酸 (Deriphat 170C) 的表面张力在 pH 7.0，0.01% 浓度时分别为 28.7mN/m 及 27.3mN/m，油水界面张力为 1.2mN/m 及 2.2mN/m，发泡性及泡沫稳定性较强，并随 pH 的变化而改变，润湿性亦好，亦随 pH 的大小而变动。

氨基酸表面活性剂可用于洗涤剂、香波的配方。它的刺激性很小，还可用于杀菌剂、去臭剂、锅炉除锈剂、防锈剂、纺织匀染剂及其他工业用途。

二、甜菜碱型两性表面活性剂

甜菜碱是由 Sheihler 早期从甜菜中提取出来的天然含氮化合物，其化学名为三甲基乙酸铵。目前“甜菜碱 (Betaines)”一词已冠于所有类似此结构的化合物，并已扩展到含硫及含磷的类似化合物。

天然甜菜碱不具有表面活性，只有当其中一个 CH_3 被长链烷基取代后才具有表面活性，人们称该类物质为甜菜碱型表面活性剂。

1. 结构类型

按其阴离子种类，甜菜碱型表面活性剂可分为以下几种类型。

(1) 羧基甜菜碱　常见的为 $RN^+(CH_3)_2(CH_2)_mCOO^-$，$m$ 一般为 1～3，以 $m=1$ 最为常见，如十二烷基甜菜碱 [$C_{12}H_{25}N^+(CH_3)_2CH_2COO^-$]。

一类改进型的羧基甜菜碱是将上述结构中的两个甲基部分或全部用聚氧乙烯基 [$-(C_2H_4O)_nH$] 或羟乙基 ($-C_2H_4OH$) 取代。

另一类新型结构的羧基甜菜碱是 *α*-长链烷基甜菜碱，如 $RCH_2(COO^-)N^+(CH_3)_3$。

(2) 磺基甜菜碱　$RN^+(CH_3)_2(CH_2)_mSO_3^-$，$m$ 一般为 1～3，以 $m=2$ 最为常见。

另一类常见的磺基甜菜碱是羟基磺丙基甜菜碱 [$RN^+(CH_3)_2CH_2CH(OH)CH_2SO_3^-$]。

(3) 硫酸基和亚硫酸基甜菜碱　分别具有下列结构：$RN^+(CH_3)_2(CH_2)_mOSO_3^-$，$RN^+(CH_3)_2(CH_2)_mOSO_2^-$。

(4) 其他　如亚磷酸基和磷酸基甜菜碱、亚膦酸基和膦酸基甜菜碱等。

上述甜菜碱型表面活性剂的疏水链中也可引入酰氨基得到烷基酰胺甜菜碱，也可引入聚氧乙烯链等。

2. 合成路线

甜菜碱是在分子内以季铵盐基作为阳离子部分、以羧基作为阴离子部分的化合物，其中最有代表性的是烷基二甲基甜菜碱两性表面活性剂，工业上它由烷基二甲基叔胺与卤代乙酸盐进行反应制得：

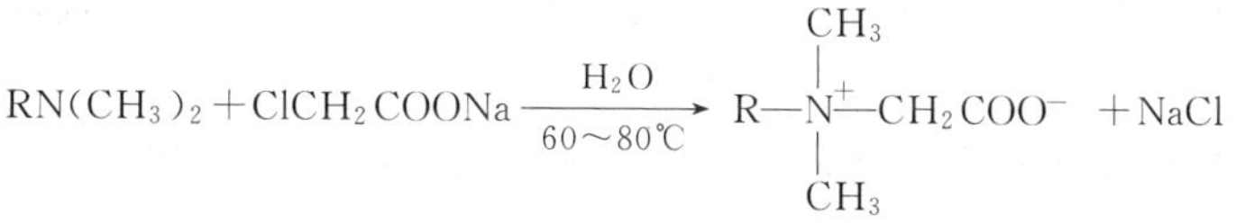

$$RN(CH_3)_2 + ClCH_2COONa \xrightarrow[60\sim80℃]{H_2O} R-\overset{\displaystyle CH_3}{\underset{\displaystyle CH_3}{\overset{|}{\underset{|}{N^+}}}}-CH_2COO^- + NaCl$$

式中，烷基的碳数一般为12～18。碳数为12的月桂基二甲基甜菜碱易溶于水，是透明状溶液，具有良好的起泡力和洗涤力，对皮肤刺激性小，耐硬水，可用作香波起泡剂，也可用作染色助剂。碳数为18的硬脂基二甲基甜菜碱有柔软、润滑、抗静电性能，可用作纤维的柔软剂和润滑剂，提高手感性能，也可用作护发剂和家庭用柔软剂的成分。

如以月桂基二羟乙基叔胺与卤代乙酸盐进行反应可制得月桂基二羟乙基甜菜碱

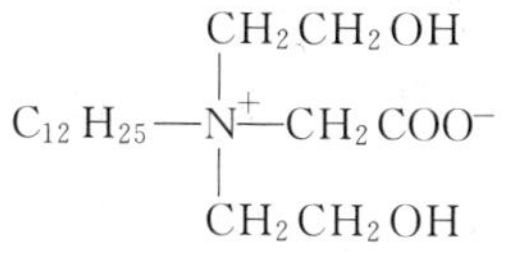

$$C_{12}H_{25}-\overset{\displaystyle CH_2CH_2OH}{\underset{\displaystyle CH_2CH_2OH}{\overset{|}{\underset{|}{N^+}}}}-CH_2COO^-$$

其性质与月桂基二甲基甜菜碱相似，在纺织工业中用作缩绒剂、染色助剂、柔软剂和抗静电剂，也用作洗涤剂。

甜菜碱型两性表面活性剂的长链也可以不在氮原子上，而在羧基的α碳原子上，其制法是：长链脂肪酸与溴反应生成α-溴代脂肪酸，然后与三甲胺反应：

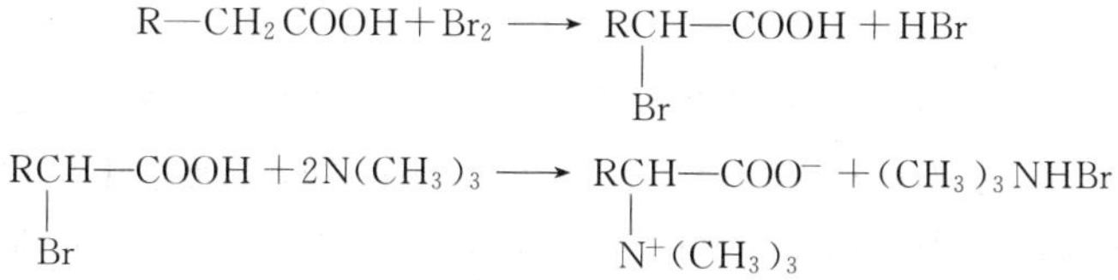

$$R-CH_2COOH + Br_2 \longrightarrow \underset{\displaystyle Br}{\underset{|}{RCH}}-COOH + HBr$$

$$\underset{\displaystyle Br}{\underset{|}{RCH}}-COOH + 2N(CH_3)_3 \longrightarrow \underset{\displaystyle N^+(CH_3)_3}{\underset{|}{RCH}}-COO^- + (CH_3)_3NHBr$$

此外，还有在分子内有磷酸基或磺酸基的甜菜碱型两性表面活性剂，有磷酸基者称为磷酸甜菜碱，卵磷脂即属于此类：

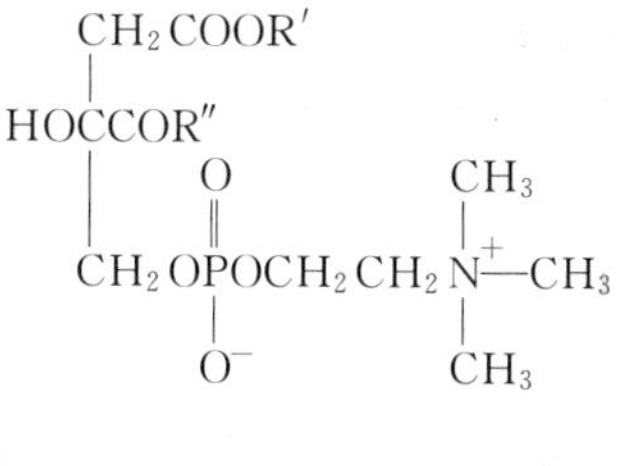

$$\begin{array}{l} CH_2COOR' \\ | \\ HOCCOR'' \\ | \qquad\quad O \qquad\qquad\quad CH_3 \\ | \qquad\quad \| \qquad\qquad\quad | \\ CH_2OPOCH_2CH_2N^+-CH_3 \\ \qquad\quad\; | \qquad\qquad\quad\; | \\ \qquad\quad\; O^- \qquad\qquad\; CH_3 \end{array}$$

有磺酸基者称为磺基甜菜碱：

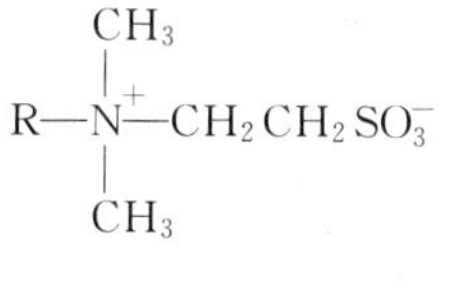

$$R-\overset{\displaystyle CH_3}{\underset{\displaystyle CH_3}{\overset{|}{\underset{|}{N^+}}}}-CH_2CH_2SO_3^-$$

3. 性能

① 甜菜碱型两性表面活性剂属内盐，等电点范围较宽，pH及电解质对其表面活性的影响一般都很小。

② 与其他两性表面活性剂不同，甜菜碱两性表面活性剂在碱性溶液中不具有阴离子性

质，在其等电点时也不会降低其水溶性而沉淀，它们在较宽 pH 范围内水溶性都很好，与其他阴离子表面活性剂的混溶性亦不差。

③ 羧基甜菜碱型也可与盐酸构成外盐，这在分离及提纯操作时很有用。相反，磺基甜菜碱型磺酸基酸性强，不易形成外盐。硫酸基甜菜碱型在碱溶液中沉淀而在酸性范围内则溶解很好。羟基及磺基甜菜碱在强电解质溶液中都有较好的溶解度，且能耐硬水，其中后者最强。

④ 磺基甜菜碱具有较强的钙皂分散性能，尤其是带酰胺键的更佳，并随其官能团结构的变化而有差异。

⑤ 对下面结构的甜菜碱两性表面活性剂

$$R-\overset{R'}{\underset{R'}{\overset{|}{\underset{|}{X^+}}}}-CH_2-\overset{A}{\overset{|}{C}H}-CH_2-Y^-$$

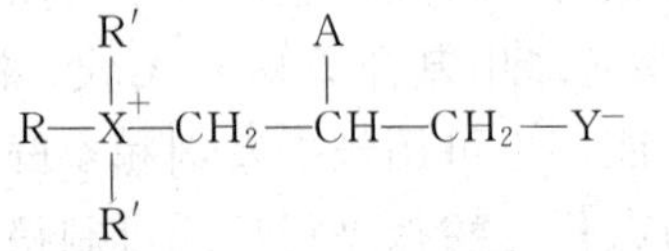

式中，各官能团的结构与 *cmc* 间的关系为：

a. 如果 X 原子或官能团 Y 的尺寸增大，则 *cmc* 减小，亦即

$$X：N>P \quad Y：COO>SO_3>OSO_3$$

b. R′基增大，则 *cmc* 亦降低；

c. 在 A 处为—OH 取代时，因氢键效应 *cmc* 值亦将降低。

4. 用途

① 羧基甜菜碱广泛用于化妆品、乳化剂、皮革及低刺激香波制品中。磺基甜菜碱以其优良的钙皂分散力，常用于洗涤剂及纺织制品的配方中。

② 在洗涤剂配方中使用少量磺基甜菜碱，由于它与配方中的一些组分具有协同效应，可提高产品的润湿、起泡和去污等性能，特别适合于在硬水和海水中使用。

③ 磺基甜菜碱与阴离子表面活性剂混合，可使其混合物对皮肤的刺激性大为降低。因此，适用于液体香波和液体洗涤剂的配制。

④ 甜菜碱两性表面活性剂的抗静电性能优良，羧基甜菜碱加到聚丙烯纤维中，能产生历久而不退的抗静电作用，广泛用于纺织、塑料等工业。

⑤ 甜菜碱型两性表面活性剂还可用做杀菌消毒剂、织物干洗剂、胶卷助剂、双氧水稳定剂及三次采油助剂等。

三、咪唑啉型两性表面活性剂

1. 结构类型

咪唑啉型两性表面活性剂主要是含脂肪烃咪唑啉的羧基两性表面活性剂，目前已占两性表面活性剂中的一大类。常见的结构类型如下。

（1）单羧基结构　典型例子如下：

$$\begin{array}{c} \quad\; CH_2 \\ N \quad\;\; CH_2 \\ R-C=\!=N^+-CH_2CH_2OH \\ \qquad\quad | \\ \qquad\quad CH_2COO^- \end{array}$$

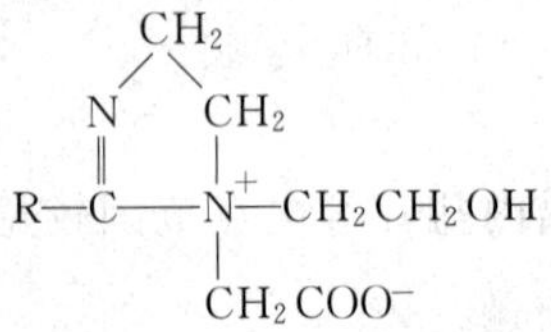

（2）双羧基结构　典型例子如下：

```
        CH2
       /   \
      N     CH2
      ‖     |+
R—C———N—CH2CH2OCH2COONa
            |
            CH2COONa
```

（3）无盐产物（丙烯酸化）结构　典型例子如下：

```
        CH2
       /   \
      N     CH2          CH3
      ‖     |            |
R—C———N—CH2CH2NHCHCH2COONa
```

```
        CH2
       /   \
      N     CH2               CH3
      ‖     |                 |
R—C———N—CH2CH2NHCH2CHCOONa
```

（4）其他结构　除了上述含脂肪烃咪唑啉的羧基两性表面活性剂，还有含磺酸基、硫酸基的咪唑啉。更新的还有含磷和含氟的咪唑啉两性表面活性剂。

2. 合成路线

咪唑啉型两性表面活性剂的制法是使脂肪酸与氨乙基乙醇胺进行反应，生成咪唑啉中间体，然后与一氯乙酸钠在强碱溶液中进行反应：

```
                                                      CH2
                                                     /   \
RCOOH + H2NCH2CH2NHCH2CH2OH ——→         N     CH2
                                                    ‖     |
                                                R—C———N—CH2CH2OH

                      CH2                              CH2
                     /   \                            /   \
ClCH2COONa          N     CH2                        N     CH2
——————→             ‖    +|/CH2CH2ONa     或         ‖    +|/CH2CH2OCH2COONa
                R—C———N                        R—C———N
                          \CH2COONa                        \CH2COONa
```

式中，R 可以是 $C_{11}H_{23}$、C_9H_{19} 等。

3. 性能与用途

咪唑啉两性表面活性剂最主要的性能是无毒，性能柔和无刺激。因此常用于香波、浴液及其他化妆品调理剂中。

咪唑啉季铵盐的主要用途是用作柔软剂。

羧基咪唑啉两性表面活性剂由于其混溶性好，可以调节到所需的各种 pH，使呈阴离子型或阳离子型使用。羧酸型在 pH 中性情况下是离子平衡的，但磺酸型则在所有 pH 条件下均带有阴离子型性质。

第四节　非离子表面活性剂

非离子表面活性剂的应用起始于 20 世纪 30 年代，开始只用作纺织助剂，40 年代发展为多种工业助剂，50 年代进入民用市场。60 年代由于织物中合成纤维的比例上升，家用洗衣机大量使用，表面活性剂要软性化，而非离子表面活性剂性能优良，能适应这些变化，因此其产品产量增长迅速。目前它主要用来配制农药乳化剂，纺织、印染和合成纤维的助剂与油剂，原油脱水的破乳剂，民用及工业清洗剂。

非离子表面活性剂是一种在水中不能离解成离子状态的两亲结构的化合物。其分子中疏水基团和离子型表面活性剂的大致相同，非离子表面活性剂的亲油基原料是具有活泼氢原子的疏水化合物，如脂肪醇、脂肪酸、脂肪胺和脂肪酸酯等。目前使用量最大的是高级脂肪醇。亲水基团主要是由聚乙二醇基即聚氧乙烯基［$\leftarrow C_2H_4O \rightarrow_n$］构成，另外就是以多元醇（如甘油，季戊四醇；蔗糖、葡萄糖、山梨醇等）为基础的结构。此外还有以单乙醇胺、二乙醇胺等为基础的结构。亲水基原料有环氧乙烷、多元醇和氨基醇等。非离子表面活性剂按亲水基分类有聚乙二醇型和多元醇型。

一、聚乙二醇型非离子表面活性剂

1. 结构类型

聚乙二醇型非离子表面活性剂品种多、产量大，是非离子表面活性剂中的大类。凡有活性氢的化合物均可与环氧乙烷缩合制成聚乙二醇型非离子表面活性剂。这类表面活性剂的亲水性，是靠分子中的氧原子与水中的氢形成氢键、产生水化物而具有的。聚乙二醇链有两种状态，在无水状态时为锯齿型，而在水溶液中主要是曲折型。

无水时的状态 → 水溶液中的状态

当它一旦在水中成为曲折型时，亲水性的氧原子即被置于链的外侧，憎水性的—CH_2—基位于里面，因而链周围就变得容易与水结合。此结构虽然很大，但其整体恰似一个亲水基。因此，聚乙二醇链显示出较大的亲水性。分子中环氧乙烷的聚合度越大，即醚键—O—越多，亲水性越大。

2. 合成路线

聚乙二醇型非离子表面活性剂品种多、产量大，是非离子表面活性剂中的大类。凡有活性氢的化合物均可与环氧乙烷缩合制成聚乙二醇型非离子表面活性剂。这类表面活性剂的亲水性，是靠分子中的氧原子与水中的氢形成氢键、产生水化物而具有的。聚乙二醇型非离子表面活性剂水溶液加热至一定温度，水溶液会变成白色浑浊状。这种现象是由于温度升高使聚乙二醇链与水分子之间形成的氢键被切断，致使表面活性剂分子不能在水中溶解，这是聚乙二醇型非离子表面活性剂所特有的性质。使聚乙二醇型非离子表面活性剂溶解性发生突变的温度为浊点。浊点随环氧乙烷加成摩尔数增多而升高，它可作为这类表面活性剂的亲水性指标。

聚乙二醇型非离子表面活性剂根据疏水基的种类可分为长链脂肪醇聚氧乙烯醚、烷基酚聚氧乙烯醚、脂肪酸聚氧乙烯酯、聚氧乙烯烷基胺、聚氧乙烯烷基醇酰胺等。

聚乙二醇型非离子表面活性剂是用具有活泼氢原子的疏水性原料，在酸或碱催化剂参与下与环氧乙烷起加成反应制得的。

（1）长链脂肪醇聚氧乙烯醚　长链脂肪醇分子中羟基上的氢是活泼氢原子，环氧乙烷是能取代氢原子的活泼化合物，它们很容易发生反应而加成聚合为醚。

$$ROH + n\underset{\diagdown O \diagup}{CH_2CH_2} \xrightarrow[\text{催化剂}]{NaOH} RO\leftarrow CH_2CH_2O \rightarrow_n H$$

实际上环氧乙烷的加成是逐渐进行的，首先加成 1 个环氧乙烷分子，继而加成第 2 个、第 3

个……。当加成 10～15 个后，则显现出最佳的洗涤能力。常用的长链脂肪醇有月桂醇、油醇、棕榈醇、硬脂醇、环己醇、萜烯醇等。

这类表面活性剂稳定性高，生物降解性和水溶性均较好，具有良好的乳化、润湿、渗透、分散和增溶的能力。常用于衣料用洗涤剂、洗发香波、浴用香波中。

（2）烷基酚聚氧乙烯醚　烷基酚与环氧乙烷起加成反应，则得到烷基酚聚氧乙烯醚，常用的酚有辛基酚、壬基酚等。如采用壬基酚时，与 4 分子环氧乙烷加成的产物不能溶于水；与 6、7 分子环氧乙烷加成的产物在室温下即可完全溶于水；与 8～12 分子环氧乙烷加成的产物具有良好的润湿、渗透和洗涤能力，乳化力也较好，可用作洗涤剂和渗透剂；与 15 分子以上环氧乙烷加成的产物无渗透、洗涤的能力，而乳化、分散力较好，可用作乳化分散剂、匀染剂和缓染剂。

烷基酚聚氧乙烯醚的制法与长链脂肪醇聚氧乙烯醚相似，其反应式如下：

$$R-C_6H_4-OH + n\,\underset{\diagdown O \diagup}{CH_2-CH_2} \xrightarrow[\text{催化剂}]{NaOH} R-C_6H_4-O-(CH_2CH_2O)_n-H$$

烷基酚聚氧乙烯醚的化学稳定性高，即使在高温下也不易被强酸、强碱破坏，且其生物降解性差。因此它的需要量呈逐渐减少的趋势，目前在家用洗涤用品中已较少使用，主要用在金属的酸性洗涤剂和碱性洗涤剂中。

（3）脂肪酸聚氧乙烯酯　脂肪酸与环氧乙烷在催化剂存在下起加成反应生成脂肪酸聚氧乙烯酯，反应式如下：

$$R-COOH + n\,\underset{\diagdown O \diagup}{CH_2-CH_2} \xrightarrow[\text{催化剂}]{NaOH} R-COO-(CH_2CH_2O)_n-H$$

另一种方法是用脂肪酸与聚乙二醇进行酯化反应制得：

$$R-COOH + HO-CH_2-(CH_2CH_2O)_{n-1}-CH_2OH \longrightarrow$$

$$\xrightarrow[\text{脱水聚合}]{H_2SO_4} R-COO-(CH_2CH_2O)_n-H + H_2O$$

此反应中，聚乙二醇有 2 个羟基，如无特殊催化控制，酯化所得的非离子酯总会有一定比例的双酯，此外，通过酯交换亦形成双酯：

$$R-COO-(CH_2CH_2O)_n-H + R-COO-(CH_2CH_2O)_n-H$$

$$\rightleftharpoons R-COO-(CH_2CH_2O)_n-OC-R + HO-(CH_2CH_2O)_n-H$$

这种酯的性质与所用的脂肪酸种类和所加成的环氧乙烷数目有关。一般说来，脂肪酸的碳原子数越多，溶解度越小，浊点越高，但是含羟基或是不饱和的脂肪酸则属例外。所加成上的环氧乙烷分子数目对酯的影响与脂肪醇聚氧乙烯醚时的情形相似，如碳原子数为 12～18 的脂肪酸接上 12～15 个分子的环氧乙烷有很好的洗涤力；而低于此数如接上 5～6 个分子的环氧乙烷则具有油溶性乳化力。

这种表面活性剂的渗透力、洗涤力较脂肪醇和烷基酚的聚氧乙烯醚类差，主要用作乳化剂、分散剂、纤维油剂和染色助剂等。此外，它还易受酸、碱溶液水解而形成原脂肪酸和聚乙二醇，所以在强酸溶液中失去洗涤力，而在强碱溶液中其洗涤力远不及由同样脂肪酸制成的肥皂，但还是可以用作家庭用洗衣粉的成分。

将橄榄油与聚乙二醇在碱催化下进行酯交换反应，可得到聚乙二醇油酸和油酸单甘油酯的混合物，反应过程如下：

$$\begin{array}{l} C_{17}H_{33}COO-CH_2 \\ \quad\quad\quad\quad\quad\;| \\ C_{17}H_{33}COO-CH \\ \quad\quad\quad\quad\quad\;| \\ C_{17}H_{33}COO-CH_2 \end{array} + 2HO-CH_2-(CH_2CH_2O)_8-CH_2-OH$$

$$\xrightarrow[200\sim300℃]{NaOH\ 催化} 2C_{17}H_{33}COO-(CH_2CH_2O)_9-H + \begin{array}{l} C_{17}H_{33}COO-CH_2 \\ \quad\quad\quad\quad\quad\;| \\ \quad\quad\quad\quad\quad CHOH \\ \quad\quad\quad\quad\quad\;| \\ \quad\quad\quad\quad\quad CH_2OH \end{array}$$

这种混合物是具有特殊性能的油溶性乳化剂，具有广泛用途。

（4）聚氧乙烯烷基胺　烷基胺与环氧乙烷起加成反应可生成 2 种反应产物：

$$R-NH_2 + n\underset{\diagdown O \diagup}{CH_2-CH_2} \longrightarrow R-NH-(CH_2CH_2)_{n-1}-CH_2CH_2OH$$

$$R-NH_2 + n\underset{\diagdown O \diagup}{CH_2-CH_2} \longrightarrow R-N\begin{array}{l} \diagup (CH_2CH_2O)_{n-1}-CH_2CH_2OH \\ \diagdown (CH_2CH_2O)_{n-1}-CH_2CH_2OH \end{array}$$

在后一反应中，最终产物实际上是同系物和异构体的混合物。

与上述 3 种非离子表面活性剂相似，当聚氧乙烯烷基胺分子中环氧乙烷的加成数少时，则不溶于水而溶于油，但由于它具有有机胺的结构，故可溶于酸性水溶液中。所以聚氧乙烯烷基胺同时具有非离子和阳离子表面活性剂的一些特性，如耐酸不耐碱，具有杀菌性能等。当环氧乙烷加成数多时，其非离子性增大，在碱性溶液中不析出，即在碱性溶液中也表现出良好的活性。由于非离子性增大，阳离子性相对减小，而表现出与阴离子表面活性剂的相容性，故可与之复配使用。

由于这种表面活性剂兼有非离子和阳离子的性质，故常用作染色助剂，也常用于人造丝生产中以增强再生纤维丝的强度，还可保持喷丝孔的清洁，防止污垢沉积。

（5）聚氧乙烯烷基醇酰胺　烷基醇酰胺与环氧乙烷反应生成聚氧乙烯烷基醇酰胺，反应式如下：

$$R-\overset{O}{\overset{\|}{C}}-NH-C_2H_4OH + n\underset{\diagdown O \diagup}{CH_2-CH_2} \longrightarrow R-\overset{O}{\overset{\|}{C}}-\overset{C_2H_4OH}{\overset{|}{N}}-(CH_2CH_2O)_n-H$$

或

$$R-\overset{O}{\overset{\|}{C}}-\overset{H}{\overset{|}{N}}-C_2H_4-O-(CH_2CH_2O)_n-H$$

及

$$R-\overset{O}{\overset{\|}{C}}-NH-C_2H_4OH + 2n\underset{\diagdown O \diagup}{CH_2-CH_2} \longrightarrow R-\overset{O}{\overset{\|}{C}}-N\begin{array}{l} \diagup C_2H_4-O-(CH_2CH_2O)_n-H \\ -(CH_2CH_2O)_n-H \end{array}$$

这种非离子表面活性剂具有较强的起泡和稳泡作用，故常用作泡沫促进剂和泡沫稳定剂，其中有的具有良好的洗涤力、增溶力和增稠作用。

这类较早的产品是月桂酰二乙醇胺，它是由月桂酸和二乙醇胺在氮气流保护下加热进行缩合反应制得的：

$$C_{11}H_{23}COOH + NH(C_2H_4OH)_2 \xrightarrow[\text{加热}]{N_2} C_{11}H_{23}-\overset{\overset{\displaystyle O}{\|}}{C}-N\begin{matrix} \diagup CH_2CH_2OH \\ \diagdown CH_2CH_2OH \end{matrix}$$

月桂酰二乙醇胺不溶于水，当再与1分子二乙醇胺结合成复合物 $C_{11}H_{23}-\overset{\overset{\displaystyle O}{\|}}{C}-N\begin{matrix} \diagup CH_2CH_2OH \\ \diagdown CH_2CH_2OH \end{matrix} \cdot HN(C_2H_4OH)_2$ 时，才具有良好的水溶性和洗涤力，可用作洗涤剂中的稳泡剂，也可用作乳化剂和防锈剂及干洗皂等。

这种表面活性剂的稳定性和耐水解性优于脂肪酸聚氧乙烯酯。

（6）聚醚类　聚醚类产品主要是以丙二醇为起始剂接以各种不同相对分子质量的聚氧丙烯-聚氧乙烯共聚而成的一系列产品的总称，其中有代表性的为美国 Wyandott 公司开发的 Pluronic 型表面活性剂，其分子式如下：

$$HO-(CH_2CH_2O)_a-(CH_2\overset{\overset{\displaystyle CH_3}{|}}{C}HO)_b-(CH_2CH_2O)_c-H$$

式中，$(CH_2\overset{\overset{\displaystyle CH_3}{|}}{C}HO)_b$ 是聚氧丙烯段，在分子中呈现疏水性质，$(CH_2CH_2O)_a$ 和 $(CH_2CH_2O)_c$ 是聚氧乙烯段，在分子中呈现亲水性质；a、b、c 代表分子数目，改变分子数目可以得到亲水性不同的产物。

3. 性能与用途

聚醚的相对分子质量可达数千以上，显著地高于普通的表面活性剂的相对分子质量，因此也可将其归属于高分子表面活性剂中。聚醚具有独特的性能，一般不吸湿，溶解性在冷水中比在热水中好，浓溶液呈胶状，也溶于芳香烃和含氯有机溶剂中。聚醚的毒性和起泡力均较低，相对分子质量为2000～3000的聚醚有良好的去污力；相对分子质量更高的分散力较好。此外，聚醚还具有强乳化力。故可用于低泡洗涤剂、乳化剂、消泡剂以及织物匀染剂、抗静电剂、金属切削冷却液、润滑剂和黏结剂中。在一些特殊领域将会有更广泛应用。

二、多元醇型非离子表面活性剂

1. 结构类型

多元醇型非离子表面活性剂是指由含多个羟基的多元醇与脂肪酸进行酯化反应而生成的酯类，此外，还包括由带有—NH_2 或—NH 的氨基醇以及带有—CHO 的糖类与脂肪酸或酯进行反应制得的非离子表面活性剂。由于它们在性质上很相似，故统称之为多元醇型非离子表面活性剂。除此之外，通常还将多元醇与脂肪酸形成的酯类再与环氧乙烷加成的产物也归为此类。

多元醇型非离子表面活性剂按多元醇的种类可分为甘油脂肪酸酯、季戊四醇脂肪酸酯、山梨醇脂肪酸酯、失水山梨醇脂肪酸酯、蔗糖脂肪酸酯和烷基醇酰胺等非离子表面活性剂。

2. 合成路线

此类化合物一般采用酯化方法来合成。如在1mol甘油或季戊四醇中，加入1mol月桂酸或棕榈酸之类的脂肪酸，加氢氧化钠0.5%～1%，在不断搅拌下于200℃左右反应3～4h，即可完成酯化反应生成非离子表面活性剂。

$$C_{11}H_{23}COOH + \begin{matrix} CH_2{-}OH \\ | \\ CH{-}OH \\ | \\ CH_2{-}OH \end{matrix} \longrightarrow \begin{matrix} C_{11}H_{23}COOCH_2 \\ | \\ CHOH \\ | \\ CH_2OH \end{matrix} + H_2O$$

月桂酸

$$C_{15}H_{31}COOH + HOCH_2{-}\begin{matrix} CH_2OH \\ | \\ C \\ | \\ CH_2OH \end{matrix}{-}CH_2OH \longrightarrow C_{15}H_{31}COOCH_2{-}\begin{matrix} CH_2OH \\ | \\ C \\ | \\ CH_2OH \end{matrix}{-}CH_2OH + H_2O$$

棕榈酸 季戊四醇

实际上，在甘油和季戊四醇分子中，每个羟基具有相同的反应能力，所以除了生成单酯还生成大量的双酯和少量的三酯，产物是复杂的。

工业上更常见的是采用酯交换的办法，特点是工艺简单，成本低廉。如：

$$\begin{matrix} C_{11}H_{23}COO{-}CH_2 \\ | \\ C_{11}H_{23}COO{-}CH \\ | \\ C_{11}H_{23}COO{-}CH_2 \end{matrix} + 2\begin{matrix} CH_2OH \\ | \\ CHOH \\ | \\ CH_2OH \end{matrix} \xrightarrow[200\sim240℃,2\sim3h]{0.5\%\sim1\%\ NaOH} 3\begin{matrix} C_{11}H_{23}COO{-}CH_2 \\ | \\ CHOH \\ | \\ CH_2OH \end{matrix}$$

月桂酸单甘油酯

其他的多元醇型非离子表面活性剂的合成与上述类似。

3. 性能与用途

多元醇型非离子表面活性剂，由于其羟基的亲水性很小，多数不溶于水，大部分在水中呈乳化或分散状态。因此，很少作为洗涤剂和渗透剂来使用。但是一个亲油基上有多个羟基的蔗糖脂肪酸单酯和烷基糖苷，却能溶于水，可用做洗涤剂。多元醇型非离子表面活性剂的最大特点是毒性低，安全性高，对皮肤刺激性极小，故常在食品、医药、化妆品中作乳化剂、分散剂、改性剂应用，也在纺织业中用作油剂、柔软剂等。亲油性的多元醇非离子表面活性剂与树脂的相容性也较好，可用作树脂添加剂。此外，也用作纤维工业中用的纤维油剂成分。

非离子表面活性剂有以下特征。

① 是表面活性剂家族第二大类，产量仅次于阴离子表面活性剂。

② 由于非离子表面活性剂不能在水溶液中离解为离子，因此稳定性高，不受酸、碱、盐影响，耐硬水性强。

③ 与其他表面活性剂及添加剂相容性较好，可与阴、阳、两性离子型表面活性剂混合使用。

④ 由于在溶液中不电离，故在一般固体表面上不易发生强烈吸附。

⑤ 聚氧乙烯型非离子表面活性剂的物理化学性质强烈依赖于温度，随温度升高，在水中变得不溶（浊点现象）。但糖基非离子表面活性剂的性质具有正常的温度依赖性，如溶解性随温度升高而增加。

⑥ 非离子表面活性剂具有高表面活性，其水溶液的表面张力低，临界胶团浓度低，胶团聚集数大，增溶作用强，具有良好的乳化力和去污力。

⑦ 与离子型表面活性剂相比，非离子表面活性剂一般来讲起泡性能较差，因此适合于配制低泡型洗涤剂和其他低泡型配方产品。

⑧ 非离子表面活性剂在溶液中不带电荷，不会与蛋白质结合，因而毒性低，对皮肤刺

激性也较小。

⑨ 非离子表面活性剂产品大部分呈液态或浆状，这是与离子型表面活性剂不同之处。

非离子表面活性剂大多为液态或浆状物质，在水中的溶解度随温度升高而降低。非离子表面活性剂具有良好的洗涤、分散、乳化、增溶、润湿、发泡、抗静电、杀菌和保护胶体等多种性能，广泛地应用于纺织工业、造纸工业、食品工业、化妆品工业、洗涤工业、橡胶工业、塑料工业、涂料工业、医药和农药工业、化学肥料工业、金属加工工业、矿业、建筑和环境保护等方面。随着脂肪醇自给能力的提高和环氧乙烷商品量的增加及其质量的提高，非离子表面活性剂发展更为迅速，我国非离子表面活性剂的生产将会得到更快的发展。

三、其他类型非离子表面活性剂

1. 烷基硫醇聚氧乙烯醚

叔烷基硫醇与环氧乙烷起加成反应生成烷基硫醇聚氧乙烯醚，其中具有良好表面活性的为叔己基硫醇聚氧乙烯（11～12）醚和叔壬基硫醇聚氧乙烯（17）醚。它们在较高温度的中性和碱性溶液中稳定。叔壬基硫醇与环氧乙烷的加成反应如下：

$$CH_3CH_2-\underset{CH_2CH_2CH_3}{\overset{CH_2CH_2CH_3}{\underset{|}{\overset{|}{C}}}}-SH + 17\,\underset{\diagdown O \diagup}{CH_2-CH_2} \longrightarrow CH_3CH_2-\underset{CH_2-CH_2-CH_3}{\overset{CH_2-CH_2-CH_3}{\underset{|}{\overset{|}{C}}}}-S\leftarrow CH_2CH_2O \rightarrow_{17} H$$

此表面活性剂具有良好的表面活性。

2. 亚砜表面活性剂

烷基硫化物经氧化即得亚砜：

$$R-S-R' \xrightarrow{\text{氧化}} R-SO-R'$$

式中，R 为长碳链；R′为甲基，也可以是其他烷基。这种表面活性剂具有良好的表面活性，能显著降低水的表面张力，其浓度为 2×10^{-4}mol/L 时，表面张力下降至 25mN/m。

此外，亚砜基也可以是 2 个，这种表面活性剂具有良好洗涤力。

3. α-烯烃与环氧乙烷的加成物

长链 α-烯烃与聚乙二醇在有机过氧化物存在下，发生加成反应，生成在分子链中间有烃基的加成物，如 α-十二烯烃与六聚乙醇的加成反应如下：

$$HOCH_2CH_2O\leftarrow CH_2CH_2O \rightarrow_4 CH_2CH_2OH + CH_2=CH(CH_2)_9CH_3 \xrightarrow{\text{二叔丁基过氧化氢}}$$

$$HOCH_2CH_2O\leftarrow CH_2CH_2O \rightarrow_4 CH_2\underset{\underset{OH}{|}}{C}HCH_2CH_2(CH_2)_9CH_3$$

反应后得到六聚乙二醇-1-十二碳烯与环氧乙烷为 1∶1 的加成物。

相似地，短链二醇与长链 α-烯烃也可以进行加成反应。例如，在二叔丁基过氧化物存在下，1,4-丁二醇与 1-十二碳烯进行加成反应，得到如下产物：

$$\underset{\underset{OH}{|}}{CH_2}(CH_2)_2\underset{\underset{OH}{|}}{C}HCH_2CH_2(CH_2)_9CH_3$$

当以碱做催化剂，对链烷二醇进行乙氧基化，也可得到该种非离子表面活性剂。

这种表面活性剂是有良好的洗涤性能，有的适合做棉织物洗涤剂，有的适合做毛织物轻垢洗涤剂。

第五节　表面活性剂典型工艺及设备

从表面活性剂的范畴和分类中可以看出，表面活性剂必然具有多品种的特征。由于产品应用面窄，针对性强，特别是专用性品种和特制配方的产品，往往是一种类型的产品可以有多种的牌号，因而使新品种和新剂型不断出现，日新月异。其生产设备和生产工艺也是各不相同，此节仅以某一生产工艺（烷基磺酸盐的生产过程）为例，并对通用设备作简单介绍。

一、烷基磺酸盐表面活性剂生产工艺

烷基磺酸盐（SAS）表面活性与烷基苯磺酸钠相接近，它在碱性、中性和弱酸性溶液中较为稳定，在硬水中具有良好的润湿、乳化、分散和去污能力，易于生物降解。其生产方法主要有磺氯化法和磺氧化法。

1. 磺氯化法

正构烷烃在紫外线的照射下和二氧化硫、氯气反应，生成烷基磺酰氯，反应方程式为

$$RH+SO_2+Cl_2 \longrightarrow RSO_2Cl+HCl$$

除去反应产物中溶解的气体，用碱皂化，然后脱除皂化混合物中的盐及未反应的烷烃，即可得到产品烷基磺酸钠。

$$RSO_2Cl+2NaOH \longrightarrow RSO_3Na+H_2O+NaCl$$

磺氯化法的主要工艺过程包括：原油处理、磺氯化反应、脱气、皂化、脱盐脱油和活性物调整等步骤。

（1）原油处理　为减少副反应和加速反应速率，对原料要有一定的要求：正构烷烃$>$98%，碳数以$C_{13}\sim C_{17}$为宜，芳烃含量$\leqslant$0.06%，碘值$<5gI_2/100g$，水分$<$0.03%。采用尿素脱蜡制得的重蜡油中，芳烃含量$>$0.6%，烯烃含量较高，并含有部分异构烃、环烷烃、含氧化合物、含氮化合物等，需经发烟硫酸预处理，分去酸渣，除去可磺化物。如果需要的话，还可以进行碱中和、水洗和干燥，得到合乎质量要求的正构烷烃。

除对原料油需要处理外，对于氯气和SO_2气体也有一定的要求，这些气体中的氧含量$<$0.2%，因为烷基的氧化反应速率比氯化速率快100倍以上，所以反应过程中需要避免空气漏入。

（2）磺氯化反应　磺氯化反应通常采用组罐式装置，反应器内装有紫外灯引发反应。新鲜重油与回收重油按一定比例混合进料，SO_2和Cl_2按1.1∶1在气体混合器内混合，通入反应器。该反应是一个放热反应，反应热54.34kJ/mol。除反应热外，紫外灯管也会放出一定的热量。为除去反应热可采用内冷却方式，也可以采用外冷却方式。内冷却是在反应器内装冷却管，这种方法冷却效果好，反应温度较稳定，但反应液搅动情况差。外冷却方式是采用循环泵和外冷却器，将一部分物料冷却后循环。这种方式物料循环好，反应液充分混合，设备维修也方便，缺点是反应在冷却前后温差较大，冷却过程中物料不受紫外光照，对反应不利。反应温度控制在（30±2）℃为宜，低于15℃时反应速率变慢，温度高时SO_2和Cl_2在重油中的溶解度降低，于反应不利。反应生成的氯化氢气体进入盐酸吸收装置，反应混合物进入脱气器。

（3）脱气和皂化　磺氯化反应产物中溶解一部分HCl，并溶解一些未反应的Cl_2和SO_2，利用压缩空气，将这些气体吹脱，至反应混合物中的游离酸含量$<$0.1%之后，进入皂化釜，与NaOH中和，生成烷基磺酸钠。整个皂化过程中，反应液始终保持微碱性，中

和温度保持在98～100℃，游离碱的含量为0.3%～0.5%。磺酰氯产物不同，皂化所用的碱的浓度也不一样。

依重蜡的磺酰氯化反应程度不同，可将产物分为三种：磺酰氯含量70%～80%的，称为M-80，反应时间长，副产物较多，质量较差；中和M-80时，NaOH浓度为30%，该产品在纺织印染中用作洗涤剂；磺酰氯含量为50%的产物，称为M-50，中和时用16.5%的NaOH溶液。M-50质量比M-80好，可与苯酚酯化作成增塑剂或制成乳化剂、匀染剂等。磺酰氯含量为30%的称为M-30，中和时用10% NaOH溶液。M-30反应深度浅，副反应少，单磺酰氯含量高，质量好。一般用作聚氯乙烯乳液聚合的乳化剂、泡沫剂，也可以作为质量较好的洗涤剂使用。表2-2给出了不同磺氯化产品的组成。

表2-2 磺氯化产品的组成

项 目	M-80	M-50	M-30
磺酰氯含量/%	70～80	45～55	30
磺酰氯组成			
单磺酰氯/%	60	85	95
多磺酰氯/%	40	15	5
未反应烷烃/%	30～20	55～45	70
链上氯含量/%	4～6	1.5	0.5～1.0
反应终点的相对密度	1.02～1.03	0.88～0.90	0.83～0.84

(4) 脱盐脱油 磺酰氯化产物皂化后得到的活性物溶液中，含有未反应的蜡油，这些蜡油必须回收利用。这一方面提高原料的利用率，降低成本，另一方面是为了保证成品质量，降低不皂化物的含量。磺氯化产物虽然经过脱气，不可避免地仍含有HCl、Cl_2、SO_2等，中和后产生一定量的无机盐，也需除去。磺酰氯化程度不同，脱油的方法也不同。

对M-80产物，皂化后静止分层，下层浆状物用离心分离的方法脱盐。上层清液用加热、保温和加水稀释的方法，使大部分加溶在活性物中的未反应的重蜡油释放出来。加水量一般为皂液量的40%～50%，温度在102～105℃，pH维持8～9之间。利用重蜡油与活性物溶解的密度差，使它们互相分离，油浮在上层。除去重蜡油后，根据活性物的含量，加水稀释，使成品中的活性物含量达到25%左右，产品中的不皂化物可降到10%以下。为了降低成品中的不皂化物含量，并得到浓缩型产品，可将M-80的皂化清液用水稀释到活性物含量为20%～25%，然后加热急骤蒸发，产品中的活性物含量可达65%，不皂化物含量可降到5%以下。

M-50皂化后，先静置分层，除去部分未反应的蜡油。然后冷却，除去含有少量活性物的氯化钠溶液，再于65℃下用甲醇和水萃取，除去重蜡油。也可以采取稀碱皂化，先静止脱油，然后蒸发脱油。

磺氯化工艺流程见图2-4。

经处理的原料蜡进入反应器，在紫外线照射下，由底部引入氯气和二氧化硫。反应后的物料部分经冷却后返回反应器，使反应温度保持在30℃，其他部分磺氯化物进入脱气塔，脱气后的磺氯化物送入中间贮罐，再在皂化器中与氢氧化钠反应，然后在分离器中分开残留的石蜡，下层进入分离器，在此脱盐后，进入蒸发器。然后在磺酸盐分离器中分出磺酸盐。蒸出的部分在分离器中分离石蜡和水。由反应器和脱气塔放出的氯化氢气体进入气体吸收塔

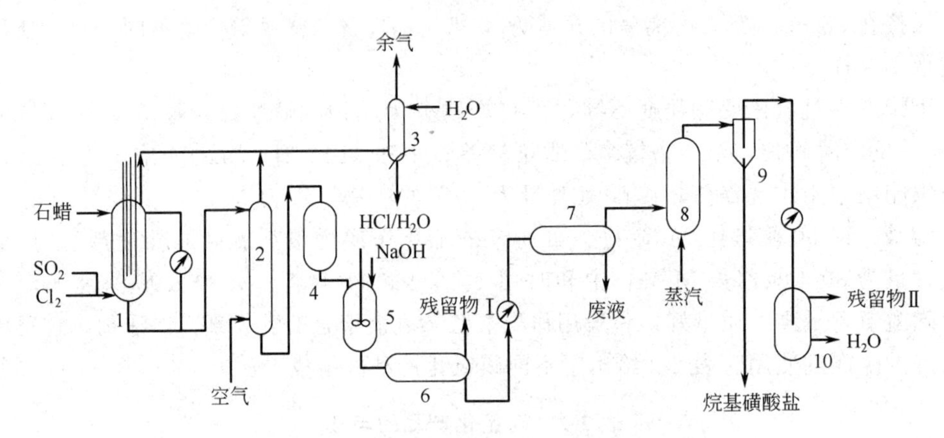

图 2-4 磺氯化法制取烷基磺酸盐的工艺流程

1—反应器；2—脱气塔；3—气体吸收塔；4—中间贮罐；5—皂化器；
6—分离器；7—分离器；8—蒸发器；9—磺酸盐分离器；10—油水分离器

用水吸收。

在生产中，一般用反应液的相对密度来控制磺氯化深度。M-80 的反应液相对密度为 1.02～1.025 时，含氯量＜15.5％，其中水解氯（$—SO_2Cl$ 上的氯）含量＞10.5％，键上氯（与烷烃碳原子上直接相连的氯）＜3.5％。皂化过程中，反应液应始终保持微碱性，游离碱含量为 0.3％～0.5％，反应温度保持在 98～100℃，不能忽高忽低。如果反应液呈酸性或反应温度过高，会造成溢锅事故。液碱的加入要均匀，反应液的搅动要充分，这样可防止中和后泛酸。皂化所用碱液的浓度不同，磺氯化产物也不一样。M-80、M-50 和 M-30 产物皂化时分别采用 30％、16.5％和 10％氢氧化钠的碱液。碱液浓度的选择与后面的脱盐、脱油工艺有关。磺氯化产物皂化后得到的活性物溶液中含有未反应的烃也称重蜡油，需回收利用。

2. 磺氧化法

将正构烷烃在紫外线照射下，与 SO_2、O_2 作用生成烷基磺酸。

$$RH+SO_2+O_2 \xrightarrow{30℃} RSO_3H$$

紫外线是引发剂，在反应器中加入水，水-光磺氧化可制取 SAS，此法目前最常使用，其工艺流程见图 2-5。

二氧化硫和氧由反应器 1 底部的气体分布器进入，并很好地分布在由正构烷烃和水组成

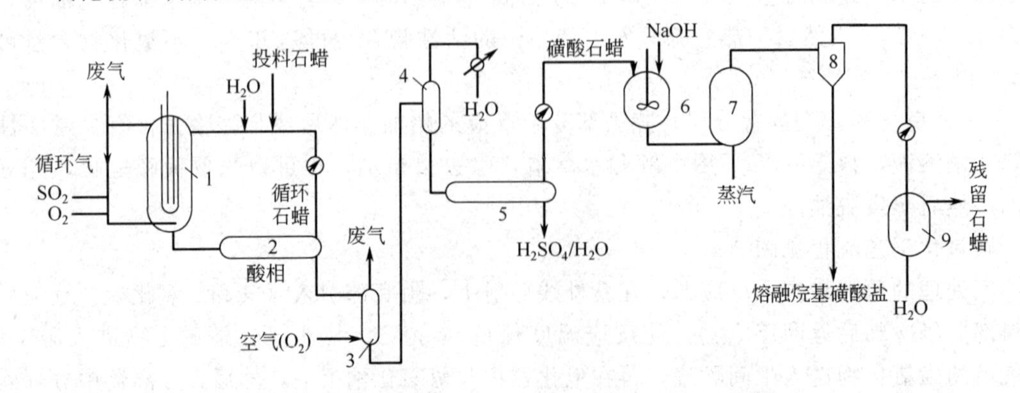

图 2-5 水-光磺氧化法生产烷基磺酸盐的工艺流程

1—反应器；2,5,8—分离器；3—气体分离器；4,7—蒸发器；6—中和釜；9—油水分离器

的液相中。反应器内装高压汞灯，液体物料在反应器中的停留时间为6～7min，反应温度≤40℃，反应物料经反应器下部进入分离器2，分出的油相经冷却器回入反应器再次反应。由于一次通过反应器的SO_2和O_2转化率不高，大量未反应气体由反应器顶部排出后，经升压也返回反应器。由分离器分出的磺酸液（含有19%～23%磺酸，30%～38%烷烃，6%～9%硫酸及水等）在气体分离器中脱去SO_2后进入蒸发器，从蒸发器的下部流出的物料进入分离器，从下层分出60%左右的硫酸，上层为磺酸相并打入中和釜，用50%氢氧化钠中和。中和后的浆料约含有45% SAS和部分正构烷烃。然后料浆进入蒸发器，再打入分离器。从分离器底部分出高浓度的SAS，可制得含量为60%或30%的SAS产品。从分离器的上部出来的物料经冷凝后，在油水分离器中分出油相（残余的正构烷烃）及水相。用此工艺制得的高浓度SAS的典型组成如下：

链烷单磺酸盐	85%～87%	硫酸钠	5%
链烷二磺酸盐	7%～9%	未反应烷烃	1%

反应速率与杂质的浓度成反比，因此为了增加反应速率，提高产物质量，必须除去原料中的杂质，故芳烃含量必须控制在50×10^{-6}以下。磺酸的生成速率与光的辐射强度成增函数关系，增加辐射强度，可提高反应速率，采用波长254～420nm的高压汞灯较合适。磺氧化反应温度以30～40℃为宜，温度太低，磺酸生成量减小；温度太高，气体在烷烃中的溶解度降低，磺酸生成量也会降低，且副反应增加。磺氧化反应是气液两相间的反应，增加气体空速有利于传质，气体通入量以3.5～5.5L/(h·cm^2)为宜，高于这一数值，对产率影响不大。一次不能全部参与反应的SO_2和O_2，大部分循环回用，最终的利用率可达95%以上。烷烃的单程转化率高，副反应会增多，二磺酸含量增加，使产品质量下降，而且由于反应器中磺酸浓度增加，使反应速率下降，影响磺酸产率。水-光磺氧化法由于在反应过程中加入水，可将烷烃相中的反应物立即萃取出来，然后在分离器中分出磺酸；烷烃回到反应器继续进行反应，这样有效地控制了反应器中烷烃的一次转化率，提高了产品的质量。反应过程中的加水量可根据磺酸产率来确定，一般应为磺酸产率的2～2.5倍。加水太多，反应器中物料乳化严重，黏度增加，物料泵送困难，磺酸难于从烷烃相中分出；加水量太少，反应混合物呈透明状，磺酸亦不易分出，且磺酸色泽加深，产率降低。

磺化反应的引发剂除了紫外线外，还可采用γ射线、O_3，或在紫外线、γ射线照射下加入O_3、醋酐或含氮、含氯化合物。

二、表面活性剂生产的主要设备

表面活性剂是以近代技术为基础，生产精细化学品的工业。它的生产合成不但要沿用传统的石油化工生产技术与设备，而且具有小批量与高纯度，对于合成技术有自己的某些特殊需要的特点。其基本要求是技术先进，生产效率高，运行安全可靠，经济合理。

本节简要介绍表面活性剂生产中常用的主要生产设备的类型、特点、适用条件与选用原则。

1. 一般的化学反应设备

许多表面活性剂产品，由于其特定的用途，社会需求量很小，对纯度要求又很高，有时可以采用实验室的设备进行生产。在工业上则要根据各自的条件采用各种化学反应设备。

（1）化学反应设备的分类　表面活性剂生产中的反应设备种类很多，大致有如下几种分类方法。按照操作方法分类可以分为间歇法、连续法和半连续法。按照反应物的相状态分类，可以分为均相反应设备、各种异相反应设备等。按照传热方式分类，可以分为绝热型、自热交换型和外部热交换型反应设备等。按照反应物的混合状态分类，可以分为完全混合反应设备、挤压排出混合反应设备等。

（2）化学反应设备的结构和形式　化学反应设备的结构与形式和化学反应的类型与性质密切相关，但是不论什么样的设备，都应满足如下基本要求：反应物在反应设备内要有适当的停留时间；具有传热的特性；能进行相与相之间的混合和搅拌。

常用的化学反应设备有搅拌式、塔板式、填充式、滚筒式和喷射式等反应器。

搅拌式反应设备是最适合于小型、间歇操作的表面活性剂产品生产使用的一种反应器。这是一种在反应器内装有搅拌器，供反应物在搅拌下能充分接触并进行反应的设备。其重要组成部分是搅拌器。搅拌器的选择对化学反应的进程和产物的产率有很大的影响。常用的搅拌器有桨式和涡轮式等。图 2-6 所示的搅拌式反应罐是最常见的一种反应设备。多数搅拌式反应罐的外部有加热或冷却用夹套，或者在反应罐的内部装置蛇管，在夹套或蛇管内通入水蒸气或其他载热体进行加热交换。也可以直接用火加热，但这种方法的温度不易控制。还可以用热交换器把反应物在反应罐外加热或冷却后再送入反应罐内。

塔板式反应设备的用途也很广，不仅可以用作气体和液体的物料反应器，最主要是用于气体的吸收、吸附、蒸馏和萃取等过程，还可用于气体的冷却、除尘与净化。在塔体内部有多层舱塔板。塔板有不同的结构，主要有筛板、浮阀板和泡罩塔板等。不论哪种塔设备，其作用都是使气体与液体、气体与固体、液体与液体或液体与固体能充分接触，以促进其相互作用。为此，有的塔板上装有搅拌叶轮，或使塔板转动。

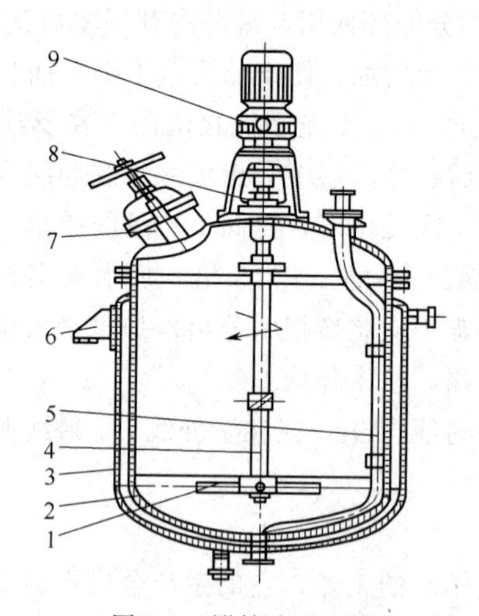

图 2-6　搅拌式反应罐

1—搅拌器；2—釜体；3—夹套；4—搅拌轴；5—压料管；6—支座；7—人孔；8—轴封；9—传动装置

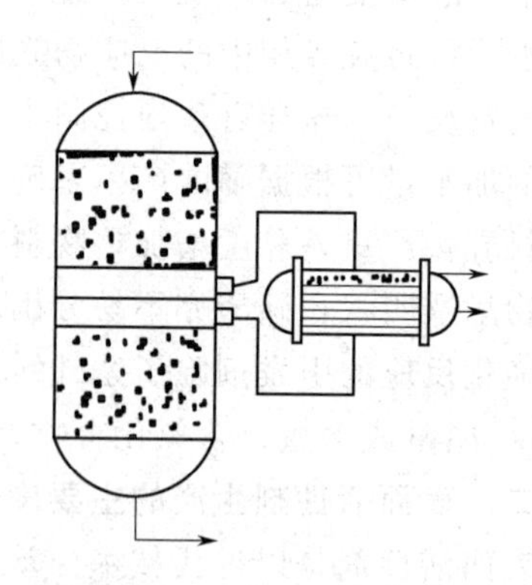

图 2-7　外部热交换式填充塔

填充塔型反应设备的内部堆放填料，以增加液体和气体的接触面积，提高反应速率与传质能力。当化学反应要有催化剂作用时，可以填充催化剂以进行催化反应。塔内液体一般从上往下流动，由于反应过程伴随着放热或吸热，因此应采取适当的热交换方法以控制温度。图 2-7 是一种有外部热交换器的填充塔，反应流体由塔上进入第一段填料，再进入外设热交换器，与管内的热媒进行热交换，然后进入下一段填料继续反应。除此之外，还可以用塔内热交换，经多次热交换以保证反应所需的温度。

流化床式反应设备是用参加反应的流体使颗粒状的固体反应物（通常在 10～100 目之

间）产生流动，从而进行液-固相或气-固相之间的反应。如图 2-8 所示，固体随气流进入反应器内，反应后，反应物与生成物一起由下而上，从塔顶排出，再分离。另一种是反应生成物从塔顶排出，固体粒子由排出管从下面排出。

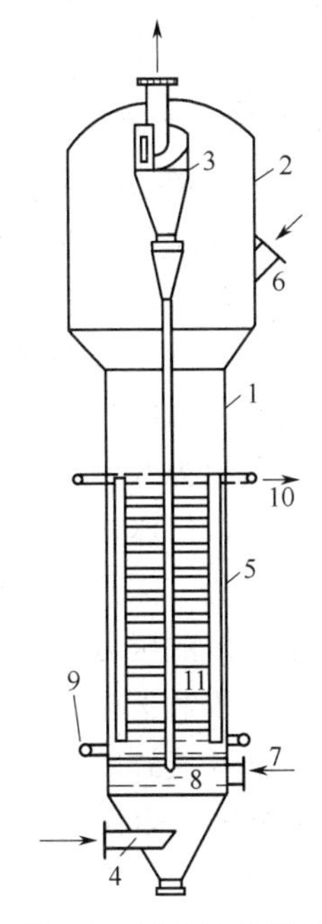

图 2-8　流化床反应器
1—壳体；2—扩大段；3—旋风分离器；4—流化气体入口；5—换热管；6—气体分布器；7—催化剂排出口；8—气体分布器；9—冷却水进口；10—冷却水排出口；11—内部构件

化学反应设备还有许多其他形式。例如滚筒式：反应物料借回转的滚筒进行充分混合与反应；液柱式：参加反应的液体物料，借塔底进入的气体流而得到搅动，进行气-液之间反应；喷射式：反应物在反应器内通过喷嘴喷射而进行充分接触与反应。

（3）设计与选择反应设备的出发点　在设计与选择反应设备时应考虑高效、安全和经济的原则。主要应考虑如下问题：

① 参加反应的物相是什么状态；

② 反应的温度要求，应该用什么方法进行热交换，如何控制所需要的温度；

③ 反应的压力多大为宜；

④ 反应时间、反应物停留的时间及空间速率；

⑤ 生产能力，连续或间歇操作；

⑥ 搅拌的形式；

⑦ 对产品的质量要求；

⑧ 经济条件，投资的大小。

在表面活性剂生产中一般生产量较小，品种多，宜采用间歇式生产设备。

2. 物料的输送

表面活性剂的生产中有固体、液体和气体物料，其输送设备一般也分为固体物料输送设备、液体物料输送设备和气体输送设备。

（1）固体物料的输送设备　根据生产中物料的形状，可采用不同的输送方法与设备，在生产中常用的有带式输送机、螺旋输送机、吊链式输送机和斗式提升机等。在表面活性剂生产中最常见的是带式输送机、螺旋输送机与斗式提升机。

带式输送机适用于输送细散的物料和包装好的产品。有金属链条式与橡胶皮带式的输送机。其优点是输送能力强，操作连续，动作平稳，摩擦损失小，动力消耗较低，对物料的损伤小，安装维修比较方便。图 2-9 是带式输送机的外观。

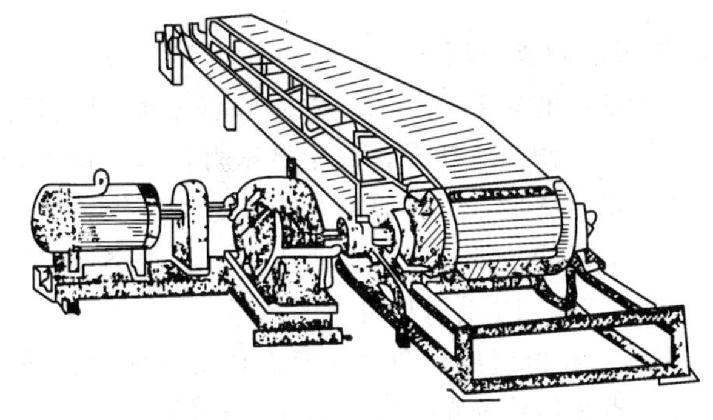

图 2-9　带式输送机的外观

螺旋输送机是利用螺旋的旋转以推动运送固体物料。适用于输送硬度不太大、摩擦力较小的粉状或块状物料。其优点是容易密闭运行，防止粉尘污染，占地面积小，便于操作与管理。缺点是运行阻力大，设备的磨损快，耗能较大。

吊链式输送机，它是由装有滚轮的吊挂式的工字梁轨道组成的，其占地面积很小，适用性广，尤其在需要浸入溶液中操作的生产特别方便。斗式提升输送机是由立式输送带与数目不等的装料斗所组成。主要用于在垂直方向上或大坡度的方向上输送颗粒状和粉状的物料。例如输送煤粉和小矿石。

气流输送设备是利用高速的空气流在经过管内时，把粉状物料带走。输送管有真空式与压送式。其优点是物料输送过程全密闭，可以避免物料对环境的污染；缺点是设备较复杂，耗能大，对粉料的密度和粒度有一定要求。易产生静电的粉料有爆炸的危险则不宜选用这种设备。

(2) 液体物料的输送设备　根据生产中液体物料的黏度、所含固体颗粒的大小、腐蚀性的强弱、温度与压力的高低等，应选择相应类型与材质的液体输送设备——泵。各种泵可以大致归纳为两大类：旋转泵（包括离心泵、轴流泵、齿轮泵）和往复泵。

(3) 气体输送设备　气体输送设备的主要作用有三种：一是不改变其压力，由 A 处输送到 B 处，采用吹风机、排风机和抽风机等；二是提高气体的压力，如气体压缩机；三是减小气体的压力，如真空泵、抽气机等，用于蒸发和干燥上。

气体输送设备与液体输送设备的原理相似，也有离心式、轴流式、往复式之分。此外还有一种罗茨鼓风机，其原理与齿轮泵相似，优点是风量较均匀，易于变速。一般适合于输送 0.08MPa（表压）以下的气体。缺点是制造与安装精度要求很高，否则会产生刺耳的噪声并磨损机件。

3. 物料的破碎研磨与混合

在生产中，为了配料，有利于进行化学反应，常常需要把固体物料进行破碎与研磨。有的产品要求以一定大小的颗粒状或粉末状出厂，也要粉碎与研磨，有的膏状产品如洗涤膏、雪花膏、油墨等，要求质地均匀细腻，则要充分混合与研磨。在实验室条件下，常用各种玻璃、玛瑙的研钵进行破碎、研磨与混合。在生产中，要根据物料的物理化学性质及工艺要求，选择合适的破碎、研磨与混合设备。

(1) 破碎与研磨设备　按被粉碎物料的大小及所获得的成品粒度的大小可把固体物料的粉碎设备分为粗粉碎、中粉碎、细粉碎和超级粉碎几类。选择设备时应力求满足如下要求：产品大小均匀，可立即从轧压部位排出，可调整粉碎度，操作方便，易磨损部位可以更换，有保险及防爆装置，粉尘污染少，耗能小。常用的破碎机有颚式、锥式、滚筒式、锤式及球磨机。

① 颚式破碎机　主要由活动牙板对固定牙板做周期性的往复运动而把物料破碎，离开时已破碎的物料因重力作用而下落。主要用于粗碎与中碎。例如，用在粗碎石灰石，粗食盐块及其他矿石。它的优点是构造简单，管理与维修方便，连续运转的时间长，生产能力大。缺点是它的摆动惯性，零件所承受的负荷以及能量消耗都很大，粉碎度小，对设备的基础要求较高。

② 锥形破碎机　由两个镶有硬质合金钢轧板的圆锥体所组成，是一种粗碎设备，利用一直立的内圆锥体（轧头）在另一个固定的外圆锥体的轧面（轧臼）中作偏心转动，而将物料轧碎。物料进入机内的轧压空间后，轧头在轧臼中作偏心转动，产生挤压力，将小物体轧碎，同时又产生挤压弯曲力把大物块轧碎。物料从上部加入，破碎后自由地通过两锥体下部的缝隙间下落。它与颚式破碎机相比，噪声小，消耗能量低，生产能力大，适合于坚硬脆性的物料的破碎与混合，在许多小化工厂广泛使用。图 2-10 是这种机器的示意图。

③ 滚筒轧碎机　主要由两个起着挤压作用的滚筒所组成。两个滚筒作相反方向的转动。适用于某些中等硬度的物料，如煤的轧碎。其优点是结构简单，制造容易，运转可靠，尺寸小，重量轻，易于调节粉碎度。缺点是产品的颗粒不匀，而且可能压成扁块。有一种和滚筒

轧碎机相似的滚筒研磨机也广泛用于表面活性剂生产中。例如烧煮成的牙膏块要用滚筒磨碎机进行研磨才能得到成品。

④ 锤式破碎机　利用机壳内的重锤对物料进行猛烈迅速的冲击而使之粉碎。主轴上装有钢质圆盘，圆盘上又装有固定的或可摆动的硬钢锤头。主轴转动时，锤头在各种不同位置上以很大的离心力锤击，把物料击碎。如果遇到太硬的物料，可摆动的锤头可以让开，留待下一次再冲击。已经破碎的物料通过机壳上的格栅缝隙间排出。此机可用于中碎，也可用于粗碎与细碎。其优点是磨损件可以更换，结构简单，操作安全，粉碎度很高，生产能力大。缺点是锤头的磨损快，格栅易堵塞，不适于击碎水分超过10%的黏性物料，粉尘较多。常用来粉碎石灰石、煤、石膏、油页岩、白垩和石棉矿石等，见图2-11。

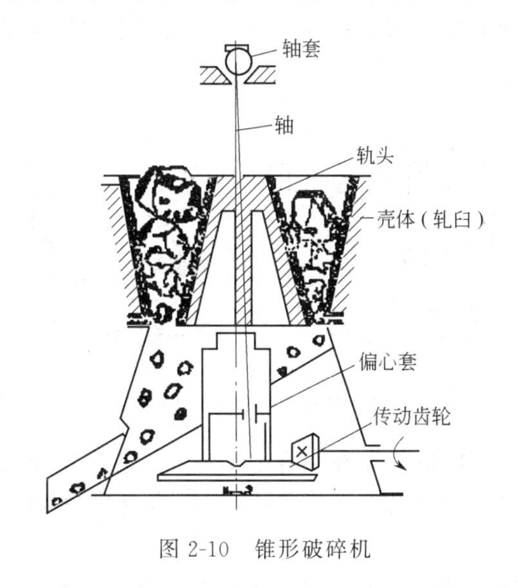

图2-10　锥形破碎机

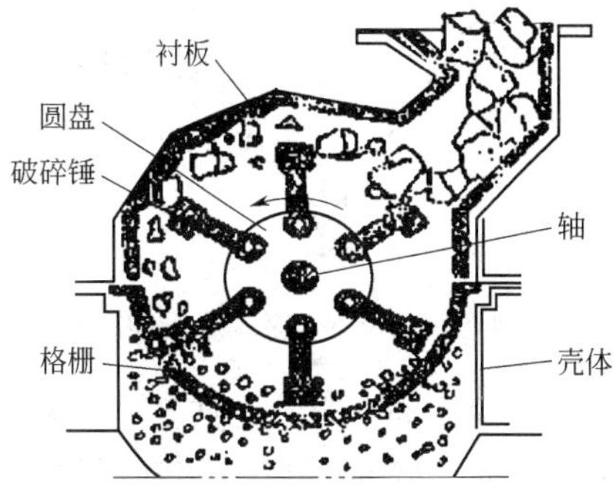

图2-11　锤式破碎机

⑤ 球磨机　利用下落的钢球、鹅卵石等研磨体的冲击作用以及研磨体与球磨机内壁的研磨作用将物料粉碎、研磨和混合。当机器转动时，由于研磨体和内壁的摩擦作用，将研磨体顺旋转方向带上而后下落，使物料不断被粉碎，其优点是可用于干磨和湿磨，可密闭操作，无粉尘，运转可靠，研磨体便宜易于更换。缺点是体积庞大，振动与噪声大，能耗高，研磨件的磨耗大，会污染产品。一般用于坚硬物料的粉碎，例如矿石、涂布纸张用的碳酸钙和高岭土等的研磨。

此外还有利用高压气体从喷嘴中射出以形成高流速，使粉碎室内的物料急速转动，互相撞击而被粉碎，这种机械称为气流粉碎机。它可以把物料粉碎到几微米，适用于二氧化钛、农药等的超细粉碎。

(2) 物料的混合　进行化学生产的原料混合得愈好，反应愈快。许多产品是多种原料的混合物，混合状态的好坏直接影响到产品的质量。因此，混合设备是表面活性剂生产所不可缺少的。混合对象的物理化学性质不同，应采用不同类型的混合设备。

滚筒型混合机是通过滚筒的转动而把筒内的干粉状物料混合。V形混合机是由两个圆形筒组成V形混合筒（见图2-12），由于V形混合筒不断地回转，产生重力和离心力的作用，被混合的物料沿着交叉的两个圆筒移动，在V形筒的尖端处反复冲撞与混合，这种设备也适于干粉的混合。螺旋叶片型混合机是在一个固定的U形混合槽内，装上两个方向相反的叶片，固定在同一旋转轴上，随轴旋转，使物料作双向流动，以达到混合的目的。这种设备既适合于干粉也适合于湿润粉体的混合。例如用碳酸钠与磺酸中和生产洗涤剂的活性物时，把二者投加到螺旋叶片混合机中，边混合边推进。

固体物料和黏稠性的液体物料，或者黏稠性的液体和液体的混合，则要采用专门的捏合设备。例如把合成树脂粉、颜料等分散到溶媒中制成黏稠状制品，把黏土、油灰、橡胶和动物胶等制成糊状制品都采用捏合设备。捏合过程是对物料不断进行强有力的压延、压缩、剪断和折合，使混合物料连续变形以达到混合的目的。捏合的过程有时也伴随着化学反应或加热熔解的发生。

捏合机械的结构比较复杂，主要是借助旋转方向相反的特殊形状的叶片，在箱体内的不断运动，以达到捏合的目的。图 2-13 表示一种双腕式捏合机的叶片形状，箱体内两个腕形叶片，旋转方向相反，适合于半干燥、半塑性的物料或膏状物料的捏合，也适用于有化学反应产生的物料的捏合。

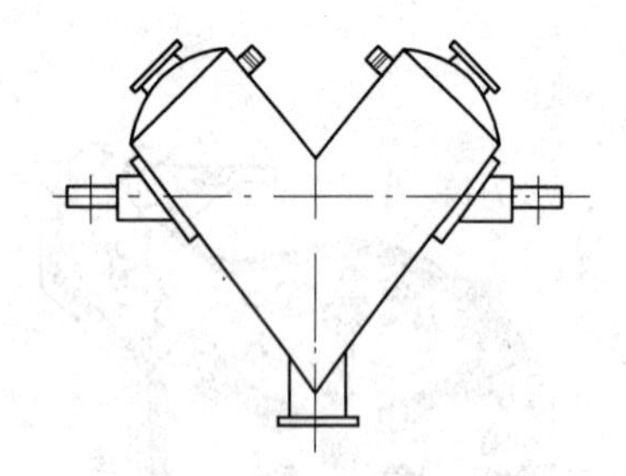

图 2-12 V形混合机示意图

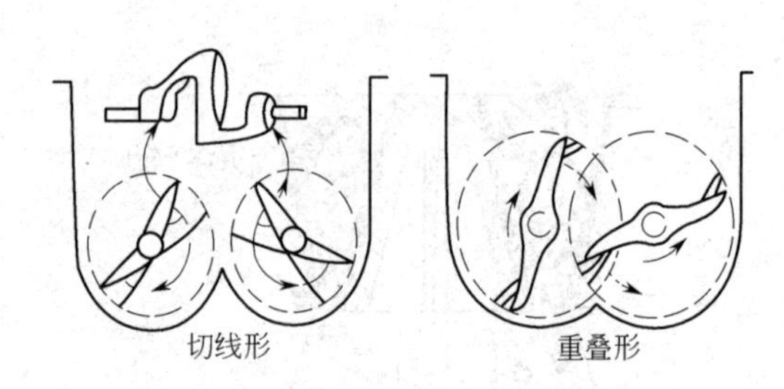

图 2-13 双腕式捏合机的叶片形状

在表面活性剂生产中，许多产品常常以乳液或膏状的形态在市场上销售，并要求质地均匀细腻，为此，除了可以使用适当的化学助剂和乳化剂以外，还需要有适当的乳化和均质设备。

乳化和均质的设备很多，常用的有叶片式均质搅拌机，不同的叶片形式可以适应于不同物料的均质和乳化。

图 2-14 是几种桨型均质搅拌机的各种桨板形式，适合于低黏度物料的混合搅拌。图 2-15 是一种装有气流管的螺旋型搅拌机，适合于固体物料的溶解搅拌和低黏度液体的搅拌。

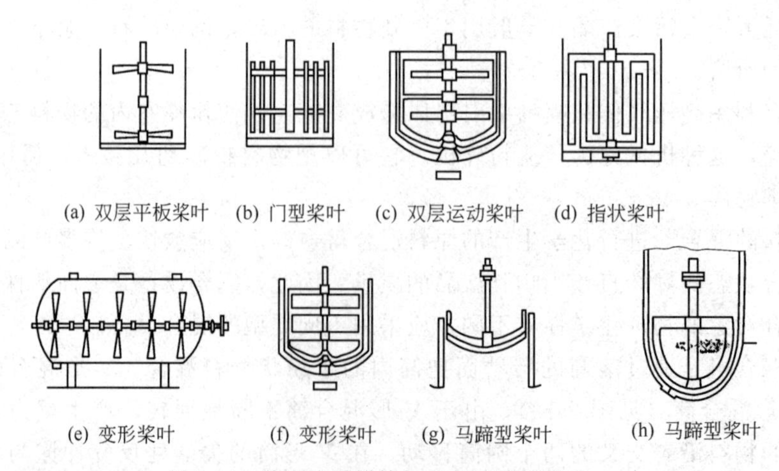

(a) 双层平板桨叶 (b) 门型桨叶 (c) 双层运动桨叶 (d) 指状桨叶

(e) 变形桨叶 (f) 变形桨叶 (g) 马蹄型桨叶 (h) 马蹄型桨叶

图 2-14 桨型均质搅拌机的各种桨板形式

胶体磨适用于液体、固体和胶体物料的研磨和混合。胶体磨是由固定的磨盘和高速旋转

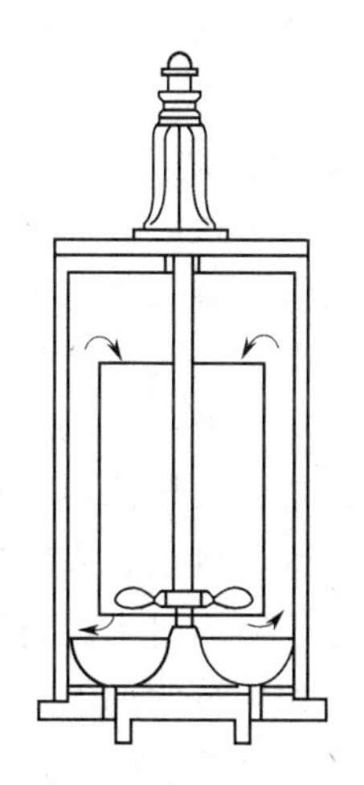

图 2-15　带气流管的螺旋型搅拌机

的磨盘所组成。物料由上加入，经过固定磨盘与旋转磨盘之间的微小间隙时，由于高速旋转的磨盘，使物料进行充分的剪切、研磨与混合，它适合于液体、固体和胶体物料的研磨与混合。

4. 物料与产品的分离

在表面活性剂生产中，时常需要把不同形态的物料与产品分离开。例如把固体悬浮物从液体中除去，把固体中的水分分离掉等。在工业生产中，用于物料与产品分离的设备很多。这里介绍几种常用的分离设备。它们也分别借助沉降、过滤、离心分离和结晶，以及用分子筛等方法使物料中的固液分离。

(1) 沉降分离设备　沉降分离设备大致可以分为澄清设备和沉淀浓缩设备两大类。

① 澄清设备　澄清设备是使固体浓度比较小的料液中的悬浮粒子沉降下去，从而得到澄清的液体，其主要设备是沉降槽，它有不同的形状。按流体流动的方向可以分为水平流动型、垂直流动型和倾斜流动型三种沉降槽。图 2-16 是水平流动型沉降槽，要澄清的液浆进入沉降槽，再注入絮凝药剂，经过充分混合，使固体颗粒在凝集部凝集变大，从排泥孔排出。液体中的浮渣从撇浮渣槽除去，澄清液从上面流出。

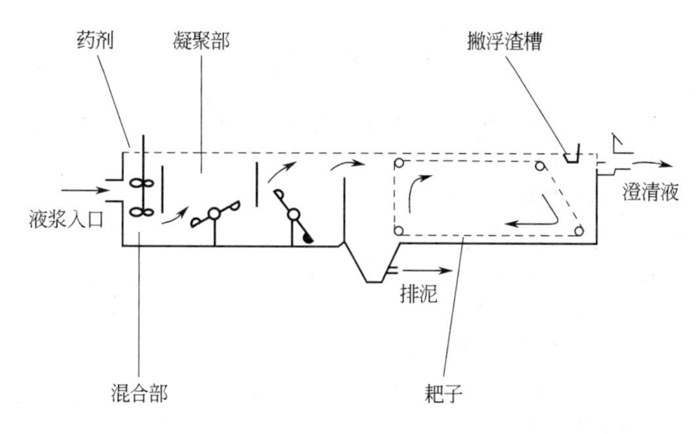

图 2-16　水平流动型沉降槽

② 沉淀浓缩设备　这种设备又称为增稠器，主要作用是使浓度比较大的浆液中的固体物沉淀下来，成为浓缩状态的物料。有一种连续式的沉淀浓缩设备，原浆液由上面不断注

入，集泥耙子在转动，加上重力的作用使浓缩的料浆由底部集中排出，较清的溶液由溢流槽排出。

(2) 过滤分离设备　这是表面活性剂生产中常用的设备。其原理是利用多孔的过滤介质，把悬浮液中的固体颗粒挡住，让液体通过，从而使固液分离。

常用的板框式压滤机，是由多个滤板、滤布和滤框交替排列所组成的。这些滤板、滤布和滤框的数量随滤浆与生产能力的大小而定，可有 10～60 组。这种设备适合于黏稠的、需要加热到 100℃以上，表压大于 1.013×10^{5} Pa（1atm）的悬浮物的分离。欲压滤的悬浮液用离心泵或其他可以产生液体压力的设备打入压滤机进行过滤。

此外，还有利用真空泵进行抽吸过滤，例如，真空叶滤机和转筒真空过滤机。后者可以连续地处理各种悬浮液，但不适合于处理阻力过大的膏状悬浮液。

(3) 离心分离设备　离心分离设备大致分为两类：一类是离心过滤分离设备；另一类是离心沉降分离设备。二者都是借助离心力把固-液、固-气分离。

本章小结

1. 阴离子表面活性剂的结构类型、合成路线、性能与用途

包含羧酸盐型、硫酸酯盐、磺酸盐型、磷酸盐型。

2. 阳离子表面活性剂的结构类型、合成路线、性能与用途

包含胺盐、季铵盐、吡啶型胺盐、咪唑啉型胺盐等。

3. 两性表面活性剂的结构类型、合成路线、性能与用途

包含氨基酸型、甜菜碱型、咪唑啉型。

4. 非离子表面活性剂的结构类型、合成路线、性能与用途

包含乙二醇型、多元醇型。

5. 典型工艺流程

包含磺氯化法和磺氧化法的生产工艺。

6. 表面活性剂生产的主要设备类型与用途

包含化学反应设备、物料输送设备、物料破碎研磨与混合、物料与产品的分离等。

思考题

1. 简要说明羧酸盐型阴离子表面活性剂的主要类型与基本用途。
2. 脂肪酸盐的主要特征有哪些？
3. 简要说明 *N*-酰基氨基羧酸盐的合成路线。
4. 简要说明聚醚羧酸盐的合成路线。
5. 简要说明硫酸酯盐阴离子表面活性剂的主要类型。
6. 简要说明脂肪醇硫酸酯盐的合成路线 。
7. 简要说明齐格勒法制取 α-烯烃的基本原理。
8. 简要说明磺酸盐型阴离子表面活性剂的主要类型与基本用途。
9. 简要说明烷基苯磺酸盐的制备方法。
10. 烷基苯的磺化的方法有哪些？
11. 简要说明烷基磺酸盐的合成工艺。
12. 简要说明磷酸盐型阴离子表面活性剂的主要类型与基本用途。

13. 胺盐型阳离子表面活性剂的主要用途有哪些？
14. 简要说明高级伯胺的制取路线。
15. 简要说明高级仲胺的制取路线。
16. 简要说明高级叔胺的制取路线。
17. 简要说明季铵盐阳离子表面活性剂的用途。
18. 简要说明吡啶型胺盐的合成路线。
19. 简要说明咪唑啉型胺盐的合成路线。
20. 说明氨基酸型两性表面活性剂结构类型、合成路线、性能与用途。
21. 说明甜菜碱型两性表面活性剂结构类型、合成路线、性能与用途。
22. 说明咪唑啉型两性表面活性剂结构类型、合成路线、性能与用途。
23. 说明聚乙二醇型非离子表面活性剂结构类型、合成路线、性能与用途。
24. 说明多元醇型非离子表面活性剂的结构类型、合成路线、性能与用途。
25. 烷基磺酸盐生产方法主要有哪两种？
26. 说明磺氯化法和磺氧化法的简要工艺流程。
27. 说明表面活性剂生产的主要设备分类。
28. 化学反应设备的类型有哪些？
29. 主要的物料输送设备有哪些？
30. 主要的物料破碎研磨与混合有哪些？
31. 主要的物料与产品的分离有哪些？
32. 说明分子筛的用途。

第三章　表面活性剂的复配技术

学习目标

1. 了解表面活性剂复配的基本概念。
2. 掌握表面活性剂复配的基本原理。
3. 了解表面活性剂复配过程的影响因素。
4. 学会表面活性剂复配的基本方法，并能够应用到生产实际中。

实际应用中很少用表面活性剂纯品，而多数是以混合物形式使用。一方面由于经济上的原因，表面活性剂的每一步提纯都会带来成本的大幅度增加。而更重要的原因是在实际应用中没有必要使用纯表面活性剂，相反，经常应用的是有多种添加剂的表面活性剂配方。大量研究证明，经过复配的表面活性剂具有比单一表面活性剂更好的使用效果。例如在一般洗涤剂配方中，表面活性剂只占总成分的20%左右，其余大部分是无机物及少量有机物，而所用的表面活性剂也不是纯品，往往是一系列同系物的混合物，或是为达到某种应用目的而复配的不同品种的表面活性剂混合物，以及表面活性剂与无机物、高聚物之间复配体系等。

表面活性剂的复配是实际应用中的一个重要课题，通过表面活性剂与添加剂以及不同种类表面活性剂之间的复配，可望达到以下目的。

(1) 提高表面活性剂的性能　复配体系常常具有比单一表面活性剂更优越的性能。

(2) 降低表面活性剂的应用成本　一方面通过复配可降低表面活性剂的总用量，另一方面利用价格低廉的表面活性剂（或添加剂）与成本较高的表面活性剂复配，可降低成本较高的表面活性剂组分的用量。

(3) 减少表面活性剂对生态环境的破坏（污染）　首先，表面活性剂用量的降低就等于减少了废物的排放，降低了对环境的污染。如碳氟表面活性剂是很难生物降解的，但碳氟表面活性剂在很多应用场合又是必不可少、不可取代的。通过碳氟表面活性剂与碳氢表面活性剂的复配，可大大降低其用量，从而可将碳氟表面活性剂对环境的污染降到最低限度。其次，对一些生物降解性能差的表面活性剂，通过复配可提高其生物降解性。如阳离子表面活性剂有杀菌作用，很多单一的阳离子表面活性剂生物降解性能差，但许多阳离子表面活性剂与其他类型的表面活性剂复配后，不仅不会出现抑制降解的现象，反而两者都易降解。

第一节　表面活性剂的复配原理

一、表面活性剂同系物混合体系

一般商品表面活性剂都是同系物的混合物。同系物混合物的情况比较简单，一般规律是同系物混合物的物理化学性质介于各个化合物之间，表面活性的表现也是如此。图3-1表示出典型的离子表面活性剂十二烷基硫酸钠和癸基硫酸钠混合溶液表面张力与浓度的关系。

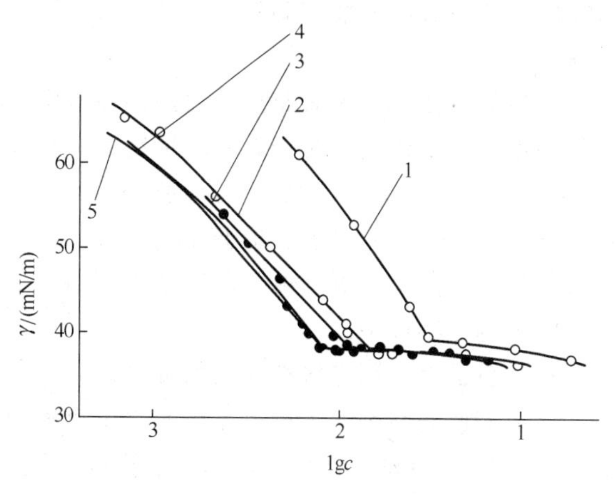

图 3-1　十二烷基硫酸钠和癸基硫酸钠混合溶液的表面能力与浓度的关系（30℃）

1—1∶0；2—3∶1；3—1∶1；4—1∶3；5—0∶1

由图3-1看出，混合物的表面活性介于两纯化合物之间。从混合物的 γ-lg$c$ 曲线可以得到混合物中各种表面活性数据。

同系混合物 cmc 可根据单一表面活性剂的 cmc 通过公式计算出来。

根据胶团理论，可以推算出同系混合胶团的成分；同系物混合物的浓度、组成与表面张力的关系（具体公式可查阅相关参考资料）。对一个二组分表面活性剂体系，其中有较高表面活性的组分，混合胶团中的比例较大，而且在胶团中的摩尔分数比在溶液中的摩尔分数大。

二、表面活性与无机电解质混合体系

在表面活性剂的应用配方中，无机电解质是主要的添加剂之一，因为无机电解质（一般为无机盐）往往可提高溶液的表面活性。这种协同作用主要表现在离子型表面活性剂与无机盐混合液中。

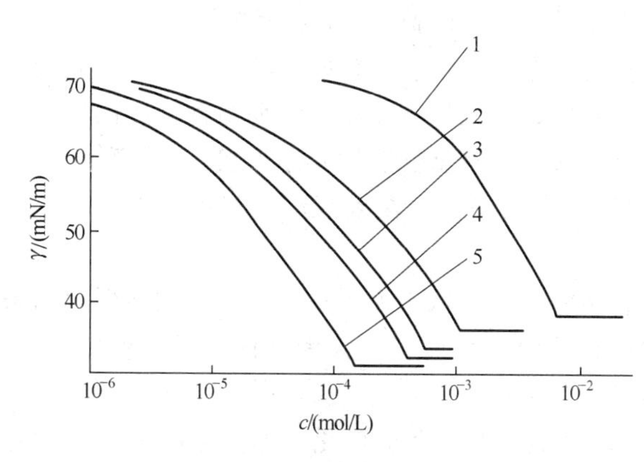

图 3-2　NaCl对 $C_{12}H_{25}SO_4Na$ 水溶液表面活性的影响（29℃）

1—NaCl浓度为0；2—0.1mol/L NaCl；3—0.3mol/L NaCl；4—0.5mol/L NaCl；5—1mol/L NaCl

在离子型表面活性剂中加入与表面活性剂有相同离子的无机盐，不仅可降低同浓度溶液的表面张力，而且还可降低表面活性剂的 cmc，此外还可以使溶液的最低表面张力（γ_{cmc}）降得更低，即达到全面增效作用。图3-2为NaCl对 $C_{12}H_{25}SO_4Na$ 水溶液表面活性的影响，可以看出溶液表面活性随NaCl浓度增加而增强。

无机盐对离子型表面活性剂表面活性的影响主要是由于反离子压缩了表面活性剂离子头的离子氛厚度，减少了表面活性剂离子头之间的排斥作用，从而使表面活性剂更容易吸附于表面并形成胶团，导致溶液的表面张力与 cmc 降低。

无机盐对非离子表面活性剂的性质影响较小。当盐浓度较小时（例如小于0.1mol/L），非离子表面活性剂的表面活性几乎没有显著变化。只是在无机盐浓度较大时，表面活性才显示变化，但也较离子表面活性剂的变化小得多。

无机盐对非离子表面活性剂的影响主要在于对疏水基团的“盐析”或“盐溶”作用，而不是对亲水基的作用。起“盐析”作用时，表面活性剂的 cmc 降低，起“盐溶”作用时则反之。电解质的盐析作用可以降低非离子表面活性剂的浊点，它与降低 cmc、增加胶团聚集数相应，使得表面活性剂易缔合成更大的胶团，到一定程度即分离出新相，溶液出现浑浊（“浊点”现象）。

虽然无机盐电解质对非离子表面活性剂溶液性质影响主要是“盐析作用”，但也不能完全忽略电性相互作用。对于聚氧乙烯链为极性头的非离子表面活性剂，链中的氧原子可以通过氢键与 H_2O 及 H_3O^+ 结合，从而使这种非离子表面活性剂分子带有一些正电性。从这个角度来讲，无机盐对聚氧乙烯型非离子表面活性剂表面活性的影响与离子型表面活性剂有些相似，只不过由于聚氧乙烯型非离子表面活性剂极性基的正电性远低于离子表面活性剂，无机盐的影响也小很多。

三、表面活性剂与极性有机物混合体系

一般表面活性剂的工业产品中几乎不可避免地含有少量未被分离出去的极性有机物。在实际应用的表面活性剂配方中，为了调节配方的应用性能，也常加入极性有机物作为添加剂。

少量有机物的存在，能导致表面活性剂在水溶液中的 *cmc* 发生很大变化，同时也常常增加表面活性剂的表面活性。事实是少量极性有机物的存在导致溶液表面张力有最低值的现象。

1. 长链脂肪醇的影响

脂肪醇的存在对表面活性剂溶液的表面张力、*cmc* 以及其他性质（如起泡性、泡沫稳定性、乳化性能及加溶作用等）都有显著影响，一般有以下规律。

① 长链脂肪醇可降低表面活性剂溶液的 *cmc*。这种作用的大小随脂肪醇碳氢链的加长而增大。在长链醇的溶解度范围内，表面活性剂的 *cmc* 随醇浓度增加而下降。在一定浓度范围内，*cmc* 随醇浓度作直线变化，而且此直线变化的变化率的对数为醇分子碳原子数的线性函数。醇分子本身的碳氢链周围有“冰山”结构，所以醇分子参与表面活性剂胶团形成的过程是容易自发进行的自由能降低过程，溶液中醇的存在就使胶团容易形成，*cmc* 降低。

② 长链脂肪醇可显著降低表面活性剂溶液的表面张力。在表面活性剂浓度固定时，溶液的表面张力随醇浓度增加而下降。

在一定的表面活性剂浓度范围内，长链脂肪醇还可降低表面活性剂水溶液的最低表面张力。与无醇时的表面活性剂溶液相比，醇的存在使溶液表面张力大为降低，可达到最低值，当表面活性剂浓度达到某一值时，溶液表面张力又上升。

③ 加醇后的表面活性剂溶液，在其他一些性质上也有突出变化，如溶液的表面黏度由于加入醇后而增加，这可被认为是有醇时的表面吸附膜比较紧密。

④ 在有醇存在的表面活性剂溶液中，γ 的时间效应更为明显，即到达平衡需要更多的时间。对于较长链的脂肪酸和脂肪醇，其时间效应较短，但若脂肪醇的含量很少（作为少量“杂质”存在时），表面张力的时间效应则很长。此种的时间效应可以认为是由于醇和表面活性剂竞争吸附的结果。

2. 短链醇的影响

短链醇在浓度小时可使表面活性剂的 *cmc* 降低；在浓度高时，则 *cmc* 随浓度变大而增加。对此现象的解释是：在醇浓度较小时，醇分子本身的碳氢链周围即有“冰山”结构，所以醇分子参与表面活性剂胶团形成的过程是容易自发进行的自由能降低过程，溶液中醇的存在使 *cmc* 降低。但在浓度较大时，一方面溶剂性质改变，使表面活性剂的溶解度变大；另一方面由于醇浓度增加而使溶液的介电常数变小，于是胶团的离子头之间的排斥作用增加，不利于胶团形成。两种效应综合的结果，导致醇浓度高时 *cmc* 上升。

3. 水溶性及极性较强的极性有机物的影响

此种极性有机物分两种情况，一类如尿素、*N*-甲基乙酰胺、乙二醇、1,4-二氧六环等，此类物质一般使表面活性剂的表面活性下降（*cmc* 及 γ 升高）。此类化合物在水中易于通过氢键与水分子结合，相对来说即使水本身结构易于破坏，而不易形成。此类化合物对于表面活性剂分子疏水链周围的“冰山”结构也同样起到破坏作用，使其不易形成。此外，这类化合物也能使表面活性剂在水中的溶解度大为增加。这就会使表面活性剂吸附于表面及形成胶团的能力减弱，导致表面活性下降。

另外一类强极性的、水溶性的添加物，如果糖、木糖以及山梨糖醇、环己六醇等，则使表面活性剂的 *cmc* 降低。这可被认为是此类化合物使表面活性剂的疏水基在水中的稳定性降低，于是易于形成胶团。

4. 表面活性剂助溶剂

某些表面活性剂由于在水中溶解度太小，对应用不利，需要在配方中加入增加溶解度的添加剂，即助溶剂，如尿素有助溶作用。除了这类一般极性有机物，更常用的助溶剂是二甲苯磺酸钠一类化合物。适当的助溶剂应该是在增加表面活性剂溶解性的同时，一般不显著降低表面活性剂的表面活性。

四、非离子表面活性剂与离子表面活性剂的复配

非离子表面活性剂与离子表面活性剂的复配已有广泛的应用。如非离子表面活性剂（特别是聚氧乙烯基作为亲水基）加到一般肥皂中，量少时起钙皂分散作用（防硬水作用），量多时形成低泡洗涤剂配方。烷基苯磺酸盐和烷基硫酸盐也常与非离子表面活性剂复配使用，可以获得比单一表面活性剂更优良的洗涤性质、润湿性质以及其他性质。有关非离子表面活性剂与离子表面活性剂的复配规律可归纳如下。

① 在离子表面活性剂中加入非离子表面活性剂，将使表面活性提高。在非离子表面活性剂加入量很少时，就会使 γ 显著下降。

② 在非离子表面活性剂中加入离子表面活性剂，溶液的表面活性增加（*cmc* 及 γ 下降）。但 γ_{cmc} 却比未加 SDS 时高。

③ 在非离子表面活性剂中加入离子表面活性剂，将使浊点升高。但这种混合物的浊点不清楚，界限不够分明，实际上常有一段较宽的温度范围。

④ 阴离子表面活性剂与非离子表面活性剂的相互作用强于阳离子表面活性剂与非离子表面活性剂，因为非离子表面活性剂通过氢键可与 H_2O 及 H_3O^+ 结合，从而使这种非离子表面活性剂分子带有一些正电性。因此阴离子表面活性剂与此类非离子表面活性剂的相互作用中还有类似于异电性表面活性剂的电性作用。

五、正、负离子表面活性剂的复配

在所有的表面活性剂混合体系中，正、负离子表面活性剂具有最强的协同作用。在表面活性剂复配应用过程中把阳离子表面活性剂与阴离子表面活性剂的复配视为禁忌，一般认为阳离子表面活性剂和阴离子表面活性剂在水溶液中不能混合，两者在水溶液中相互作用会产生沉淀或絮状配合物，从而产生负效应甚至使表面活性剂失去表面活性。而研究发现，由于阴、阳表面活性离子间强烈的静电作用，在一定条件下，正、负离子表面活性剂复配体系具有很高的表面活性，显示出极大的增效作用，混合物具有许多突出的性质。

1. 正、负离子表面活性剂混合体系的表面活性——全面增效作用一些表面活性剂混合体系的临界胶团浓度和在临界胶团浓度时的表面张力与单一表面活性剂相比，混合体系的表面活性大大提高。一方面提高了降低表面张力的效能，混合体系的表面张力可低达 25mN/m 甚至更低，另一方面极大地提高了降低表面张力的效率，混合体系的 *cmc* 小于每一单纯组分表面活性剂的 *cmc*，甚至呈现几个数量级的降低。因而表现为全面增效作用。

混合体系的增效作用也表现在油-水界面张力的降低方面。阳离子表面活性剂 $C_8H_{17}N(CH_3)_3Br$（以下用 C_8N 表示）与阴离子表面活性剂 $C_8H_{17}SO_4Na$（以下用 C_8S 表示）等摩尔复配体系在正庚烷-水溶液界面的界面张力可以低至 0.2mN/m，而两种纯表面活性剂溶液相应的界面张力则高得多（分别为 14mN/m 和 11mN/m）。

所以通过复配，可以使一些本来表面活性很差的“边缘”表面活性剂也具有很高的表面活性。

正、负离子表面活性剂混合体系的全面增效作用来源于正、负离子间的强吸引力，使溶液内部的表面活性剂分子更易聚集形成胶团，表面吸附层中的表面活性剂分子的排列更为紧密，表面能更低。同时正、负离子表面活性剂复配后也会导致每一组分吸附量增加。

应该注意，由于正、负离子表面活性剂复配体系中表面活性离子的正、负电性相互中和，其溶液的表面及胶团双电层不复存在，故无机盐对之无显著影响。

2. 提高混合物溶解性的方法

尽管正、负离子表面活性剂复配体系有强烈的增效效应，其表面活性比单一组分高。然而正、负离子表面活性剂混合体系的一个主要缺点是由于强电性作用易于形成沉淀或絮状悬浮，混合体系的水溶液因此不太稳定。一旦浓度超过 *cmc* 以后溶液就容易发生分层析出或凝聚等现象，甚至出现沉淀（特别是等摩尔混合体系），产生负效应使表面活性剂失去表面活性，从而给实际应用带来不利影响。经过多年的研究和实际应用，可以采用以下几种方法。

（1）非等摩尔比复配　正、负离子表面活性剂配合使用时，要使其不发生沉淀或絮状悬浮，达到最大增效作用，两者配比是很重要的。不等比例（其中一种只占总量的少部分）配合依然会产生很高的表面活性与增效作用。一种表面活性剂组分过量很多的复配物较等摩尔的复配物的溶解度大得多，溶液因此不易出现浑浊，这样就可采用价格较低的阴离子表面活性剂为主，配以少量的阳离子表面活性剂得到表面活性极高的复合表面活性剂。

（2）降低疏水链长度对称性　在疏水链总长度（碳原子总数）一定时，两疏水链长度越不对称，混合体系的溶解性越好。

（3）增大极性基的体积　正、负离子表面活性剂混合体系易形成沉淀的原因可归结为异电性离子头基之间强烈的静电引力导致电性部分或全部中和（当然这也正是其具有高表面活性的原因），因此可以通过增大极性基的体积，增加离子头基之间的空间位阻以降低离子头基之间强烈的静电引力。例如，将常见的烷基三甲基铵换为烷基三乙基铵（即烷基三甲基铵离子头的三个甲基换成三个乙基），混合体系的溶解性能即大大改善，如辛基三乙基溴化铵与不同链长的烷基硫酸钠的等摩尔混合溶液均可形成均相溶液，其 Krafft 点很低，可以在低温下使用。

（4）引入聚氧乙烯基　离子型表面活性剂分子中引入聚氧乙烯基有利于降低分子的电荷密度从而减弱离子头基间的强静电相互作用。同时，由于聚氧乙烯链兼有弱的亲水性和弱的亲油性，它不仅使表面活性剂的极性增大，同时也增长了疏水基的长度。聚氧乙烯链的亲水性和位阻效应减弱了正、负离子表面活性剂之间的相互作用，从而对沉淀或凝聚作用有明显的抑制作用。

（5）极性基的选择——烷基磺酸盐代替烷基硫酸盐　对于单组分体系，烷基磺酸盐的水溶性明显低于烷基硫酸盐，因此人们习惯认为，当与阳离子表面活性剂如烷基季铵盐混合后，烷基磺酸盐-烷基季铵盐混合体系的水溶性要低于烷基硫酸盐-烷基季铵盐混合体系。因此在与阳离子表面活性剂复配时，人们一般不用烷基磺酸盐。然而事实正好相反，烷基磺酸钠-烷基季铵盐混合体系的水溶性远高于烷基硫酸钠-烷基季铵盐混合体系。

另外，从烷基磺酸钠的角度来看，阳离子表面活性剂烷基三乙基季铵盐的加入增加了烷基磺酸钠的溶解性，降低了其 Krafft 点。烷基磺酸钠单组分体系的 Krafft 点较高。也就是说，阳离子表面活性剂的加入，增大了阴离子表面活性剂的溶解性。

（6）加入两性表面活性剂　两性表面活性剂其表面活性不如阴、阳离子型表面活性剂强。将其加入正、负离子表面活性剂复配体系，有利于改善复配体系的溶解性能。

（7）加入非离子表面活性剂　加入溶解度较大的非离子表面活性剂，正、负离子表面活性剂在水中溶解度明显增加。即非离子表面活性剂的增溶作用改善了正、负离子表面活性剂的溶解性能。而且非离子表面活性剂有其自身的优良洗涤性能，在水溶液中不电离，以分子状态存在，与其他类型表面活性剂有较好的相容性，因而可以很好地混合使用。

所以在正、负离子表面活性剂复配体系中加入非离子表面活性剂，不但有利于复配体系溶解度增加，而且还可以起到增强洗涤效果的双重作用。以阴离子表面活性剂为主，加入少量的阳离子表面活性剂，有时再加以适量的非离子表面活性剂辅助，有可能得到性能较好、价格合理、高效复配型配方产品。

3. 正、负离子表面活性剂混合体系的双水相

当正、负离子表面活性剂在一定浓度混合时，水溶液可自发分离成两个互不相溶的，具有明确界面的水相，可称之为正、负离子表面活性剂双水相。其中一相富集表面活性剂，另一相表面活性剂浓度很低，但两相均为很稀的表面活性剂水溶液。此种双水相也可作为一种分配体系，特别是用于生物活性物质的分离和分析。

六、碳氢表面活性剂和氟表面活性剂的复配

碳氟表面活性剂是目前所有表面活性剂中表面活性最高的一类，也是化学稳定性和热稳定性最好的一种，具有很多碳氢表面活性剂无法取代的特殊用途。但是碳氟表面活性剂由于合成困难、价格昂贵，实际应用受到很大限制。因此，通过碳氟表面活性剂与碳氢表面活性剂的复配，可减少碳氟表面活性剂的用量而保持其表面活性，并能达到单一碳氟链表面活性剂达不到的效果，有时甚至能提高氟表面活性剂的表面活性。

1. 同电性混合物

同电性混合物有以下几个主要特征：①表面张力曲线常常存在两个转折点；②分子不容易彼此结合形成混合胶团，在某些同电性混合溶液中甚至形成两种基本上分别由碳氟链表面活性剂和碳氢链表面活性剂组成的胶团；③临界胶团浓度一般都显示正偏差。同电性混合物的临界胶团浓度不像碳氢链同电性混合体系那样总是处于两表面活性剂组分的临界胶团浓度之间，而常常是高于理想混合的预期值，有时，*cmc-x* 曲线甚至出现最高点。

上述这些现象主要可归因于碳氟链与碳氢链之间存在互疏的特性。

2. 离子型与非离子型的混合体系

与同为碳氢链表面活性剂时相似，此类混合体系的表面活性高于理想混合的预期值。例

如，在 $C_7F_{15}COONa$ 中加入 $C_8H_{17}OH$ 不仅能使临界胶团浓度大大降低（1∶1混合体系的 *cmc* 为 $C_7F_{15}COONa$ 溶液的1/3.4），而且使临界胶团浓度时的表面张力从 $C_7F_{15}COONa$ 的24mN/m降到约16mN/m。

3. 阳离子型与阴离子型的混合体系

与碳氢阴、阳离子表面活性剂的复配情况相似，此类混合体系由于阴、阳离子间的强烈电性吸引，混合溶液的表面活性大大提高，表现出强烈的增效作用。一般可遵循以下规律。

① 与单一体系相比，混合体系的 *cmc* 大为降低。因而通过加入异电性碳氢表面活性剂可大大减少碳氟表面活性剂的用量，降低使用成本。

② 由于异电性碳氢表面活性剂的加入，可使原来表面张力较高（表面活性较差）的碳氟表面活性剂的表面张力降低。因而正、负离子表面活性剂混合体系不仅可提高碳氟表面活性剂降低表面张力的效率，而且在有些情况下可增强其降低表面张力的能力。

值得注意的是在一种表面活性剂中只要加入少量另一种表面活性剂即可使溶液临界胶团浓度降低很多。特别是在表面活性很差的溴化辛基三甲铵中仅加入1%全氟辛酸钠的混合物，就具有将水表面张力降低到约15mN/m的能力。而达到此表面张力值所需的 $C_7F_{15}COONa$ 量仅为它的单组分溶液表面张力达到23mN/m所需量的1/120（23mN/m是 $C_7F_{15}COONa$ 单组分水溶液的 γ_{cmc}）。

七、表面活性剂和高聚物复配及表面活性剂-高聚物相互作用

表面活性剂在实际应用中常与高分子聚合物复配。这种复配体系在生物、化学、医药、采矿和石油工程以及日常生活中有着广泛应用。通过复配可减少表面活性剂或聚合物的用量，却显著提高了体系的功能。此外，聚合物与表面活性剂的复配可能产生许多新的应用性质。

聚合物与表面活性剂的相互作用往往可使聚合物链的构象发生变化，更重要的是，聚合物的存在影响表面活性剂溶液的物理化学性质，使溶液的表面张力、临界胶团浓度（*cmc*）和聚集数等物理参数及溶液流变性、胶体分散体系的稳定性、界面吸附行为及水溶液的增溶量等均发生了重大变化。通过对聚合物与表面活性剂分子溶液流变性的研究，可获得有关胶团大小、形状、水化作用以及聚合物分子形态等方面的信息。因此，研究聚合物与表面活性剂的相互作用同样具有极为重要的理论意义。

1. 表面活性剂类型的影响

不同类型表面活性剂与高聚物的相互作用主要有以下规律。

① 在具有相同碳链的情况下，阳离子表面活性剂与非离子聚合物的相互作用可能比阴离子表面活性剂与非离子聚合物的相互作用弱得多。

② 带有相同电荷的聚合物和表面活性剂之间没有或仅有很弱的相互作用，如羧甲基纤维素钠（NaCMC）与SDS、聚苯乙烯磺酸钠（PSS）与SDS等体系。

③ 带有相反电荷的表面活性剂和高分子体系，由于强烈的静电引力以及分子间的疏水作用，相互作用大大加强，从而常使溶液产生浑浊，甚至发生沉淀。

④ 黏度和表面张力等测定发现，典型的亲水非离子聚合物如PVA、PEG及PVP等与聚氧乙烯类非离子表面活性剂不发生相互作用，而中等疏水的聚合物如PPO、部分水解的聚醋酸乙烯酯（PVA-AC）却可与它们发生相互作用。

⑤ 两性表面活性剂开发得较晚，但由于其独特的优良性能，近年来在洗涤剂、化妆品、医药、食品、生物等领域得到愈来愈广泛的应用。两性表面活性剂与高分子化合物的相互作

用与 pH 有关。在低于或高于其等当点时，分别呈阳离子或阴离子型，与离子型表面活性剂类似。等电点附近，可能通过疏水力或偶极作用等与高分子发生相互作用。与离子型表面活性剂相比，由于两性表面活性剂可形成内盐，故受电解质的影响较小。

除了表面活性剂的类型，聚电解质的链柔性、电荷密度和表面活性剂疏水链长对离子胶团与带相反电荷的聚电解质的相互作用的影响有如下规律：①增加聚电解质链的刚性，则聚电解质靠近胶团的难度变大，导致聚电解质与胶团的结合量下降；②增加聚电解质的电荷密度或表面活性剂的疏水链的链长，则聚电解质与胶团的结合更强。两种效应均有利于复合物的形成。

2. 表面活性剂-高聚物复配体系的应用

（1）增黏　非离子聚合物与阴离子表面活性剂复配使聚合物带上电荷，成为“聚电解质”，分子间斥力增加使聚合物分子伸展，导致溶液黏度增加。这种黏度增加在一定的表面活性剂浓度发生，与聚合物的相对分子质量无关。黏度增加值可达到五倍。除了黏度增加，这些复配体系也常显示黏弹性。

对阳离子表面活性剂与非离子聚合物复配体系，由于其相互作用较弱，黏度增加不太常见。但若聚合物的疏水性增加，则相互作用增强，导致体系的流变性质改变。

非离子表面活性剂与大多数聚合物的相互作用很弱，对溶液黏度影响很不明显。然而，已知非离子表面活性剂的 EO 基团与阴离子聚合物（如聚丙烯酸聚合物）存在相互作用，因而也可导致溶液黏度的改变。

一些疏水的聚合物与非离子表面活性剂相互作用可导致黏度显著增加。而且由于非离子表面活性剂胶团的形状和大小随温度变化，因此这类非离子表面活性剂可用于产生热导致的黏度增加及胶凝。

（2）保护乳液的稳定性　在乳液界面上吸附的非离子型高分子与不同类型的表面活性剂相互作用时，在有离子型表面活性剂形成的胶团存在的情况下，吸附在乳液界面的中性高分子和这些胶团发生相互作用使得高分子链具有聚电解质的一些性质。由于高分子链上的带电胶团之间的相互排斥导致高分子链的伸展，从而可以更好地保护乳液的稳定性。

第二节　表面活性剂复配的影响因素

在成千上万个品种的表面活性剂中，应当怎样选择所需要的表面活性剂是一件很困难的事情。如果能根据实践经验来选择表面活性剂则是最省事的。但当缺乏经验或原料来源，或者需配制一种全新的配方产品时，就需根据一些基本规律来科学地进行选择。选择时要考虑的因素很多，而化学基本规律之一，是结构为化合物性能千差万别的内在原因。表面活性剂也必然服从此规律。从其结构就可以大致估计其性能，从而复配出高性能的表面活性剂。

一、亲水基对表面活性剂性能的影响

1. 亲水基的结构与性能的关系

表面活性剂分子亲水基的种类很多，包括极性和离子性的各种不同基团。例如羧基、硫酸基、磺酸基、磷酸基、氨基、膦基、季铵基等。亲水基可以位于疏水基链末端，也可移向中间任一位置，可大可小，也可以有几个亲水基。

一般相对于疏水基来讲，亲水基的结构对表面活性剂性能的影响较小。不同亲水基对表面活性剂性能的影响主要在溶解性、化学稳定性、生物降解性、安全性（毒性）、温和性

（刺激性）等方面。

首先了解离子型表面活性剂和非离子型表面活性剂的差别。阴离子型和阳离子型表面活性剂的性能易受无机电解质的影响，在不生成沉淀的情况下，无机电解质的加入常常能提高阴离子型和阳离子型表面活性剂的表面活性。但含有高价金属离子的无机电解质常能导致阴离子表面活性剂产生沉淀，因此，阴离子型表面活性剂的耐盐性能较差，一般不适宜在硬水中使用。若在硬水中使用，常常需加入钙皂分散剂和金属离子螯合剂。两性表面活性剂则一般具有很好的抗硬水性能。而非离子表面活性剂由于极性基不带电，一般不受无机电解质的影响。为此，在离子型表面活性剂的亲水基和疏水基之间引入聚氧乙烯链，形成的混合型表面活性剂兼具离子型表面活性剂和非离子型表面活性剂的特征，可极大地改善其抗硬水性能。

此外，不同电性（异电性）的离子型表面活性剂一般不宜混合使用。虽然阴、阳离子表面活性剂复配可极大地提高表面活性，但必须遵从特殊的复配规律，而且此类混合体系一般只能在很低浓度范围内得到均相溶液（有一些例外，但很少），而表面活性剂实际应用时往往需要在更高浓度下才能发挥其应用功能。因此，如何在更高浓度范围得到混合阴、阳离子表面活性剂的均相溶液是此类体系走向实际应用的关键之一。相比之下，非离子型表面活性剂则与其他几乎所有类型的表面活性剂都有很好的相容性，可以复配使用。

离子型表面活性剂和非离子型表面活性剂的另一重要差别是二者具有相反的溶解度-温度关系。离子型表面活性剂的水溶性随温度升高而增加，具有 Krafft 点；而聚氧乙烯型非离子表面活性剂具有浊点，其水溶性则随温度升高而减小，当温度达到浊点时，则变为几乎不溶而从溶液中析出。

阳离子型表面活性剂最主要的特性是由于极性基带正电荷，容易吸附到带负电的固体表面，从而导致固体表面性质的变化。而非离子型表面活性剂则不易在固体表面发生强烈吸附。此外，阳离子表面活性剂具有很强的杀菌作用，因而毒性也大，而非离子表面活性剂一般无毒，性能温和。

比较烷基硫酸盐和烷基磺酸盐的性能发现，二者表面活性相近，但水溶性有很大差别，同碳链的烷基磺酸盐比烷基硫酸盐的水溶性差很多，如十二烷基硫酸钠的 Krafft 点为 9℃，而十二烷基磺酸钠的 Krafft 点为 38℃。然而，虽然烷基磺酸钠的水溶性低于烷基硫酸钠，但烷基磺酸钠的抗硬水性能却比烷基硫酸钠好得多。而当与阳离子表面活性剂复配时，其溶解性次序与单一体系的正好相反，烷基磺酸钠-烷基季铵盐的水溶性远高于烷基硫酸钠-烷基季铵盐。

亲水基的体积大小对表面活性剂性能也有明显的影响。①亲水基体积增大影响到表面活性剂分子在表面吸附层所占的面积，从而影响到表面活性剂降低表面张力的能力。②极性基体积的大小影响到分子有序组合体中分子的排列状态，从而影响到分子有序组合体的形状和大小。③亲水基的体积大小的影响突出表现在正、负离子表面活性剂混合体系中。对此类混合体系，增大极性基的体积，可降低正离子和负离子极性基之间的静电引力，提高混合体系的溶解性。应注意的是溶解性的提高也带来表面活性的下降。但对正、负离子表面活性剂混合体系来讲，极性基体积增加所造成表面活性的下降幅度并不大，而溶解性的提高则是人们更加需要的。

对聚氧乙烯型非离子表面活性剂，亲水基的影响主要表现在聚氧乙烯链的长短。聚氧乙烯链长度增加，不仅影响到表面活性剂的溶解性、浊点，而且由于亲水基体积增加，影响到表面吸附以及所形成的分子有序组合体的性质（如增溶性能）等。

2. 亲水基的相对位置与性能的关系

亲水基在表面活性剂分子的位置不同，对表面活性剂性能有很大的影响。

亲水基在分子末端和在分子中间的，以及不同浓度区域，有不同的表面张力关系。亲水基在碳氢链端点者，降低表面张力的效率较高，但能力却较低，故在溶液浓度较稀时的表面张力比亲水基在链中间者低，但在浓度较高时，亲水基在链中间的化合物降低表面张力之能力则较强。

与降低表面张力的能力相反，亲水基在碳氢链端点者 *cmc* 比在链中间者低。

一般亲水基在分子中间的，比在末端的润湿性能强。但在不同浓度区域，情况有所不同。在浓度较高时，由于亲水基在链中间的化合物降低表面张力之能力较强，于是显示出更好的润湿性能，而在很稀浓度时则直链者可能有较好的润湿性能。就在水溶液中的扩散而言，亲水基在碳氢链中间的表面活性剂分子应比在端点者快，这可能也是润湿时间较短（即润湿力较佳）的原因。

对洗涤性能（去污力）而言，则恰恰相反，亲水基在分子末端的，比在中间的去污力好。

起泡性能一般亦以极性基在碳链中间者为佳。但要注意，起泡性能与浓度有关。低浓度时可能出现相反情况，这是与其水溶液的表面张力相应的。

二、疏水基对表面活性剂性能的影响

1. 疏水基的结构类型

表面活性剂的疏水基一般为长条状的碳氢链。一般表面活性剂的疏水基主要为烃类，来自油脂化学制品或石油化学制品。碳原子数大多在 8～18（也有 20 碳的烃基）范围内。疏水基可以有许多不同结构，例如直链、支链、环状等。根据实际应用情况，可以把疏水基大致分为以下几种。

（1）脂肪族烃基　包括饱和烃基和不饱和烃基（双键和叁键），直链和支链烃基。如十二烷基（月桂基）、十六烷基、十八烯基等。

（2）脂肪烃芳香烃基　如十二烷基苯基、二丁基萘基、辛基苯酚基等。

（3）环烃基　主要是环烷酸皂类中的环烷烃基，松香酸皂中的烃基亦属此类。

（4）芳香族烃基　如萘基、苯基、苯酚基等。

（5）亲油基中含有弱亲水基　如蓖麻油酸（一个—OH），油酸丁酯及蓖麻油酸丁酯的硫酸化钠盐（—COO—），聚氧丙烯及聚氧丁烯（含—O—）等。

（6）其他特殊亲油基　全氟烷基或部分氟代烷基、硅氧烷基等。对于此类基团，特别是全氟烷基，不但不亲油（油指一般碳氢化合物），反而有“疏油”的性质。相应地，对氟表面活性剂来讲，其含氟烷基既疏水又疏油。对油溶性氟表面活性剂，则为一端亲油、另一端疏油。

2. 疏水基的疏水性

除了如全氟烷基等特殊疏水基外的上述各种疏水基，其疏水性的大小大致可排成下列顺序：

脂肪族烷烃≥环烷烃＞脂肪族烯烃＞脂肪基芳香烃＞芳香烃＞带弱亲水基的烃基

若就疏水性而言，则全氟烃基及硅氧烷基比上述各种烃基都强，而全氟烃基的疏水性最强。因此，在表面活性的表现上，以氟表面活性剂为最高，硅氧烷表面活性剂次之，而一般碳氢链为亲油（疏水）基的表面活性剂又次之（在这类表面活性剂中，其次序排列则大致如前所示）。

3. 疏水链长度的影响

许多单链型表面活性剂的效率与碳原子数成直线关系。在同一品种的表面活性剂中，随疏水基（亲油基）中碳原子数目的增加，其溶解度、*cmc* 等皆有规律地减小，但在降低水的表面张力这一性质（表面活性）上，则有明显的增长。

4. 表面活性剂混合体系中疏水链对称性的影响

对正、负离子表面活性剂混合体系，在疏水链总长度一定的情况下，正离子和负离子表面活性剂疏水链长度的对称性（即两个疏水链长度是否相等）对其性能有明显影响。首先表现在混合体系的溶解性方面，疏水链对称性差者溶解性好。而表面活性正好相反，疏水链越对称，表面活性越高。

表面活性剂混合体系中碳氢链长相差越大则 γ_{cmc} 值越大。这一规律不仅存在于正负离子表面活性剂混合体系，而且在离子表面活性剂-长链醇、离子表面活性剂-非离子表面活性剂混合体系也普遍存在。

5. 疏水链分支的影响

疏水链分支的影响与亲水基在疏水链中不同位置的情况相似。例如烷基硫酸钠，可以看作是正辛基硫酸钠的 α-碳原子上再接上一正庚基的支链。因此，两种情况在本质上是相同的。

如果表面活性剂的种类相同，分子大小相同，则一般有分支结构的表面活性剂不易形成胶团，其 *cmc* 比直链者高。但有分支者降低表面张力之能力则较强，即 γ_{cmc} 低。

有分支者具有较好的润湿、渗透性能。但有分支者去污性能较差。

一般洗衣粉中，主要表面活性剂成分为烷基（相当大部分是十二烷基）苯磺酸钠。当烷基链的碳原子数相同而烷基链的分支状况不同时，各种烷基苯磺酸盐的表面活性亦有差异。直链的烷基苯磺酸盐（LAS）的 *cmc* 比支链的低，但支链的烷基苯磺酸盐降低表面张力的效能大。如将烷基部分分别为正十二烷基的苯磺酸盐与四聚丙烯基苯磺酸盐（ABS）相比，则后者为有分支结构，其润湿、渗透能力较大，但去污力较小。支链烷基苯磺酸盐有良好的发泡力和润湿力，C_{14}的 ABS 的发泡力和润湿力高于 LAS。而去污力 LAS 稍优于 ABS，特别是在高温下洗涤时更是如此。LAS 与 ABS 相比粉体较干爽，不易吸潮。LAS 与 ABS 相比最突出的优点是生物降解性好。正是由于生物降解性方面的差异，高度支化的 ABS 已被 LAS 所取代；烷基链端有季碳原子的，生物降解性显著降低。

6. 烷基链数目的影响

季铵盐阳离子表面活性剂中烷基链数目的影响与疏水链分支的情况相似，以烷基苯磺酸钠为例。苯环上有几个短链烷基时润湿性增加而去污力下降，当其中的一个烷基链增长时去污力就有改善。因此，作为洗涤剂活性组分的烷基苯磺酸盐其烷基部分应为单烷基；避免在一个苯环上带有两个或多个烷基。

7. 疏水链中其他基团的影响

疏水链中不饱和烃基，包括脂肪族和芳香族，双键和叁键，有弱亲水基作用，有助于降低分子的结晶性，对于胶团的形成与饱和烃的烃链中减少 1～1.5 个 CH_2 的效果相同。苯环相当于 3.5 个 CH_2。

三、联结基的结构对表面活性剂性能的影响

亲水基和疏水基一般是直接联结的，但在很多情况下，疏水基通过中间基团（联结基）和亲水基进行联结。有些联结基本身就是亲水基的一部分，例如，AES 中的 EO 既联结 $—SO_4^-$ 与 R，本身又是亲水基。常见的联结基有—O—，—COO—，—NH—，$\gt C=C\lt$，$—CON\lt$，—OCO—，—SO—，$—OCOCH_2—$，—CONH—等。上述联结基团可增强表面活性剂的亲水性（水溶性）。对离子型表面活性剂，常常可增加其抗硬水性能。在很多情况下，有些联结基的引入，可增加表面活性剂的生物降解性能。特别是对可解离型表面活性剂，就是专门引入联结基使表面活性剂易于解离。但是，联结基的引入，常常降低了表面活性剂的表面活性（如减弱了降低表面张力的能力和增大了 *cmc*），同时，常常使表面活性剂的渗透力、去污力降低。

四、分子大小对表面活性剂性能的影响

当表面活性剂的 HLB 值相同，憎水基和亲水基种类也相同时，则相对分子质量就成为影响其性质的很重要因素。对于阴离子、阳离子表面活性剂，当憎水基与亲水基一定时，HLB 值也就一定了，不能随意改变其相对分子质量。而非离子表面活性剂通过增加亲水基分子数则比较容易变更其相对分子质量。

表面活性剂分子的大小对其性质的影响也比较显著。在同一表面活性剂中，随疏水基（亲油基）中碳原子数目的增加，其溶解度、*cmc* 等皆有规律地减小，但在降低水的表面张力（表面活性）上，则有明显的增长。这就是表面活性剂同系物中碳氢链的增加（即分子增大）对性质的影响。这种影响也表现在润湿、乳化、分散、洗涤作用等性质上。一般来说，表面活性剂分子较小的，其润湿性、渗透作用比较好，分子较大的，其洗涤作用、分散作用等性能较为优良。

例如，在烷基硫酸钠类表面活性剂中，在洗涤性能方面的排列顺序如下：$C_{16}H_{33}SO_4Na>C_{14}H_{29}SO_4Na>C_{12}H_{25}SO_4Na$。但在润湿性能方面，则是 $C_{12}H_{25}SO_4Na$ 最好。

在不同品种的表面活性剂中，大致也以相对分子质量较大的洗涤力为较好。如聚氧乙烯链型的非离子表面活性剂有比较好的洗涤作用、乳化作用及分散作用。这种优良的洗涤性能，应部分归之于它们有相当长的聚氧乙烯链和相当大的相对分子质量。而且聚氧乙烯链型的非离子表面活性剂如脂肪醇聚氧乙烯醚 $RO(C_2H_4O)_nH$，即使当亲油-亲水的比例（即 HLB 值）相近时，不同的分子大小也显示出明显的性质差异：相对分子质量大者 *cmc* 值小，因而其加溶作用、分散作用也强；相对分子质量大的表面活性剂，具有较好的洗涤能力，而相对分子质量较小者则有较好的润湿性能。

五、反离子对表面活性剂性能的影响

一价无机反离子对表面活性剂的表面活性影响都不大。若反离子本身就是表面活性离子或是包含相当大的非极性基团的有机离子，那么随着反离子碳氢链的增加，表面活性剂的 *cmc* 和 γ_{cmc} 不断降低，特别是当表面活性剂的正、负离子中的碳氢链长相等时，*cmc* 和 γ_{cmc} 的降低更为显著。此种表面活性剂正、负电荷的相互吸引，导致两种表面活性离子在表面上的吸附相互促进。形成的表面吸附层中，两种表面活性离子的电荷相互自行中和，表面双电层不复存在，表面活性离子之间不但没有一般表面活性剂那样的电斥力，反而存在静电引力。因而，亲油基的排列更加紧密，像非离子表面活性剂一样，从而表现出非常优良的降低

表面张力的能力。

对氟表面活性剂，反离子对其表面活性有很大影响。如全氟辛酸钠和全氟辛酸铵，前者的γ_{cmc}为24.6mN/m，而后者的为15.1mN/m。又如全氟辛基磺酸钠和全氟辛基磺酸铵，其γ_{cmc}分别为40.5mN/m和27.8mN/m。由此可以看出反离子对其表面活性的显著影响。

值得指出的是，表面活性剂的反离子往往对其溶解性能或Krafft点有较大影响，从而影响到表面活性。

六、表面活性剂溶解性的影响

表面活性剂依其亲油基链长的不同，可以是水溶性的，水中分散的和油溶性的，其同系物在水中的临界溶解温度随亲油基碳数的增加而提高。

1. 不同类型表面活性剂的溶解性比较

① 在一定温度下，表面活性剂在水中的溶解性随亲油基的相对增大而减小。

② 在一般室温下，非离子型表面活性剂的溶解度最大（与水混溶），离子型表面活性剂的较小。

③ 在离子型表面活性剂中，当碳氢链长相同时，季铵盐类阳离子表面活性剂的溶解度较大。两性表面活性剂中，也以正离子部分为季铵盐的溶解度为大。

④ 对于混合型表面活性剂，如$C_{16}H_{33}(C_2H_4O)_nSO_4Na$类化合物，其溶解度随$n$值的增加而变大。$C_{16}H_{33}SO_4Na$溶解度突增的温度约为45℃，而$n=1$、2、3、4时各表面活性剂的溶解度突升点，则分别为36℃、24℃、19℃及1℃。

2. 聚氧乙烯非离子表面活性剂的溶解性

聚氧乙烯化合物的水溶性是由于醚氧原子的水合作用，即水分子借助于氢键对聚氧乙烯链醚键上的氧原子发生作用。当分子中环氧乙烷基增加时，结合的水分子数也相应增加，因而溶解度随环氧乙烷加成数的增加而显著增加。

聚氧乙烯化合物在水中的溶解性按憎水链碳原子数N和环氧乙烷加成数n间的关系，可有如下经验规则：

① $n=N/3$，溶解性最小；

② $n=N/2$，溶解性中等；

③ $n=(1\sim1.5)N$，溶解性优良。

3. 温度的影响——Krafft点和浊点

溶解度随温度变化的规律因表面活性剂类型不同而异。离子型表面活性剂与非离子表面活性剂的溶解度-温度变化规律正好相反。

（1）Krafft点和浊点　离子型表面活性剂的溶解度随温度的特殊变化规律与表面活性剂在某一温度形成胶团有关。严格地讲，Krafft点是表面活性剂的溶解度-温度曲线与临界胶团浓度（*cmc*）-温度曲线的交叉点。Krafft点所对应的浓度即是表面活性剂在该温度时的临界胶团浓度。在Krafft点，表面活性剂开始以胶团形式分散，故溶解度急剧上升。

非离子表面活性剂的浊点现象可解释为：赋予非离子表面活性剂分子在水中溶解能力的是它的极性基［如聚氧乙烯基$-\!\!\left(CH_2CH_2O\right)\!_n$］与水生成氢键的能力。温度升高不利于氢键形成。当温度升高到一定程度，非离子表面活性剂与水之间的相互作用已不足以维持其溶解状态，于是分离出表面活性剂相（其中可能含有水），显示出浊点现象。关于浊点现象还有其他一些解释，如认为升温导致非离子表面活性剂分子构象发生变化等。

非离子表面活性剂水溶液在其浊点以上经放置或离心可得到两个液相，被称为双水相

(aqueous two-phases)。由于两相均为水溶液，可作为一种萃取体系，用于蛋白质等生物活性物质的萃取分离或分析。

(2) 影响 Krafft 点的因素

① 同系物表面活性剂的 Krafft 点随疏水链长的增加而增加，甲基、乙基等小支链越接近长烃链中央其 Krafft 点越低。

② 疏水链支化或不饱和化使 Krafft 点降低。

③ Krafft 点与反离子种类有关。烷基硫酸钠的 Krafft 点低于烷基硫酸钾，但羧酸盐则反之，羧酸钠的 Krafft 点高于羧酸钾；Ca、Sr、Ba 盐的 Krafft 点依次升高，且均高于 Na、K 盐。

④ 表面活性剂分子中引入乙氧基可显著降低 Krafft 点。

⑤ 加入电解质可使 Krafft 点升高；加入醇及甲基乙酰胺等则使 Krafft 点降低。

⑥ 同系烷基硫酸钠中，临近两个组分混合可使 Krafft 点产生一个最小值，但若两个组分链长相差太大，则 Krafft 点反而更大。

(3) 影响浊点的因素

① 表面活性剂分子结构的影响

a. 对一特定疏水基来说，乙氧基在表面活性剂分子中所占比重愈大，则浊点愈高（并非直线关系）。

b. 在相同乙氧基数下，疏水基中碳原子数愈多，其浊点愈低。

c. 如果乙氧基含量固定，则减少表面活性剂相对分子质量、增大乙氧基链长的分布、疏水基支链化、乙氧基移向表面活性剂分子链中央、末端羟基被甲氧基取代、亲水基与疏水基间的醚键被酯键取代等均可使浊点下降。

d. 疏水基结构不同对浊点的影响还表现在支链、环状以及位置方面。如壬基酚聚氧乙烯醚（乙氧基数 10.8），壬基在邻位及对位的浊点分别为 31℃及 47℃。含有同样 6 个乙氧基的烷基聚氧乙烯醚，癸基、十二烷基、十六烷基化合物的浊点分别为 60℃、48℃、32℃。同一碳数的疏水基其结构与浊点按如下关系递减：3 环＞单链＞单环≥1 支链的单环≥3 支链＞2 支链。

② 浓度的影响　浊点与浓度有关，一般情况下浊点随着浓度的增加而增加，但也不尽如此。如辛基酚聚氧乙烯醚（乙氧基数 8.5）的浊点在浓度为 0.3%～5%时为 48～50℃，而在 0.10%～0.15%时，则大于 100℃。

由于浊点与浓度有关，因此在说浊点时，应表明表面活性剂的浓度。一般所说的浊点是用 1%溶液进行测定的。

③ 电解质的影响　电解质的加入，一般都使浊点降低，而且浊点随电解质浓度增加而呈线性下降。但也有一些电解质如盐酸、高氯酸盐、硫氰化钠等可使浊点提高。

④ 有机添加物的影响　通过加入合适的阴离子表面活性剂，如十二烷基苯磺酸钠使其形成混合胶团，可提高乙氧基化合物的浊点。

水溶助长剂如尿素、甲基乙酰胺的加入将显著地提高浊点。加入低分子醇也能使浊点上升（而高碳醇则使浊点下降）。

七、表面活性剂化学稳定性的影响

1. 酸、碱的作用

① 一般阴离子表面活性剂在碱性液中稳定，在强酸溶液中不稳定。如在强酸作用下，

羧酸盐易析出自由羧酸，硫酸酯盐则容易水解，而磺酸盐则在酸、碱液中均比较稳定。值得注意的是，全氟羧酸是强酸，因此全氟羧酸盐在一般强酸溶液中都很稳定。

② 阳离子表面活性剂中，有机胺的无机酸盐在碱液中不稳定，易析出自由胺，但比较耐酸。因为季铵碱是强碱，所以季铵盐在酸、碱液中都比较稳定。

③ 对非离子表面活性剂，除羧酸的聚乙二醇酯（或环氧乙烷加成物）外，一般非离子表面活性剂不仅能稳定存在于酸、碱液中，甚至还能耐较高浓度的酸和碱。

④ 两性表面活性剂一般容易随 pH 的不同而改变性质。在一定的 pI（等电点）时，容易生成沉淀。但分子中有季铵离子的两性表面活性剂则不会析出沉淀。

⑤ 凡具有酯结构（如—$COOCH_3$ 或—$COOCH_2$—）的表面活性剂，在强酸、强碱溶液中都容易发生水解。

2. 无机盐的作用

① 无机盐对离子型表面活性剂的溶解性影响较大，可使离子型表面活性剂自溶液中盐析出来。

② 非离子及两性表面活性剂的溶解性对无机盐相对不太敏感，比较不易产生盐析作用。

③ 阴离子表面活性剂对多价金属离子很敏感，羧酸皂即为明显例证：Ca^{2+}、Mg^{2+}、Al^{3+} 等与之作用而产生沉淀。阳离子表面活性剂能与一些酸根及有机阴离子作用形成不溶或溶解度较小的盐。

值得一提的是，上述情况中不沉淀者往往能提高表面活性剂的表面活性。

④ 非离子及两性表面活性剂的耐盐性能较强，无机盐对其作用甚小。有时，这两种表面活性剂甚至可溶于浓盐、浓碱液中，而且与其他表面活性剂有良好的相容性。

3. 其他因素

除上述酸、碱、盐的作用外，表面活性剂的稳定性还有其本身的热稳定性及抗氧化性等。总括而言，离子型表面活性剂中，磺酸盐类（R—SO_3^-）最稳定，非离子型表面活性剂中的聚氧乙烯醚类最稳定。这是由于这些化合物分子中的 C—S 键及醚键比较稳定，不易破坏。若考虑到 C—H 键及 C—C 键的稳定性，则全氟碳链稳定性最高。全氟碳链表面活性剂可耐高温、酸、碱及强氧化剂等。

第三节　表面活性剂在配方生产中的选择与应用

表面活性剂广泛应用于各种工业产品和生活日用品的配方中，除用作各种洗涤剂的活性成分外，还用作助剂如起泡剂、泡沫抑制剂、抗污垢沉积剂、织物柔软剂、抗静电剂、杀菌剂等。因此必须根据需要选择合适的表面活性剂进行复配，其选择原则及注意事项如下所述。

一、正确选择表面活性剂的 HLB 值

HLB 值即所谓亲水亲油平衡值，显示了表面活性剂分子中亲油的和亲水的两个相反基团的大小和力量的平衡，表示表面活性剂亲水性的大小。

HLB 值范围是 1～40。非离子表面活性剂的 HLB 值范围是 1～20。HLB 值越大，表面活性剂的亲水性越强；反之亲水性越弱，亲油性越强。

表面活性剂的亲水亲油平衡值大多可查表或根据公式计算。但也有一些含有氧化丙烯、氧化丁烯及含氮、硫原子等的非离子型表面活性剂的 HLB 值不能算出，离子型表面活性剂亦不易处理。因此，对于这类表面活性剂，HLB 值必须用比较方法进行测定，即以已知

HLB 值的表面活性剂为基础进行比较。通常也可以用水分散方法来估算。即是将少量表面活性剂放入水中并振荡，观察其在水中的分散行为来评价其 HLB 值，见表 3-1。

表 3-1　表面活性剂在水中的状态及对应的 HLB 值范围

表面活性剂在水中的状态	HLB 值范围	表面活性剂在水中的状态	HLB 值范围
不分散	1～4	稳定的乳液	8～10
分散不好	3～6	半透明至透明分散体	10～13
剧烈振荡后呈乳色分散体	6～8	透明溶液	＞13

使用 HLB 值应注意以下各点。

1. 不同 HLB 值的表面活性剂具有不同的应用范围

详见第一章表 1-8。

2. 不同的被分散或被乳化物质具有不同的 HLB 值

(1) 根据 HLB 值选择分散剂或乳化剂　每种油、蜡、溶剂及其他材料（如颜料、聚合物等）都具有特定的 HLB 值。要将这些在水中不溶的物质分散到水性分散体系中时，须令选择的表面活性剂的 HLB 值与被分散或被乳化的物质的 HLB 值相匹配。常见的蜡、油、聚合物、颜料及一些天然物质的 HLB 值已被确定，这些数值对选择乳化或分散剂有着十分重要的实用意义。有关上述各类物质适宜乳化剂或物质本身的 HLB 值见表 3-2～表 3-4。

表 3-2　聚合物适宜乳化剂的 HLB 值

聚　合　物	最适宜乳化剂的 HLB 值	聚　合　物	最适宜乳化剂的 HLB 值
聚醋酸乙烯酯	14.5～17.5	聚丙烯酸-2-乙基己酯	12.2～13.7
聚甲基丙烯酸甲酯	12.1～13.7	聚丙烯腈	13.3～13.7
聚丙烯酸乙酯	14.5～15.5	聚苯乙烯	13～16

表 3-3　乳化各种油所需乳化剂的 HLB 值

油　相	W/O 型乳状液	O/W 型乳状液	油　相	W/O 型乳状液	O/W 型乳状液
苯甲酮	—	14	煤油	—	14
酸(二聚体)	—	14	羊毛脂(无水)	8	12
月桂酸	—	16	芳烃矿物油	4	12
十六烷基酸	—	16	烷烃矿物油	4	10
亚油酸	—	16	矿油精	—	14
蓖麻醇酸	—	16	矿脂	4	7～8
油酸	—	17	松油	5	16
硬脂酸	—	17	蜂蜡	5	9
鲸脂酸	—	13	小烛树蜡	—	14～15
十六醇	—	14	巴西棕榈蜡	—	12
十醇	—	14	微晶蜡	—	10
十二醇	—	14	石蜡	4	10
十三醇	—	15	乙酰化羊毛脂	—	10
苯	—	16	羊毛酸异丙酯	—	9
四氯化碳	—	14	乙酰化羊毛醇	—	8
环己烷	—	15	凡士林	4	10.5
甲苯	—	15	硬化油	—	10
乙酰苯	—	14	椰子油	—	7～9
二甲苯	—	14	棉籽油	7.5	—
丙烯(四聚物)	—	14	牛脂	—	7～9
氯化石蜡	—	8	硅油	—	10.5

表 3-4 颜料色素的 HLB 值

色　素	HLB 值	色　素	HLB 值	色　素	HLB 值
无机色素		铁黄	20*	喹吖啶酮紫	11～13
灯黑	10～12	有机色素		镍铬偶氮黄	11～13
铁红	13～15,10～12*	BON 红(深)	6～8	酞菁绿(黄相)	12～14
炭黑	14～15*	甲苯胺红(中)	8～10,14～15*	喹吖啶酮红	12～14
钼橙	16～18	甲苯胺黄	9～11	偶氮黄(高强度)	13～15
二氧化钛	17～20	酞菁绿(蓝相)	10～12	汉沙黄	14*
铬黄(中)	18～20	酞菁蓝(红相)	11～13,14*	酞菁蓝(绿相)	14～16

注：1. 表中有 * 者来源于不同资料。

2. 一些天然物质的 HLB 值如下：金合欢胶 8.0；明胶 9.8；甲基纤维 10.5；黄蓍胶 13.2。

在合成聚醋酸乙烯酯乳液防污涂料时，考虑到聚醋酸乙烯酯的最适宜 HLB 值为 14.5～17.5，乳化剂所选的表面活性剂为：十二烷基苯磺酸钠，HLB 值 11.7，所用份数 1；十二烷基硫酸钠，HLB 值 40，所用份数 0.3；TX-10，HLB 值 12.8，所用份数 1。

该混合表面活性剂的 HLB 值计算如下：

$$\frac{11.7\times1+40\times0.3+12.8\times1}{1+0.3+1}=15.87$$

混合表面活性剂的 HLB 值为 15.87，正好在聚醋酸乙烯酯需要的范围内。经反复试验，获得了防污效果好，稳定期达 3 年以上的乳液。

（2）乳化剂用表面活性剂的其他选择原则

① 优先选用离子型表面活性剂　因为只有离子型表面活性剂才能使乳液中乳胶粒子或微小油滴表面带电，而当每一个粒子表面都带相同的电荷时，它们之间的静电斥力可防止乳胶粒子或小油滴互相碰撞而凝聚，从而维持乳液的稳定。

② 结构近似原则　在确定了被乳化油脂的最适宜的 HLB 值范围后，并非所有符合此范围的表面活性剂都完全适宜作乳化剂。还应在这些表面活性剂中挑选其亲油基团与油脂分子结构最相似的，才能使乳液稳定性达到最好效果。如果单独使用符合 HLB 值但极性较弱的非离子表面活性剂就不合适，此时应用极性较强的阴离子表面活性剂与之复配才能取得较好效果。

③ 溶剂化原则　离子表面活性剂可使乳液稳定，是由于胶粒或微小油滴带有相同电荷而防止了凝聚。此时，其亲油基指向被乳化的油相，亲水基指向水相。亲水基是由离子构成的，它很快就会招致极性的水分子的包围，并与之产生偶极作用而溶解，使油相分散成乳状液。非离子型乳化剂的亲水基一般是羟基、醚基或酯基。这些基团都含有电负性极强的氧原子，这些氧原子可以与水分子的氢原子产生氢键而溶剂化，由于溶剂化作用，使油相在水中形成乳状液。但是，一个氧原子只能与水中的一个氢原子形成氢键，具有饱和性和方向性，其溶剂化作用远比离子表面活性剂要弱，因为离子表面活性剂亲水基是离子，其周围可以有无数个水分子与其发生溶剂化作用。例如，丙烯酸发生乳液聚合时，用阴离子表面活性剂作乳化剂，用量只需 1%～3%；用非离子表面活性剂时，因氢键数目有限，用量要在 5%以上才能起到乳化作用。又如制备聚苯乙烯乳液涂料时，用非离子型的酚基聚氧乙烯醚，还应配上 0.081%～0.31%的阴离子表面活性剂作乳化剂，此时溶剂化作用才更好，乳液更稳定。

④ 选用两种或两种以上的表面活性剂作乳化剂效果更佳　离子型表面活性剂的溶剂化

作用虽然比非离子型的强，但若在由离子型表面活性剂作乳化剂配成的乳液中加入酸、碱、盐等电解质，便会使原来因为带同种电荷而产生的乳胶粒子或小油滴之间的斥力消失，乳液将失去稳定性而凝聚。若将离子型和非离子型表面活性剂复配作为乳化剂；就可增大乳液对电解质的抵抗力。如在制备聚醋酸乙烯酯乳液胶黏剂时，就用了阴离子型聚丙烯酸钠与0.5%～0.6%的非离子表面活性剂 OP-10 作复合乳化剂，得到很稳定的乳液胶黏剂。即使在此胶黏剂中加入一些无机盐，仍然保持稳定，2 年内未发生凝聚。

⑤ 选用乳化剂还应考虑乳化剂分子在乳胶粒子表面覆盖面积的大小　离子型表面活性剂作乳化剂时，如果乳化剂的一个分子在乳胶粒子上覆盖面积越大，说明乳胶粒子表面上的电荷密度越小，乳胶粒子之间斥力越小，乳液越不稳定。相反，非离子表面活性剂一个分子在乳胶粒子或油基表面覆盖越大，油基微粒之间凝聚阻力越大，因而乳液越稳定。

总之，选择乳化剂必须综合考虑以上原则，而且这些原则还可帮助分析乳液稳定性的一些问题。

二、充分利用表面活性剂的协同效应

所谓协同效应，是指两种或数种表面活性剂配合使用时，比分别单独使用效果更好，某些性能显著提高。因此，使用表面活性剂必须充分利用协同效应，用两种或数种或与助剂配合，以求达到最佳效果。

1. 不同的阴离子表面活性剂之间的协同效应

经复配具有协同效应的例子有：烷基苯磺酸钠与适量肥皂配合，有利于配制低泡产品；烷基苯磺酸与少量的烷基苯磺酸钙（或镁）一起，可以提高产品去污力和增溶作用；烷基苯磺酸钠与脂肪醇聚氧乙烯醚复配，二者比例为 4∶1（质量比）时乳化作用最好，去污力最强；聚酯纤维染色，采用萘磺酸钠与甲醛缩合物（A）和甲酚钠/薛佛酸钠的甲醛缩合物（B）配合使用，其染料分散性比使用单一表面活性剂的效果更好。

2. 阴离子与非离子表面活性剂的协同效应

阴离子与非离子表面活性剂复配有明显的协同效应，同时还可提高该非离子表面活性剂的浊点，扩大非离子表面活性剂的应用范围。如直链烷基苯磺酸钠、烷基硫酸钠、脂肪醇聚氧乙烯硫酸钠等阴离子表面活性剂可与非离子表面活性剂脂肪醇聚氧乙烯醚配合使用，其协同效应显示出比单独用一种表面活性剂去污力更好；又如月桂基二乙醇酰胺是非离子型的，它与十二烷基醚硫酸铵、烷基酚硫酸钠等阴离子表面活性剂配合使用，可大大改善洗衣粉的洗涤性能；再如氧化胺本身去污力弱，在碱性环境下显示非离子表面活性剂的性质，当与脂肪醇醚硫酸酯盐（AES）复配时具有协同效应，能显著增强洗涤能力，与 α-烯基磺酸盐（酯）AOS 复配，也能增强洗涤能力。

3. 阴离子与阳离子表面活性剂的协同效应

一般情况下，阴离子与阳离子表面活性剂是不能复配的，因为它们的亲水基团带着相反的电荷，一起使用将相互作用，产生沉淀，失去表面活性。例如，在化妆品中，阴离子表面活性剂月桂醇聚氧乙烯醚若与阳离子表面活性剂复配，其对头发的梳理能力将降低。

但是，近年来发现，在适当条件下，阴、阳离子表面活性剂复配，也可出现协同效应。

4. 阴离子与两性离子表面活性剂的协同效应

阴离子表面活性剂的亲水基带负电，它与两性离子表面活性剂亲水基的阳离子会形成配合物，其乳化、起泡性能均优于单一的表面活性剂。例如，阴离子型的脂肪醇硫酸钠与两性离子表面活性剂配合使用，其表面活性有很大的提高。

5. 阳离子与非离子型表面活性剂的协同效应

阳离子表面活性剂与非离子型表面活性剂复配，有利于带负电荷的油污表面吸附，使去油效果更好。

6. 非离子表面活性剂之间的复配

非离子表面活性剂之间的复配多见于化妆品配方中。如聚氧乙烯硬脂酰乙醚与聚氧乙烯十六烷基醚的复配，肉豆蔻酸异丙醚与壬基酚聚氧乙烯醚的复配，失水山梨醇单硬脂酸与聚乙二醇十二烷基醚的复配等，在配制增白化妆品时都有明显的协同作用。

7. 表面活性剂与其他助剂的协同效应

这种协同效应在洗涤剂的配方中较为突出。使用助剂可以降低原料成本，更重要的是，表面活性剂与助剂配合能起到很好的协同效应，加强表面活性剂的洗涤作用。在化妆品中，复配表面活性剂的黏度较低，若用氯化钠作助剂，可增稠和增黏。

合成丙烯酸酯类的乳液或悬浮聚合物时，用一般的阴离子表面活性剂或非离子表面活性剂复配作乳化剂，效果不好。若用聚丙烯酸钠阴离子表面活性剂与非离子表面活性剂配合，由于存在协同效应其乳化和稳定效果极佳。这也说明利用协同效应的重要性。协同效应不是轻易可以得到的，必须经过大量实验，并总结前人的经验才能得到。如人们在实践中发现，肥皂与洗衣粉同时使用时，泡沫立即消失，因而提示人们，可以把加入肥皂作为配制无泡洗衣粉的手段之一。

此外，表面活性剂之间的协同效应，还必须在适当的配比范围内，才能获得最好的效果。

三、表面活性剂的毒性和环保性

1. 合成表面活性剂的毒性

表面活性剂种类繁多，不同的表面活性剂由于分子结构不同，其毒性也不一样。有的毒性很弱，对人体、生物无害。有的毒性较强，可用来杀菌、消毒。因此，用表面活性剂配制各种产品，尤其是用作食品添加剂、与人体接触的化妆品以及各种香波的组分时，要特别小心。

① 阳离子表面活性剂的毒性相对较强。在各种表面活性剂中，阳离子表面活性剂有较强的杀菌力。特别是季铵盐，是有名的杀菌剂，对人的皮肤黏膜刺激性最强，对生物有较大的毒性。所以，阳离子表面活性剂广泛用作消毒剂、防霉剂。其杀菌能力为苯酚（石炭酸）的100倍以上。人在误饮高浓度阳离子表面活性剂溶液后，口、咽喉、头部立即有灼热性疼痛感；出现低血压症、循环系统休克；不安、精神错乱、衰弱急速发展；肌肉无力；中枢神经功能降低（同时发生痉挛和脑贫血）；出现青紫，甚至死亡。这种中毒症状出现时，应紧急处理：大量饮用牛奶、蛋白、明胶和肥皂水，并送医院抢救。

② 非离子表面活性剂的毒性相对较小。有的非离子表面活性剂甚至无毒，对皮肤刺激性也小。但是，当分子结构中含有芳香基，如苯基、萘基等时，毒性就较大，如非离子表面活性剂烷基酚聚氧乙烯醚毒性较大。有些非离子表面活性剂毒性虽小，但会污染水域，危害鱼类，需要注意。

③ 阴离子表面活性剂的毒性、杀菌能力介于阳离子和非离子表面活性剂之间，对皮肤黏膜刺激性比较小，广泛用作洗涤剂的活性成分。

④ 两性表面活性剂中，有些品种的毒性极低。如Tego103、Tego501，毒性很低，刺激性小，而且都有很好的杀菌力。甜菜碱类、咪唑啉等两性表面活性剂都有相当强的杀菌力。

天然的两性表面活性剂，如卵磷脂两性表面活性剂，无毒，很安全。两性表面活性剂虽价高，但由于毒性低，对眼睛、皮肤的刺激性小，广泛用于化妆品及香波中，其需求量日益增多，产量不断增加，有很好的发展前景。

2. 表面活性剂的环保性

表面活性剂在使用后，其残留物及其废水排放到江河湖海中。这些残留的表面活性剂一方面依靠自然界的微生物对它进行分解（即生物降解），以消除它对水的污染，因而表面活性剂的生物降解的难易及快慢是一个重要问题。另一方面应用表面活性剂时要用各种助剂，有些助剂会污染水域，因此选用什么样的助剂与表面活性剂配合，是必须考虑的问题。

要使表面活性剂不污染环境，首先须解决其生物降解性问题。表面活性剂可以通过自然环境的光、热及生物作用而被降解，消除其污染。其中，微生物引起的生物降解作用最为重要。

(1) 阴离子表面活性剂的生物降解

① 无论是烷基硫酸盐或是烷基磺酸盐都是直链的比支链的更易被生物降解。例如，直链烷基苯磺酸钠（如 LAS）比支链烷基苯磺酸钠的生物降解速度快，若长期使用后者，将引起公害。直链烷基磺酸盐具有很好的生物降解性，20℃时只需 2d，生物降解率可达 99.7%。烯基磺酸盐 AOS 也有较好的生物降解性。

② 在硫酸酯盐类阴离子表面活性剂中，脂肪醇硫酸盐或烷基硫酸盐（AS）最易被生物降解；其次是脂肪醇醚硫酸酯盐（AES），其生物降解性优于直链烷基苯磺酸钠。十二烷基苯磺酸钠必须配以大量的三聚磷酸钠盐才有良好的去污力，生物降解率才能达到 90%。但是三聚磷酸钠排入江河湖海中，将引起水域过肥。若用脂肪醇硫酸盐代替，更宜于配制无磷洗涤剂。所以脂肪醇硫酸盐被称为第三代洗涤剂的原料。

(2) 阳离子表面活性剂的生物降解性　实验表明，烷基三甲基氯化铵和烷基苄基二甲基氯化铵较易被生物降解。二烷基二甲基氯化铵和烷基吡啶氯化铵的生物降解性较差。

(3) 两性离子表面活性剂的生物降解性能优良　例如，合成两性表面活性剂 *N*-月桂基-β-氨基丙酸钠和 *N*-十八烷基-β-亚氨丙酸钠，经过 10d，降解率达 95%～100%。又如咪唑啉类两性表面活性剂的水溶液在 12h 内生物降解率可达 90%以上。

天然两性表面活性剂不仅无毒，而且还是营养剂，其生物降解率极高。如卵磷脂两性表面活性剂，它是小学生套餐、老年人保健品的重要成分。

(4) 非离子表面活性剂的生物降解性　非离子表面活性剂中，有代表性的是聚氧乙烯型非离子表面活性剂。其亲油基为烷基、烷基酚等，亲水基为乙烯基醚基。其生物降解性须从亲油基及亲水基两方面进行分析。

与阴离子表面活性剂相似，其亲油基烷基部分所带支链越多越难被生物降解；烷基为直链时容易被生物降解；亲油基含酚基或其他芳基时，其被生物降解比直链或支链的更难。烷基酚乙氧基化物在生物降解作用下所产生的代谢产物，其对鱼类的毒性较烷基酚乙氧基化物更高。故西欧及我国均已规定不得再在清洗剂中使用此类物质。目前烷基苷被认为是非离子表面活性剂中生物降解性最好的物质。

亲水基的氧乙烯（即烯基醚）数目越多，降解性越差。而且聚丙烯两性表面活性剂又比聚乙烯两性表面活性剂的生物降解性差。

3. 改进表面活性剂的制品配方以减轻对环境的污染

为改进表面活性剂的制品配方以减轻对环境的污染，应注意以下各点。

① 选用生物降解性好的表面活性剂，在 GB/T 13171—1997 洗衣粉标准中，我国已明文规定各类型洗衣粉应使用生物降解度不低于 90%的表面活性剂，不得使用四聚丙烯烷基苯磺酸盐、烷基酚聚氧乙烯醚。故配方中宜选用易被生物降解的直链十二烷基苯磺酸钠（LAS），而不用支链的烷基苯磺酸钠（ABS）。最好能用极易降解的脂肪醇硫酸酯盐代替 LAS 等。

② 少用或不用三聚磷酸钠，防止水体富营养化现象。

③ 尽量选用毒性小的表面活性剂。

四、表面活性剂复配技术应用举例

以烷基苯磺酸盐为例说明复配技术的应用。

1. 烷基苯磺酸盐结构与性能的关系——表面活性剂的分子结构因素的小结

烷基苯磺酸盐（LAS）分子中包含了影响表面活性剂性能的很多结构因素，如烷基苯磺酸盐的烷基碳原子数、烷基链的支化度、苯环在烷基链上的位置、磺酸基在苯环上的位置及数目和磺酸盐的反离子种类等均对其性能有影响。

（1）烷基链长的影响　对 LAS，烷基链长在 C_8 以上才具有明显的表面活性，C_5 以下的 LAS 在水溶液中不能形成胶团。C_{18} 以上则因水溶性变差亦不能形成胶团，其表面活性明显下降。但长链 LAS 可作为油溶性表面活性剂，用做干洗剂的活性物或润滑油添加剂。

低碳烷基润湿性能好。但烷基链过短时，去污力下降。对去污能力而言，烷基链小于 9 和大于 14 时均显著降低，C_{12} 最好。

对泡沫性来讲，C_{10}～C_{14} 的泡沫稳定性均良好，C_{14} 发泡力最好。

烷基链越长，LAS 的抗污垢再沉积力越强，但 LAS 的抗污垢再沉积力比肥皂差。

（2）烷基链分支的影响　直链的烷基苯磺酸盐的 cmc 比支链的低，但支链的烷基苯磺酸盐降低表面张力的效能大。

支链烷基苯磺酸盐有良好的发泡力和润湿力；与四聚丙烯苯磺酸钠（ABS）比较，C_{14} 的 ABS 的发泡力和润湿力高于 LAS。而去污力 LAS 稍优于 ABS，特别是在高温下洗涤时更是如此。

烷基中支链多者不易生物降解，特别是烷基链端有季碳原子的，生物降解性显著降低。这是 LAS 与 ABS 相比最突出的优点，也是 ABS 被 LAS 所取代的主要原因。

（3）烷基链数目的影响　苯环上有几个短链烷基时虽然润湿性增加而去污力下降，但当其中的一个烷基链增长时去污力就有改善。因此，作为洗涤剂活性组分的烷基苯磺酸盐其烷基部分应为单烷基，避免在一个苯环上带有两个或多个烷基。

（4）苯基与烷基结合位置的影响　以十二烷基苯磺酸盐为例。

① 溶解性　3-位和 4-位烷基苯磺酸盐在水中的溶解度最好，1-位和 2-位烷基苯磺酸盐在冷水中的溶解度差，1-位溶解性最差，其 Krafft 点高于 60℃。

② 去污力　去污力与其浓度有关。在低浓度时，3-位的最好，2-位次之，依次为 4-位、5-位、6-位。1-位因其溶解度的限制，去污力较低，仅在高温洗涤中显示较好的去污力。随浓度增加，各种异构体的去污力都有明显提高，当浓度达到 0.2%以上时，除 1-位外，各种位置异构体在去污力方面的差别是很小的。

③ 润湿性　以苯基在烷基链的奇数位置为好，且愈靠近中心位置润湿力愈好。

④ 起泡性　起泡性随着苯基向链中心位置移动而增高，5-位的泡沫力最大，而 6-位的泡沫力迅速下降。

⑤ 生物降解性　苯基愈接近链的中心位置，生物降解性愈差。各种位置异构体的混合物的生物降解性优于任何一种单一的位置异构体。

(5) 磺酸基位置及数目的影响　磺酸基在对位的烷基苯磺酸钠的 *cmc* 值较邻位的低，且去污力强，生物降解性好，但二者泡沫力相似。

若苯环上有两个磺酸基（如烷基苯二磺酸钠），因磺酸基数目增加，亲水性大大增加，破坏了原有的亲水-亲油平衡，去污力显著下降。而且由于极性基团数目的增加，*cmc* 也会增大，表面活性降低。

综上所述，用于洗涤剂的烷基苯磺酸钠，就其分子结构而言，应取 C_{10}～C_{13}（平均 C_{12}）或 C_{11}～C_{14}（平均 C_{13}）的直链烷基，苯环最好在烷基链的 3-位或 4-位，磺酸基最好为对位的单磺酸盐。

2. 烷基苯磺酸盐为主剂的洗涤剂配方

烷基苯磺酸盐在洗涤剂中的主要作用是去污洗涤，是洗涤剂中的主要活性成分。由于表面活性剂的品种、含量及助剂的不同以及被洗涤的物品不同，洗涤剂的品种很多。下面仅根据洗涤剂剂型的不同举例如下。

(1) 织物用粒状洗涤剂典型配方　粒状或粉状洗涤剂是最常见的合成洗涤剂，其优点是使用方便、质量稳定、成本低、去污效果好、便于贮存和运输。

目前我国的洗衣粉中有 90%以上为重垢洗衣粉，主要含 20%～30%的直链烷基苯磺酸钠或脂肪醇硫酸盐、烷基硫酸盐。以直链烷基苯磺酸钠为主剂的洗衣粉配方见表 3-5。

表 3-5　以直链烷基苯磺酸钠为主剂的洗衣粉配方（质量份）

组　分	配　方 1	配　方 2	配　方 3
烷基苯磺酸钠(LAS)	30	25	20
三聚磷酸钠	30	16	10
纯碱	—	4	10
硫酸钠	25.5	44	46
硅酸钠	6	6	7
羧甲基纤维素钠	1.4	1.2	0.5
荧光增白剂	0.1	0.1	—

此类洗衣粉的碱性强，一般用喷雾法生产，其去污力较强，泡沫丰富，但耐硬水性差，所以要配以 10%～30%的三聚磷酸钠等螯合剂。它脱脂力强，刺激皮肤，且洗后织物手感较差，如果与非离子表面活性剂 AEO 配合，效果会有所改善。近年来，随着 AEO 的产量逐年增加，生产成本下降，应用 AEO 与 LAS、FAS 复配日渐普遍，高浓缩洗衣粉都含 5%以上的非离子表面活性剂与 10%以上的阴离子表面活性剂。

(2) 厨房用洗涤剂配方　厨房污垢各种各样，最难清除的是油性污垢和微生物及农药污垢。配制厨房用洗涤剂，除考虑去污作用外，还必须安全无毒，不损伤蔬菜、水果的色香味，不损害餐具和设备，使用方便。配制时还应注意手洗用洗涤剂发泡性能要好，机洗产品应无泡、稳定性好。下面列举液体餐具洗涤剂配方的例子。

组分	质量份	组分	质量份
烷基苯磺酸钠	10	乙醇	0.2
脂肪醇聚氧乙烯醚硫酸钠	10	防腐剂、香精	适量
尼纳尔	5	水	余量
食盐	0.2		

（3）液体洗涤剂配方　液体洗涤剂的用量仅次于粉状及固体洗涤剂，发展较快，它与粉状洗涤剂相比有许多优点：工艺简单，不需特殊设备，免去成型工艺可节省大量能源；粉尘污染少，有利于环境保护；改进产品质量时配方易调整；易溶于水，使用方便；产品为透明液体，可用外形美观的容器包装，对消费者有较大的吸引力。其配方举例如下。

【配方 1】 轻垢型家用液体洗涤剂基本配方

组分	质量份	组分	质量份
十二烷基苯磺酸（SO_3 磺化）	10	月桂酸二乙醇胺	1
苛性碱（45%的 NaOH 水溶液）	1.7	硫酸钠	1
次氯酸钠（10%水溶液）	0.6	水	83.7
三乙醇胺	2		

【配方 2】 重垢型液体洗涤剂配方（表 3-6）

表 3-6　重垢型液体洗涤剂配方

组　分	质　量　份			
	高　泡　型		低　泡　型	
	含　磷	无　磷	含　磷	无　磷
烷基苯磺酸钠	13	9	—	—
脂肪醇聚氧乙烯醚硫酸钠	—	0	10	10
肥皂	—	2	—	—
烷基醇酰胺	3	1	0	0
焦硫酸钠	25	—	25	—
柠檬酸钠	—	21	—	20
硅酸钠	—	3	5	10

表面活性剂用于洗涤剂的配方很多，限于篇幅不作过多介绍。需要时请查阅相关手册。

本章小结

1. 表面活性剂的复配原理

① 表面活性剂同系物混合体系和表面活性与无机电解质、极性有机物混合体系表面张力和 *cmc* 的变化情况。

② 非离子与离子、正离子与负离子、碳氢与氟表面活性剂间的作用原理和复配原则。

③ 表面活性剂和高聚物复配及表面活性剂-高聚物相互作用与应用。

2. 表面活性剂复配的影响因素

主要从以下几方面进行探讨：亲水基、疏水基、联结基的结构，分子大小，反离子，溶解性，化学稳定性对表面活性剂性能的影响因素。

3. 表面活性剂在配方生产中的选择与应用

应用时要考虑如下几方面：正确选择表面活性剂的 HLB 值；充分利用表面活性剂的协同效应；表面活性剂的毒性和环保性。并举例进行了具体说明。

思　考　题

1. 说明表面活性剂之间复配的目的。
2. 说明表面活性剂同系物混合体系表面张力和 *cmc* 的变化。

3. 说明表面活性剂与无机电解质混合体系表面张力和 *cmc* 的变化。
4. 说明表面活性剂与极性有机物混合体系表面张力和 *cmc* 的变化。
5. 说明非离子表面活性剂与离子表面活性剂的复配原则。
6. 说明正、负离子表面活性剂的复配原则。
7. 说明碳氢表面活性剂和氟表面活性剂的复配原则。
8. 说明表面活性剂和高聚物复配及表面活性剂-高聚物相互作用关系。
9. 亲水基、疏水基对表面活性剂性能有哪些影响？
10. 联结基的结构对表面活性剂性能有哪些影响？
11. 分子大小对表面活性剂性能有哪些影响？
12. 反离子对表面活性剂性能有哪些影响？
13. 表面活性剂溶解性的影响因素有哪些方面？
14. 表面活性剂化学稳定性的影响因素是什么？
15. 说明如何正确选择表面活性剂的 HLB 值？
16. 复配时应怎样利用表面活性剂的协同效应？
17. 如何注意表面活性剂的毒性和环保性？
18. 以烷基苯磺酸盐为例说明如何进行表面活性剂的合理复配。

第四章 表面活性剂的应用

学习目标

1. 了解常见表面活性剂在工业上的应用。
2. 理解表面活性剂在工业上应用的主要作用机理。
3. 掌握表面活性剂在不同工业中的应用特点。

表面活性剂在工业上的应用极为广泛，而且随着新型表面活性剂的出现作用也越来越重要。作为助剂，在产品处理或制造过程中添加极少量，利用其一种或几种功能就能产生巨大的作用和效益。目前，工业表面活性剂在总表面活性剂消耗量中所占的比重，有些国家已达55%～65%，品种也愈来愈多，已成为提高产品质量和产量不可缺少的工业助剂。

表面活性剂可以分成两大类。一类是工业清洗。例如，火车、船舶、交通工具等的清洗；机器及零件的清洗；印刷设备的洗涤；油贮罐、核污染物的洗涤；锅炉、食品的洗涤等。

根据被洗物的性质和特点而有不同的配方。其主要是利用表面活性剂的乳化、增溶、润湿、渗透和分散等性能辅以其他有机或无机助剂，达到清洗去除油渍、锈迹、杀菌及保护表面层的目的。

另一类是利用表面活性剂的派生性质作为工业助剂使用，应用于如润滑、柔软、催化、杀菌、抗静电、增塑、消泡、去味、增稠、降凝、防锈、防水、驱油、防结块、仿生材料、聚合、基因工程、生物技术等方面，还有许多方面的应用正在开发中。

工业表面活性剂除了一般的阴离子、阳离子、非离子、两性离子表面活性剂以外，为满足合成橡胶、合成树脂、涂料生产中乳化聚合的需要，还开发了功能性表面活性剂，如反应性表面活性剂，分解性表面活性剂，含硅、氟、硼等特种类型的表面活性剂。工业表面活性剂除了广泛应用于纺织工业、合纤工业、石油开采、化工、建材、冶金、交通、造纸、水处理、食品、制药、国防等各个领域外，目前 表面活性剂在现代农业技术、生物工程和医药技术、新能源与高效节能技术等领域具有新的应用。

第一节 表面活性剂在洗涤剂配方中的应用

表面活性剂在洗涤剂配方中的应用有相当长的一段历史，目前在洗涤工业中的应用非常广泛，可以说表面活性剂已经是洗涤配方中不可缺少的重要组成成分。为适应工业洗涤和洗涤工艺的变化，洗涤剂中的表面活性剂已由单一品种发展成为多元复合表面活性剂，以发挥其协同作用，并使其性能得到相互补偿。特别是不同结构的阴离子表面活性剂和非离子表面活性剂复合使用更为重要。选择表面活性剂主要应考虑如下几个方面：去污性能好，加工时工艺上易于处理，经济性，对人体和环境安全。对表面活性剂在去污能力方面应考虑如下一些因素：在基质表面的特定吸附性，污垢去除能力，抗硬水性，污垢分散性，污垢抗沉积性，溶解性，润湿力，泡沫特性；还应考虑其气味，色泽，储存稳定性等。对人体和环境的安全性方面，表面活性剂应易于生物降解，对人、动物和鱼的毒性要低。

常见的洗涤用表面活性剂类型如下：

① 常见的阴离子表面活性剂有高级脂肪酸盐、磺酸盐、硫酸盐、硫酸酯盐、脂肪酰氯与蛋白质水解物缩合物、磷酸酯盐等；

② 常见的阳离子表面活性剂有胺盐型阳离子表面活性剂、季铵盐型阳离子表面活性剂；

③ 常见的两性表面活性剂有氨基酸型两性表面活性剂、甜菜碱型两性表面活性剂、咪唑啉型表面活性剂、氧化胺；

④ 常见的非离子表面活性剂有聚乙二醇型和多元醇型非离子表面活性剂；

⑤ 常见的高分子表面活性剂有天然高分子表面活性剂和半合成高分子表面活性剂；

⑥ 常见的氨基酸型表面活性剂有蛋白质系表面活性剂；

⑦ 常见的特殊类型表面活性剂有氟表面活性剂、硅表面活性剂、有机金属表面活性剂、硼表面活性剂、生物表面活性剂。

以上各种不同类型的表面活性剂在洗涤剂配方中的应用如下。

一、在家庭用洗涤剂配方中的应用

1. 纺织品洗涤剂

家用洗涤剂包括纺织品被服用洗涤剂、居家用洗涤剂、浴室用洗涤剂、厕所用洗涤剂，玻璃、塑料制品等硬表面活性剂。洗涤剂的配方根据用途不同而有所变化。此外，由于洗涤习惯不同，待洗物品原料随科学进展而趋向多样化，以及防止环境污染等，所使用的表面活性剂和助剂也都随之发生变化。

家庭用纺织品、被服主要有内衣运动服、外衣、风雨衣、外套、床单等，所用的原料有棉、麻、丝、羊毛、人造棉、醋酸纤维、聚酯纤维、丙烯纤维。洗涤剂可分为用于洗涤内衣、衬衣罩衫、工作服、儿童服、袜子等与皮肤直接接触或污垢较多的重垢型洗涤剂，及用于洗涤毛衣、毛线衣和外衣等不直接与皮肤接触，污垢主要是灰尘等油污少的轻垢型洗涤剂。重垢型洗涤剂有用于手洗的和机洗的，按形状有粉状的、液体的。轻垢型洗涤剂主要用于羊毛、丝、细纺合成纤维制品，一般不含碱性助剂，又称为中性洗涤剂，有粉状的和液体的，洗涤方法主要是手洗、撞洗和推洗等。

（1）重垢洗涤剂　祛除污垢较多的洗涤剂。

我国的常见重垢洗衣粉配方如下：

组分	质量分数/%	组分	质量分数/%
直链烷基苯磺酸钠	20	羧甲基纤维素钠	1
脂肪醇聚氧乙烯(9)醚	4	硫酸钠	23
三聚磷酸钠	30	荧光增白剂	0.1
碳酸钠	4	对甲苯磺酸钠	2
硅酸钠	6	水	9.9

（2）轻垢洗涤剂　轻垢型洗涤剂用于洗涤软织物，如羊毛、尼龙、丝绸等织物。若以酸性或碱性洗涤液洗毛织品，织物有明显的收缩。羊毛制品和丝绸等以动物纤维制造的制品，洗涤除受 pH 限制外，机械洗涤液会引起织物起毛、收缩，损伤原毛。因此，这类衣物的洗涤剂需在接近中性的温和条件下进行。轻垢型洗涤剂即属于这种中性的洗涤剂。洗衣用的中

性洗涤剂有粉状和液体两类。轻垢型洗涤剂的主要成分为表面活性剂和助剂。常用的表面活性剂有：直链烷基苯磺酸盐、烷基硫酸盐、脂肪醇聚氧乙烯醚硫酸盐等阴离子表面活性剂；脂肪醇聚氧乙烯醚、烷基酚聚氧乙烯醚、聚醚等非离子表面活性剂。有机螯合剂、抗再沉积剂和起泡剂等；此外还可以加入适量的色料、香精等；有漂白性能的需加入漂白剂。

我国常见的轻垢洗涤剂配方如下：

组分	质量分数/%	组分	质量分数/%
烷基苯磺酸钠	10	硫酸钠	46.9
烷基苯磺酸三乙醇胺	2	肥皂	2
脂肪醇聚氧乙烯醚	3	三聚磷酸钠	10
六偏磷酸钠	15	荧光增白剂	0.1
羧甲基纤维素钠	1	水	6
硅酸钠(模数3)	4		

2. 厨房用洗涤剂

厨房用洗涤剂可分为餐具用洗涤剂、炊具用洗涤剂和蔬菜、瓜果鱼禽肉类洗涤剂。无论哪种都不同于衣用洗涤剂。用于餐具和炊具的洗涤剂主要是清除附着于硬表面上的污垢，如油脂、淀粉、蛋白质等污垢；用于蔬菜、瓜果和禽肉类洗涤剂主要能清除附着于其上的各种污垢、农药、微生物等。

由于厨房用洗涤剂洗涤的对象是食品和食器，除应具有良好的洗净能力外，还需满足卫生方面的要求：

① 洗涤剂的各组分对人体安全无害；

② 能较好地洗净、除去动植物油污；

③ 不损伤餐具、炊具及其他厨房用材料；

④ 用于蔬菜、瓜果、鱼禽肉等洗涤，应无残留物，不影响外观和风味，不能发生化学反应、破坏营养成分；

⑤ 起泡良好。

(1) 餐具用洗涤剂　餐具可用手洗也可用机洗，由于洗涤方法不同，所用洗涤剂在组成上也有所差异。手洗餐具用洗涤剂要求溶解快，泡沫稳定，去污性能良好，分散性能高，对皮肤无刺激，无异味，餐具洗后无水纹。因此，手洗餐具用的高泡洗涤剂主要采用烷基苯磺酸盐、烷基磺酸盐、烷基硫酸盐和脂肪醇聚氧乙烯醚硫酸盐等阴离子表面活性剂，与脂肪醇聚氧乙烯醚或烷基酚聚氧乙烯醚等非离子表面活性剂复合配方，以烷酰胺、聚氧乙烯月桂酸单乙醇酰胺或聚氧乙烯椰子油酸单乙醇酰胺做泡沫稳定剂，此外洗涤剂还需加入助溶剂、溶剂、防腐剂和络合剂等。

机洗餐具用洗涤剂应具有较低的泡沫，故多采用脂肪醇聚氧乙烯醚或烷基酚聚氧乙烯醚等非离子表面活性剂为活性物，为增强去污能力，较多地添加碱性助剂。机洗餐具后还需要使用冲洗剂、消毒剂等。

常见的餐具用洗涤剂配方如下：

组分	质量/kg	组分	质量/kg
三聚磷酸钠	30～40	聚醚	1～3
磷酸三钠水合物	10～15	碳酸钠	15～20
无水硅酸钠	25～30		

(2) 灶具和厨房设备洗涤剂　常见的灶具和厨房设备洗涤剂配方如下：

组分	质量分数/%	组分	质量分数/%
苛性钠	1.6	烷基苯磺酸	4
50%柠檬酸溶液	3.6	氧化铝 P10	18
纯碱	1	Lutens010N110	1
氨基磺碱	2	聚二甲基硅氧烷	1
椰子油脂肪酸	0.2	香精	0.4
氧化铝 P2	27	水	40.2

该配方洗涤剂适用于擦洗烤箱，对玻璃、陶瓷面无损伤（该配方为联邦德国公开专利3908971介绍的）。

3. 居室用洗涤剂

家用居室与公共场所用清洁剂。这主要是硬表面清洁剂，包括地面、墙面、玻璃、洁具的清洁剂以及地面的消毒剂。另外，还有用于家具、地面的上光及保养，空气的清洁与清新等的清洁剂。

通用剂是相当广泛的洗涤剂产品类别，可用在很多清洁活动中，这些活动多数涉及硬表面清洁。通用清洁剂及其浓缩物常常需要稀释，其稀释剂一般为水，也需要助剂软化硬水，这些助剂有柠檬酸盐、碳酸盐和磷酸盐。从技术上讲，通用清洗剂加入助剂后，可以考虑用作厨房清洁剂。助剂能改进肥皂或合成表面活性剂效率，提高洗净能力。

在配方中加入的主要溶剂为二乙二醇正丁醚，但它有刺激性，可替代物为二丙二醇甲醚和二丙二醇正丁醚混合物。如此，可降低活性剂用量，也可避免溶剂的刺激性、减少清洁表面的残留污斑，同时保持同样的清洁性能。在配方中加入磨料，以提高机械去污力，为提高磨料体系的稳定性，可选用 Carbopol ETD 或 Good-Rite 树脂，分散悬浮，稳定配方。

常见的居室用洗涤剂配方如下：

组分	质量分数/%	组分	质量分数/%
去离子水	91.00	无水偏硅酸钠	2.30
Carbopol ETD^{TM}2691(轻度交联聚丙烯酸)	0.20	丙二醇甲醚	3.00
EDTA-4Na	2.00	C_{12}～C_{15}支链醇聚氧乙烯醚(7EO)	1.50

二、在个人用洗涤剂配方中的应用

1. 洗手剂

个人清洁用品是液体洗涤剂中第三大类清洁剂，包括头发清洁剂、皮肤清洁剂。这些产品与人体接触，卫生要求较高，在国外也将其列入化妆品范畴。

液体洗手剂常分为三类，即普通洗手液、消毒洗手液、无水洗手剂。普通洗手液在去污力及泡沫基础上考虑对手的柔和与保护作用。消毒洗手液主要考虑到公共场所对手的灭菌、消毒作用。而无水洗手剂的作用则是去除油与脂，需要良好的去污能力，但同时对手也有一定的保护作用。

无水洗手剂从手上去除尘埃、油脂和污渍，而不用水冲洗。它们可配成水包油或油包水的膏状、胶状、乳状、乳脂、乳剂和液体。

这种洗手产品一般含清洗剂、增稠剂、乳化剂和水。通常清洗剂为低黏度的溶剂，其选择依赖于要去除的污渍的类型。常使用的是无味煤油，因为它便宜，而且对多数污渍有效。其他常用的溶剂为矿物醇或矿物油。增稠剂常为纤维素衍生物。皂或非离子表面活性剂常用做乳化剂和清洗剂。表面活性剂常常是溶剂的有效增稠剂。润肤剂如十六醇、羊毛脂和石蜡，保湿剂如山梨醇溶液或甘油以及抗菌剂，可用于提高应用性能。

常见的洗手剂配方如下：

	组分	质量分数/%		组分	质量分数/%
A	硅铝酸镁	2.5		无味煤油	35.0
	水	30.0	C	甲基纤维素(4000mPa·s)	0.5
B	Arlacel 60(硬脂酸山梨醇酯)	2.0		水	22.0
	吐温-60(聚山梨醇酯-60)	8.0		防腐剂	适量

2. 发用洗涤剂

洗发香波是液体洗涤剂中使用原料最为广泛的洗涤剂，其使用原料简述如下。

(1) 表面活性剂　使用阴离子表面活性剂和两性离子表面活性剂。常用的阴离子表面活性剂为脂肪醇硫酸盐、脂肪醇醚硫酸盐、琥珀酸酯磺酸盐。为减少皮肤刺激和对头发的损伤，还使用柔性的阴离子表面活性剂——蛋白质与脂肪的缩聚物，如椰子蛋白质脂肪酸缩聚物以及氨基酸型表面活性剂、水解动物蛋白质等。

(2) 两性表面活性剂　其洗涤性能不及阴离子表面活性剂，但刺激性极低，常与脂肪醇硫酸盐、脂肪醇醚硫酸盐制成柔性洗发香波，如婴儿香波。这类表面活性剂有烷基甜菜碱、烷基酰胺丙基甜菜碱、烷基磺化甜菜碱、烷基咪唑啉及两性乙酸盐、两性丙酸盐等。

(3) 离子型表面活性剂　起泡力和去污力都差，一般用作头发调理剂，易为头发吸收，具良好的柔性、抗静电性以及润滑、杀菌作用。在二合一香波中，主要使用高分子阳离子季铵盐，以利于与阴离子表面活性剂配伍。

(4) 非离子表面活性剂　主要是烷醇酰胺和烷基氧化胺，用于体系的增泡和稳泡。同时，也对体系有增稠作用，并能减缓阴离子表面活性剂对皮肤的刺激性。

(5) 添加剂　常用的添加剂有增溶剂、珠光剂、去头屑剂、防腐剂、螯合剂、紫外线吸收剂、缓冲剂及香精、色料等。

常见的洗发香波配方如下：

	组分	质量分数/%		组分	质量分数/%
A	去离子水	34.85		聚二甲基硅氧烷(100Pa·s)	1.00
	Carbopol ETD™ 2020 (丙烯酸-C_{10}～C_{30}烷基丙烯酸共聚物)	0.5	B	去离子水	15.00
				NaOH(10%)	1.00
				氯化瓜尔胶羧丙基铵	0.20
	月桂基硫酸铵(28%)	34.00		Glydant(二甲基二羟甲基己内酰脲)	0.40
	月桂醇醚硫酸铵(27%)	9.25			
	椰油酰单乙醇胺	3.00		EDTA-2Na	0.10
	Incroquat O-50(氯化十八烷基苄基二甲铵)	0.50	C	香精	0.20

一般而言，黏稠、调理香波具有极好的清洗力，可增加头发光泽，减轻对头部表皮的损伤。

三、在工业用洗涤剂配方中的应用

1. 水基清洗剂

金属清洗剂的发展趋势是从溶剂型过渡到水基型，而水基型中常会用到两性表面活性剂。其他类型的工业洗涤剂如高压洗涤剂、交通污膜脱除剂、泡沫洗净剂等均可使用两性表面活性剂。

两性表面活性剂对保证在强碱条件下液态产品中各组分的配伍性方面有特殊作用。表4-1所列的配方为稳定的透明液体，将这一配方与3种品牌液体洗涤剂性能进行了比较，结果列于表4-2。这一实验是采用EMPA 101推荐的方法。在30℃、20∶1的浴比条件下进行15min洗涤，用Harrison色度仪测定实验前后的光反射率（ΔC_1）。从表4-2结果可看出，在相同剂量下表4-1配方的性能超过所有3种品牌产品。事实上只用40%剂量便可达到与3种品牌产品中最低效的配方等效。

表4-1　工业织物洗涤剂配方

成　分	质量分数/%
CoN_2A_3(30%)	12
油酸基两性羧基甘氨酸盐(30%)	6
AEO(7)	6
NPO(5.5)	2
五水合硅酸钠	10
HEDTA四钠盐(38%)	4
NTA(38%)	4
荧光增白剂	0.2
香精和色料	适量
水	余量

表4-2　表4-1配方的性能

品　种	剂量/(g/L)	ΔC_1	
		一次洗涤	五次洗涤
表4-1配方	5	141	267
表4-1配方	2	59	156
某品牌液1	5	133	220
某品牌液2	5	67	161
某品牌液3	5	103	167

目前金属制造业中大部分金属清洗操作都采用水基配方，其中通常含有能除去金属表面油污的碱，如氢氧化钠、硅酸钠、正磷酸钠等，加入表面活性剂有助于提高去垢速度。由于两性表面活性剂在强碱中稳定，且具有高的碱溶性，因此在碱性水基清洗剂中可以使用两性表面活性剂。当两性表面活性剂的分子中含有多个阴离子基团时，就更有利于在强碱中的应用。两性表面活性剂在这种场合下具有强亲水排斥作用，能够显示出水溶助长功能，满足配方在这方面的需要，此外，额外的阴离子基团能够增加在碱中的溶解度，可以使去污作用增强。表4-3给出含辛胺二丙酸钠的配方，具有高效、低泡、快速润湿等特点。

表4-3　含低泡两性表面活性剂的碱性配方

成　分	质量分数/%				
	1	2	3	4	5
辛胺二丙酸钠	1	1	1	2	3
五水硅酸钠	9	9	9	9	9
焦磷酸钾	20	15	17	20	20
水	余量	余量	余量	余量	余量

输送带的润滑/清洗在自动包装线上起着十分重要的作用，尤其在饮料、牛奶、食品加工中应用广泛，在这种特殊制剂中常将两性表面活性剂与肥皂复配起来使用。表4-4是由脂肪酸钠皂和C_8两性表面活性剂配制的低泡润滑剂配方。

表4-4　输送带润滑清洁剂的配方

成　分	质量分数/%	成　分	质量分数/%
辛酸、油酸钠皂	20	乙二胺三乙酸	5
C_8两性羧基甘氨酸盐	5	水	余量

2.酸性清洗剂

建议在含乙酸、柠檬酸、盐酸、氨基磺酸、磷酸、甲酸等酸性清洗剂中使用两性磺酸盐、甜菜碱和磺基甜菜碱等两性表面活性剂的使用量为5%。在许多酸性清洗剂中均需加入增稠剂以改变配方的流变性。表 4-5 列出了在各种酸中建议使用的两性表面活性剂。

表 4-5 各种酸中建议使用的两性表面活性剂

酸	两性表面活性剂	酸	两性表面活性剂
乙酸	椰油酰胺丙基羟基磺基甜菜碱	盐酸	牛脂基二羟乙基甜菜碱
柠檬酸	椰油两性羧丙基磺酸钠	磷酸	椰油酰胺丙基羟基磺基甜菜碱
甲酸	椰油两性羟丙基磺酸钠	氨基磺酸	癸基两性丙基磺酸钠

第二节 表面活性剂在制药工业中的应用

表面活性剂在制药工业中很早就被应用，近些年来应用得越来越广泛，表面活性剂在制药中主要起药物载体、增溶、乳化、分散、润湿、稳定、促进吸收及杀菌等作用。

医药表面活性剂必须无毒、无刺激性、不影响药的性质、无副作用等。然而，大多数合成表面活性剂或多或少都有毒，因此，使用必须慎重。

用作药物载体的表面活性剂有斯盘型表面活性剂、吐温型表面活性剂、甘油脂肪酸酯、多元醇脂肪酸酯、脂肪酸聚氧乙烯酯、蔗糖酯、水解明胶蛋白与脂肪酸的缩合物、酰胺类等。

用作药物增溶剂的表面活性剂主要有吐温-80、聚氧乙烯甘油单蓖麻油酸酯、高分子聚醚型两性表面活性剂等。

用作药物乳化剂的表面活性剂主要是酯类聚氧乙烯加成物和醚类聚氧乙烯加成物，如吐温-80、吐温-40、吐温-85、硬脂酸聚氧乙烯（400）酯、聚乙二醇（1000）单鲸蜡醚，以及磷脂、蔗糖酯、皂角苷和氨基酸型表面活性剂、卵磷脂等。

用作润湿剂的表面活性剂有二辛基磺基琥珀酸酯钠盐、吐温-80、卵磷脂、磷脂酰胆碱等。

一、在片剂和丸剂中的应用

从 19 世纪 40 年代到现在，片剂的研究、开发和生产发展得都很快。伴随着片剂辅料的发展和改进，新型表面活性剂的应用又大大推动了剂型的改进和创新。对片剂变色、崩解度、硬度和含量等问题的研究改进，提高了片剂的疗效。

1. 表面活性剂作片剂的润湿剂和胶黏剂

片剂要求所用的药物能顺利流动，有一定的黏着性，但又不粘贴冲头和冲模；遇体液又能迅速崩解，被吸收而产生疗效。实际上药物极少兼具这些性能，因此必须加入辅料或适当进行处理，使之达到以上要求。辅料必须要有较高化学稳定性，不与主药反应，不影响主药释放、吸收，对人体无害，来源要求广泛，成本低廉。

常见的辅料包括润湿剂、胶黏剂、崩解剂、润滑剂、稀释剂和吸收剂等。表面活性剂作为片剂辅料，可作胶黏剂和润湿剂。

对于一些疏水性强的药物，压成片剂后，由于其疏水性，服用后不被体液润湿，往往不能崩解而整粒排出。氯霉素棕榈酸酯即如此，如在制片时加入 0.2%吐温-80，可使药片被体液润湿，促进崩解。胶黏剂可使药物细粉黏合制成颗粒以便压片，如药物本身没有黏性或黏性不足，容易粉碎，则必须加入适量的胶黏剂。胶黏剂往往也是润湿剂。

2. 表面活性剂作片剂崩解剂的辅料

片剂中加入适量表面活性剂可增大药物的溶出速度，这主要是润湿和助溶作用。表面活性剂亦可改变机体吸附膜的性质，使药物更容易为机体所吸收。表面活性剂的存在，使水更易于透过孔隙，片剂加快崩解。

表面活性剂加速崩解不是直接影响崩解度，而是降低崩解剂的表面张力，使其易于吸水膨胀崩解，缩短崩解时间。表面活性剂起了辅助崩解剂或促崩剂的作用。

使用表面活性剂的方法有三种：①溶于胶黏剂中；②与崩解剂淀粉混合加于干颗粒中；③制成醇溶液喷在干颗粒上。第三种方法效果最佳，只是生产多了一道工序。

3. 表面活性剂作片剂润滑剂

为使压片前制成的干燥颗粒润滑，减少与冲模摩擦和粘连，使片剂光亮美观，剂量准确，一般须在加工时加入润滑剂。

常见润滑剂可以是液体或流体，常用者为液体石蜡（或与滑石粉配合使用）。润滑剂也可以是固体的界面润滑剂，具有抗静电和抗黏作用，在粉粒表面形成一薄层以达到润滑。常用的是硬脂酸盐、高级脂肪酸盐、十二烷基硫酸镁等。

4. 表面活性剂作包衣物料

有的片剂表面包上一层保护衣，可使药物稳定，避免与空气中水分、二氧化碳、氧气接触。对胃有刺激作用的药和要求在肠道显效和延效的药都可包衣（糖衣、肠衣或薄膜包衣），以达到治疗效果。包衣材料要求性质稳定、无毒，包衣后不引起体积增加较多，有弹性、不出现裂缝，不影响崩解等。

表面活性剂可用于片剂包衣物料的有：非离子表面活性剂聚乙二醇（PEG）、吐温、聚乙烯吡咯烷酮（PVP）、醋酸乙烯醇共聚物等；阴离子表面活性剂二辛基琥珀酰磺酸钠、月桂醇硫酸钠；天然表面活性剂阿拉伯胶、西黄蓍胶、明胶、虫胶等。

（1）糖衣物料　加入30%～35%阿拉伯胶的胶浆，新鲜配制，明胶浆量10%～15%，均用着色隔离衣，可增加衣层牢固性。

（2）肠溶衣物料　肠溶衣最早用的是虫胶，利用其在不同pH溶液中的不同溶解性，在胃中不溶而在肠中溶解，抵抗胃液的酸性腐蚀，到肠中能迅速崩解或溶解。

后由于药典规定的改变（pH由7.3改为6.8），故肠溶衣物料改用邻苯二甲酸醋酸纤维素和丙烯酸树脂（Ⅱ号、Ⅲ号），配方中加入少量吐温-80。符合药典规定，工序简化，污染降低。

（3）薄膜包衣材料　要求是合成高分子化合物具有特殊理化性质，其分子结构、相对分子质量、黏度、溶解度均适合作薄膜包衣材料。可胃溶、肠溶、渗透、缓释。

5. 表面活性剂作片剂缓释剂和控释剂

药物在人体内缓慢释放，吸收后能达到长效作用。这需要加入大分子阻滞剂，以实现缓释。控释剂则可延长药效，控制其释放量及释放动力学过程。用于该方面的片剂物料表面活性剂一般是大分子共聚物，它可以分成两类。

① 亲水胶体　能大量吸收水分，而不溶解，一般都是经交联形成的聚合物，如聚乙烯吡咯烷酮（PVP）、聚乙烯醇（PVA）、聚羟乙基丙烯酸甲酯等。它们都有良好的生物相容性。如PVP用于制作缓释剂时，常作为骨架的致孔剂兼胶黏剂。它可用来制备不溶性骨架和溶蚀性骨架药物缓释片，可控制药物通过凝胶层缓缓向外扩散释放，调节释药速率。

② 疏水性聚合物　不吸收或极少吸收水分，有较大的机械强度，对亲脂性药物具有高渗透性。如硅胶，它是惰性的，安全，可长期置于人体中。另外，乙烯-醋酸乙烯共聚物

(EVA) 具有良好生物相容性和机械性能，并有选择渗透性。

生物降解聚合物是控释体系中一种发展中的重要物料，用作药物载体制成植入剂或注射剂。药物分散在介质中能在体内扩散并随聚合物降解而释放。如纤维蛋白及胶原、聚乳酸、聚乙醇酸等。其毒性小，生物相容性好，无致敏性，降解产物亦无害。

控释剂的优点是可以减少用药次数，血药浓度能维持稳定，减少药物的不良反应和用药总量，增加药物的吸收量。其他缓释剂还有巴西棕榈蜡、琼蜡、硅藻酸、羟基丙烷、甲基纤维素、PEG、斯盘等。

二、在滴丸剂中的应用

丸剂是我国古老剂型之一，属中药制剂。近年来表面活性剂在滴丸中应用较多。所谓滴丸是指用滴制法制成的丸剂。固体或液体药物经溶解、乳化或混悬于适宜的熔融态基质，经滴管滴入另一不相混溶的冷却剂中，使液滴成球状冷却凝固成丸，取出，洗去冷却剂，干固即得。

滴丸中除主药外的其他赋形剂均称基质。用于冷却液滴，使之凝成固体药丸的液体为冷却剂。冷却剂有脂溶和水溶两类。

① 脂溶性基质　硬脂酸、单硬脂酸甘油酯、虫胶等。相应冷却剂为水、乙醇或其混合液。

② 水溶性基质　聚乙二醇（PEG 4000，PEG 6000）、硬脂酸钠、聚氧乙烯单硬脂酸酯（Myrj 类）等。相应冷却剂是液体石蜡、植物油、煤油等。

这些基质必须生理惰性、无毒、无副作用，低化学活性，熔点较低，在 60～100℃ 可熔化，骤冷可凝固，使药物处于最佳分散状态。冷却剂则要求与药物不相混溶，不发生作用，并应具有适当的相对密度和黏度。

表面活性剂在滴丸剂中的作用主要是改善难溶药物的吸收和溶出，提高其生物利用度。这里以聚乙二醇类（PEG）应用最多，这是由于其化学稳定性好，易溶于水，能释放水溶和油溶性药物。如氟哌酸的耳用滴丸，其中氟哌酸是主药，PEG 4000、PEG 6000 和吐温-80 共同构成基质，二甲基硅油为冷却剂，所得滴丸成型好，颗粒均匀，硬度适中，临床发现用药时浓度高，速效，作用持久。

三、在胶囊药剂中的应用

将药物装于胶囊中既便于服用，又不刺激口腔黏膜，还便于保存，患者很愿意接受。

长效胶囊是以非活性物质做助剂，将药物与肠溶性高分子物质造粒，做芯料，外包乙基纤维素膜，所用肠溶性高分子物质的用量为 15%～70%。通常采用的有：在 pH＞5 时水溶性好的多糖类乙酸酯、烷基化多糖类或羟烷基化多糖类、有机二元酸酯、羧基烷基多糖烷基醚、聚乙烯醇、聚乙酸乙烯酯或聚乙烯醇缩乙醛的有机二元酸酯或丙烯酸、甲基丙烯酸或其酯二、三元共聚物。

1. 在空胶囊中的应用

明胶胶囊发明于 1934 年，它可掩盖药物不良气味，外表光滑、美观，易服用，携带方便。溶解速度高于片剂，还可提高对光、湿、热敏感药物的稳定性。胶囊剂现已成为世界上使用最广泛的口服剂型之一，许多国家的产量、产值仅次于片剂和注射剂。在其中表面活性剂的主要应用如下。

(1) 作空胶囊（硬胶囊）辅助材料　明胶是制空胶囊主要材料，但因其易吸湿和脱水，常需要加入少量附加剂。硬胶囊可在空囊上印字，但要在食用油墨中加入 8%～12% 的聚乙二醇（PEG 4000），以防止印字后磨损。

（2）作软胶囊剂的附加剂　软胶囊可填充各种油或对明胶无溶解作用的液体药物或混悬液、固体药物。在填充固体药物的混悬液时，常用混悬液分散媒是表面活性剂 PEG 4000。

（3）用于肠溶胶囊剂　临床需要进入肠内溶解吸收发挥疗效的肠胶囊剂，一般用甲醛浸渍法处理。但也有将胶囊剂用包衣法处理的，包衣材料用 CAP 和 PVP 或羧甲基丙基纤维素、虫胶等，这样可得肠溶胶囊剂。

2. 在微型胶囊剂中应用

微型胶囊（microcapsules）是近年来发展起来的新技术。系用高分子材料将固体或液体药物包裹成直径为 91～5000μm 的微小胶囊。通常将药物的微型胶囊根据临床需要制成散剂、胶囊剂、片剂、注射剂和软膏剂。

药物经微囊化之后，可延缓药物疗效，提高稳定性，掩盖不良气味，降低其在消化道中的副作用，减少复方配伍禁忌，将液态药物制成固体制剂。

表面活性剂既可作胶囊中心物中主药附加剂，也可作囊材。如硫酸亚铁微胶囊制备时，将硫酸亚铁与 PEG 4000 加斯盘-60 混匀，搅拌使其分散于热的液体石蜡中，形成 W/O 型乳液，冷却，加入石油醚引起相分离-凝聚作用，使 PEG 4000 冻凝成微囊，空气干燥，即得成品。目前已有三十余种药物制成微胶囊制剂。国内在这方面的研究也取得了一些进展。

3. 在毫微微粒中应用

毫微微粒（nanoparticle）是一种近年来出现的固态胶体药物释放体系。胶体药物释放体系对全身治疗效果很好，这种体系基本上是亚微米体系，它和微粒和微胶囊制法相似，称为毫微微粒。

该体系由一种载体物质及其负载药物组成。标准是要积聚或保留在其所需作用的部位，即药物的靶器官定向作用，有适当的释放速度，稳定，易于用药，作为注射药可灭菌，载体无毒易生物降解。

四、在软膏类药剂中的应用

软膏类药剂是由有效药物组分和膏基组成。膏基有 O/W 型和 W/O 型的。制备膏基常用的表面活性剂有吐温、脂肪酸聚氧乙烯酯、脂肪醇聚氧乙烯醚等非离子表面活性剂、脂肪醇聚氧乙烯醚磷酸酯盐和十二烷基硫酸钠阴离子表面活性剂。

当采用月桂醇聚氧乙烯醚做乳化剂制备膏基时，由于聚氧乙烯链长短的不同，产品可以是膏状、液状、凡士林状、蜡状物等。如聚氧乙烯链聚合度为 4～7 时，常温下是液体可分散于水和溶于水；若聚氧乙烯链聚合度为 6 也可溶于液体石蜡，具有两亲性，在常温下对水的表面活性最大。

用阴离子乳化剂配制的膏基在酸性条件下可能不稳定，所以对于需要酸性条件的药物应选择阴离子或非离子乳化剂。季铵盐类对含有脂肪醇的乳状液体系有助稳定作用。

五、在膜剂、气雾剂中的应用

膜剂、气雾剂都是新型制剂，表面活性剂在其中都起了重要的作用。

1. 在膜剂中的应用

20 世纪 60 年代开始研究膜剂，现在国内外的研究和应用都有了较大进展，而且都已应用于临床。

药物溶解或均匀分散在成膜材料的溶液中，涂抹或制成薄膜状药物制剂。一般膜厚 0.1～0.2mm，面积不同用途不同，1cm^2 的供口服，0.5cm^2 的供眼用，5cm^2 的供阴道用。

表面活性剂在膜剂中不但广泛用作辅料，而且有的本身就是膜剂的主药。

(1) 作膜剂辅料　一般膜剂的处方中除主药外，还有1%～3%的表面活性剂（如吐温-80、SLS、豆磷脂）。

在膜剂少量生产时，将成膜材料溶于水中，过滤，加入主药充分搅拌。如主药溶解性能不好，则先制成微晶或研成细粉，用研磨或搅拌方法，在表面活性剂作用下使之均匀分散在成膜材料的胶体溶液中，再倾倒在平板玻璃上涂成涂层、烘干、制成成品。

成膜材料，常用的是天然或合成高分子物质，如明胶、阿拉伯胶、聚乙烯吡咯烷酮(PVP)、聚乙烯醇（PVA）等。经研究发现，以PVA的成膜性能、膜拉伸强度、柔软性、吸湿性为最佳。

(2) 在口腔用膜剂中应用　本类膜剂应用最多，它分为口服膜、口含膜和口腔外用膜三种。一般口腔黏膜吸收后可显全身疗效。

如舌下含膜的硝酸甘油膜剂，其成膜材料是聚乙烯醇，稳定性优于片剂，临床效果也较快，膜剂奏效时间是0.35min，而片剂是1.18min，该膜剂的水溶时间短、体外释药要比片剂快3～4倍。在此膜剂中，硝酸甘油以球粒形态均匀分布在胶液和干膜中，为PVA所包覆，可防止其挥发。美国在1981年制成硝酸甘油贴片膜，它对粥样硬化性冠心病和冠状动脉痉挛均有较好的预防作用。

(3) 在外用膜剂和涂膜剂中应用　皮肤外用膜剂是用含高分子化合物（如聚氧乙烯醇缩甲醛）的有机溶剂溶解药物制成的外用液体涂剂。用时涂于患处，溶剂挥发后形成薄膜，对患处保护，同时释放所含药物起治疗作用，使用较为方便。

如一种烫伤涂膜剂，含2%乳化剂，乳化液可直接涂在皮肤上，或先涂布于玻璃板或热圆筒上，加热除去水分即可用。

另有一种硫黄涂膜剂，除主药外，还加入表面活性剂吐温-80、PVA-124，其中吐温-80用于将主药硫酸锌、樟脑酯和硫黄等制成混悬液，加入表面活性剂可使硫黄均匀分散，不结块，涂膜后药液充分接触皮肤、增强药效，可治疗疥疮、痤疮和各种湿疹。

(4) 在眼用膜剂中应用　在眼用膜剂中加入聚乙烯醇（PVA）等表面活性剂后，后者在泪液中溶蚀，在角膜表面形成黏性含药泪膜，直接接触眼膜上皮层向眼内渗透，可加强药效，延长药物作用时间。如噻吗心安眼用膜剂中加入PVA17-88，后者用80%乙醇溶解，加入蒸馏水，水浴加热并加入其他药物，制成膜剂可治疗青光眼。

(5) 在避孕和阴道用膜中应用　膜剂在这个领域中应用亦较多。其优点是给药方便、不受分泌物冲击，不影响阴道内pH和生理功能，局部药物浓度高，可维持较长时间，优于其他给药方法。

(6) 在鼻腔用膜剂中应用　膜剂应用于鼻腔时，由于呈半固体状，在鼻腔内滞留时间长，不流向口腔，无不良气味，释药缓慢持久。现主要有止血消炎膜、慢性过敏性鼻炎药膜、味麻药膜、复方酮替芬药膜等。最近研究表明，鼻腔用药显全身效果，加入吸收促进剂即可实现，是很有前途的给药途径，可避免过敏反应和胃肠道分解。

(7) 在中药膜剂中应用　近年来在这方面的研究发展较快，中医的口腔科、眼科、外科、皮肤科、妇科均有膜剂。

表面活性剂聚乙二醇类、白芨胶、明胶都可用作成膜材料，其中PVA成膜性、脱膜性、抗拉性、柔软性、吸湿性均优于其他材料，也是很好的药物载体。白芨胶是中药膜剂中常用的成膜材料，无毒、无刺激性、稳定、成膜性能好，有一定拉力，可延缓释放。有止血化瘀、消肿生肌等治疗作用。

在制膜时先将药物与成膜材料进行预处理，在配制膜浆液之后加入附加剂，消泡、涂膜、干燥、脱膜制成产品。在制膜板上先涂少量液体石蜡或吐温-80，可使脱膜时完整。

2. 在气雾剂中的应用

气雾剂（Aeros01）是指药物和抛射剂一同封装在耐压容器中，使用时借抛射剂压力将药物喷出的制剂。由于其具有速效和定位作用等优点，故自20世纪50年代以来发展迅速。

（1）在混悬气雾剂中的应用　混悬系统是药物微粉分散在抛射剂中形成的较稳定的混悬液。在溶剂中不溶解或溶解后不稳定的药物，宜制成此体系，加入表面活性剂使之稳定。表面活性剂是这种系统的助悬剂、润湿剂、分散剂。

制备粉末气雾剂必须防止粉末的凝聚和重新结晶，其中在体系中的水分是导致重新结晶的重要因素。为防止以上现象发生，常借助于表面活性剂的屏障作用。例如治疗流感的牛蒡子苷不溶于抛射剂F12，用一般制备西药粉末喷雾剂的方法将牛蒡子苷压入F12后会凝聚成树脂状物质，黏附于器壁而影响使用。如改用斯盘-80和油酸乙酯为分散剂，可使牛蒡子苷在胶体状态下充分研细，压入F12后可得性能较好的粉末气雾剂。

（2）在泡沫气雾剂中应用　泡沫气雾剂喷出物不是雾粒而是泡沫可用于皮肤、阴道和直肠等局部表面。这类气雾剂在容器中成乳状液。当乳状液经阀喷出后，分散相中抛射剂立刻膨胀汽化，使乳剂成泡沫状。

表面活性剂在泡沫气雾剂中作乳化剂，对系统质量好坏起重要作用。乳化剂使振摇时油和抛射剂完全乳化成细微粒，稠厚，至少在1～2min内不分离，并保证抛射剂和药液同时喷出。

六、在栓剂中的应用

栓剂是常用的药剂。某些药物不能口服或口服效果不佳，可制成栓剂，经直肠吸收，以发挥其功效。制备栓剂的基剂主要是由油脂和表面活性剂组成。表面活性剂在栓剂中既起乳化分散作用，又能促进直肠对药物有效成分的吸收。常用的表面活性剂有甘油脂肪酸酯、蔗糖酯、吐温等非离子表面活性剂及十二烷基硫酸钠等阴离子表面活性剂。

七、在液体制剂中的应用

所谓液体制剂是以液体形态用于治疗的制剂。按分散体系分类，可分为分子分散体系和微粒分散体系，前者包括低分子溶液、高分子溶液，后者包括胶体溶液、粗分散体系，粗分散体系又可分成乳剂和混悬剂。按其应用，液体制剂可分为内服、外用、注射三类。

表面活性剂在液体制剂中主要用作分散剂、增溶剂和乳化剂。

如在药剂学中常遇到一些难溶于水的药物要配成水溶液的问题，增加难溶物溶解度是一个重要的问题，目前解决该问题的措施之一是加入表面活性剂使难溶药物在胶束内增大溶解度。

（1）对维生素A、D、E、K的增溶　脂溶性维生素A、D、E、K难溶于水，内服难吸收，常配成乳剂或通过增溶以供药用，现已制成维生素A的黏稠水溶液和维生素D_2水溶液，即以吐温-80作增溶剂，所得制剂加10倍水稀释仍保持澄清。

（2）对甾体药物的增溶　甾体类药物一般难溶于水，将其溶液或混悬液用于滴眼剂或注射剂，需要增溶。中川等用四种非离子表面活性剂对十余种甾体药物进行过增溶实验，发现这些药物在增溶下均可配成溶液。如丙酸睾丸酮（TP）增溶效果在低浓度时较好；浓度相同时氧乙烯基数小的增溶效果好。

(3) 对抗生素的增溶　一般抗生素在水中的溶解度都很小，如氯霉素在水中的溶解度仅为0.25%，治疗时需2.5%的溶液供注射。过去用几种醇作混合溶剂提高其溶解度，但注射后有副作用。现用吐温-80的20%水溶液作溶剂，可得稳定注射液。

另外，表面活性剂还可在乳液和混悬剂中作为乳化剂、助悬剂、絮凝剂和反絮凝剂起到分散、稳定等作用。

八、直接作药物的表面活性剂

直接用作医疗和杀菌的表面活性剂，主要是阳离子表面活性剂、两性表面活性剂和环氧乙烷衍生物非离子表面活性剂等，如烷基苄基二甲基氯化铵、聚乙烯吡咯烷酮、辛基酚聚氧乙烯醚、壬基酚聚氧乙烯醚、月桂醇聚氧乙烯醚、Tego型两性表面活性剂（氨基羧酸型两性表面活性剂）等。

第三节　表面活性剂在食品工业中的应用

表面活性剂在食品工业中是作为添加剂、加工助剂或清洁剂使用的。它的种类、性质有严格的法规限制。表面活性剂的主要用途是作为乳化剂、起泡剂、消泡剂、润湿剂、分散剂、增稠剂、结晶防止剂、抗菌剂、抗氧化剂或与蛋白质和淀粉形成复合体及洗涤清洁剂等。1988年，世界卫生组织（WHO）、世界粮农组织共同批准在食品中允许使用的表面活性剂有乳化剂19种，加工助剂、消泡剂42种，澄清剂25种，脂肪结晶改良剂4种，抗黏剂41种，面粉处理剂7种，面团改良剂34种，洗涤去皮剂22种。可见，食品用表面活性剂是有严格规定的。上述大量应用的是乳化剂、增稠稳定剂和消泡剂。

一、食品乳化剂

食品乳化剂能使食品各成分混合均匀，以改善食品的组织结构、口感，提高食品的质量和贮存性。主要品种为非离子型表面活性剂，少数是阴离子型。其中，天然乳化剂如大豆磷脂及脂肪酸多元醇酯与其衍生物的应用最为广泛。

(1) 甘油脂肪酸单酯　它是食品乳化剂中用量最多的一种，工业产品为单酯与双酯的混合物。单酯含量仅40%～50%，如产品经过分子蒸馏可获得单酯含量高于90%的产品。单酯的HLB值为3～5，属亲油性的乳化剂，常用于人造奶油、起酥油等W/O型乳化食品中。不饱和脂肪酸单甘酯的乳化能力比饱和脂肪酸单甘酯更强，但存放性较差。单甘酯可以单独使用，也常和其他乳化剂如蔗糖酯、失水山梨醇酯并用作起泡剂，使糕点体积膨大。油酸单甘酯单独作为制作炼乳和豆腐的消泡剂。单甘酯能和淀粉形成复合体，防止面包老化，并使面包疏松、柔软、可口。

低碳酸如己酸、辛酸的单甘酯具有防菌作用，可提高食品的保藏性。加入太妃糖、口香糖中可防止粘牙。

单甘酯也可与其他有机酸如乳酸、柠檬酸等反应生成甘油酯的衍生物，以改善甘油酯的亲水性以及与淀粉的复合性。

(2) 脂肪酸丙二醇酯　HLB值为2～3，可与其他乳化剂并用。

(3) 失水山梨醇酯（Span）　单酯的HLB值为4～8，可代替蔗糖酯使用，具有W/O型乳化和增塑性能。常用单棕榈酸酯和单硬脂酸酯制成人造奶油或糕点起泡的W/O型乳化剂。未经蒸馏的产品略有气味。

吐温（Tween）类乳化剂的亲水性较强（HLB＝16～18），略有不适气味，用量多时会使口感发苦。

（4）脂肪酸蔗糖酯　这类产品的 HLB＝1～16，单酯的水溶性很大。O/W 型乳化剂使用 HLB＝1～15 的糖酯，W/O 型乳化剂使用 HLB＝2～5 的糖酯。糖酯能抑制砂糖从糖液中结晶析出。又如巧克力可可脂，晶型以 β 型（熔点 34℃）最稳定，其他三种晶型均不稳定，将浮于表面起霜。加入糖酯，有利于 β 晶体的生成，防止起霜。脂肪酸蔗糖酯由于 HLB 值范围广，且应用愈来愈广。

（5）烷基多糖苷（APG）　亦称糖醚，是脂肪醇与糖的缩合产品。由于它的结构是醚键，化学稳定性较强，近年来继 Henkel 公司开发成功后，应用日益扩大。

（6）大豆磷脂（卵磷脂）　大豆磷脂属两性离子型，pH 为 6.6，呈微酸性，等电点 pH＝3.5。在酸性条件下容易生成 W/O 型乳液，在碱性附近则生成 O/W 型乳液。卵磷脂对油脂有抗氧化作用，尤其与维生素 E 共用时，效果更加明显。油炸时易因高温引起卵磷脂中含氮化合物的羰基反应，使颜色变褐。因此，油炸用油宜用精制脱磷脂的食用油。卵磷脂还可以和淀粉或蛋白质结合形成复合体。

通常，非离子表面活性剂较难和蛋白质形成复合体，而磷脂与蛋白质则较易结合。食用磷脂还有降低胆固醇的效能。

天然蛋白质同样是一种良好的 O/W 型乳化剂。蛋黄中含有磷脂与胆固醇，前者适用于 O/W 型乳化，后者适用于 W/O 型乳化。应当指出，食品是由油脂、蛋白质、淀粉及其他成分组成的混合体。因此，乳化剂的选择及复配必须准确掌握它对食品中各种成分的影响，并根据乳化对象选用。例如，乳化剂对油脂的 α 晶型到 β 晶型有调节作用，从而影响食品的感官。乳化剂不能与蛋白质的肽键作用，但可与氨基酸侧链起作用。乳化剂可进入直链淀粉的 α-螺旋结构并形成复合物等，这可使面包、糕点、蛋糕等食品达到松软、可口、延缓老化的目的。各种表面活性剂与淀粉、蛋白质相互作用的程度也是不同的。例如，90％的饱和 C_{16}～C_{18}脂肪酸单甘酯很容易与淀粉复合，而大豆磷脂则差。但前者与蛋白质的相互作用较差，而以甘油单二乙酰基酒石酸酯较好。

二、食品消泡剂

食品消泡剂主要使用失水山梨醇的单油酸酯。不饱和的植物油如豆油、麻籽油、菜籽油可用于发酵过程中的消泡。硅油、聚硅氧烷、聚乙二醇、聚丙二醇或其油酸酯，长链醇如辛醇、十二醇、十八醇亦可用作消泡剂。它们中的消泡效果以聚二甲基硅氧烷（DMPS）和乳化剂复合的 O/W 型乳液为最强，聚硅氧烷耐高温性和耐低温性都好，而且比较稳定，使用量大都在 mg/kg 级范围内。聚丙二醇与聚乙二醇的嵌段共聚物特别是聚丙二醇聚合度为 40％（相对分子质量 2000）的共聚物有很好的消泡能力。

有些食品的制作需发泡，可加入发泡剂，但要求泡沫稳定，对人体无害。常用蛋白质类如大豆蛋白、卵蛋白、乳清蛋白、明胶等天然蛋白质的稳泡性很强。此外，CMC 等纤维素衍生物、阿拉伯树胶、蔗糖脂肪酸酯、单硬脂酸失水山梨醇酯等都具有优良的稳泡性能。

三、质量改进剂

饱和脂肪酸单甘油酯可防止面包饼干的老化，改进通心粉的黏度。饱和脂肪酸单甘油酯和脂肪酸丙二醇酯的混合物可改进糕点的容积和纹层，卵磷脂可降低淀粉凝胶化温度，蔗糖酯、斯盘-60 等可用作油脂晶形的结晶调整剂，使油脂的 α 晶形比较稳定（熔点低），从而延缓晶形变化，以利于食品的味感。

四、增稠剂、保鲜剂

增稠剂可增加食品的稠度，使食品润滑可口。除增稠外还有胶凝作用、稳定作用和保水作用。增稠剂的分子结构中有许多亲水基如羟基、羧基、氨基等能与水发生水化作用并高度分散于水中，形成高黏度的分散体系。增稠剂种类很多，大多是多糖类、动物蛋白或人工合成物。常用的有明胶、果胶、藻朊酸钠、变性淀粉、羧甲基纤维素、淀粉、阿拉伯胶、黄原胶、海藻酸丙二醇酯、羧甲基淀粉、羟丙基淀粉等。

食品保鲜剂是用来保持食品的色、香、味和营养成分的添加剂，其种类很多。与表面活性剂有关的如乙酰化单甘酯可涂覆肉类形成薄膜，保持肉类自然色泽与鲜度。蔗糖酯可用作鸡蛋表面涂剂，使鸡蛋的呼吸作用减弱，保鲜抗菌效果好，在常温下可保鲜6个月。

五、水果、蔬菜、鱼类清洗剂

这类洗涤剂应有一定的卫生要求，无毒，泡沫少，能除去果蔬上的残留农药、微生物而具有防腐或保鲜性能。所用表面活性剂有烷基苯磺酸铵、蔗糖酯、失水山梨醇脂肪酸酯及其他如六偏磷酸钠、乙醇、丙二醇等助剂复配而成。

第四节　表面活性剂在化妆品中的应用

化妆品是保护、修饰、美化人体，使容貌整洁、增加魅力，具有令人愉快香气，以涂、搽、撒、喷、洗、漱等方式使用的日常生活用品。

近几年来，化妆品工业发展十分迅速，消费量不断增长，主要原因是开发出许多新型原材料、助剂和活性组分。特别是表面活性剂工业的发展，得以生产出种类丰富、性能优异的化妆品。表面活性剂广泛用于化妆品生产，如用作乳化剂，制造O/W型和W/O型化妆品；用作渗透剂，生产染发剂和染发助剂；用作洗净剂，生产香皂、洗面奶、洗发水；用作柔软剂和润湿剂，生产柔发洗净剂和调理剂；用作杀菌剂，生产抗汗剂和抗头屑剂；用作增溶剂，生产液、乳类化妆品；用作分散剂，用来分散颜料和固体添加剂等。

由于化妆品直接在人体上使用，而且使用频率很高，因此安全性极为重要，所使用的原料必须对人体无害，长期使用不得对皮肤有刺激过敏作用，更不允许有毒性积累和致癌作用。目前化妆品的发展趋势是向疗效性、功能性、天然性方向发展。疗效性指化妆品除具有清洁美容作用外，还要有促进皮肤细胞新陈代谢、保持皮肤健康、延缓皮肤衰老的功效。功能性是指化妆品具有特定功能，对不同年龄、不同性别、从事不同职业的人，在不同时间、不同场所使用不同功能的化妆品，以收到最佳使用效果的目的。天然性是指化妆品采用天然原料做添加剂，使其更具有安全性。

化妆品分为皮肤用化妆品、发用化妆品、美容化妆品、口腔卫生用化妆品和特殊用途化妆品。

一、皮肤用化妆品

皮肤用化妆品直接涂敷于皮肤上，配制的关键是使其成分与皮肤接近，既能对外界的各种刺激起保护作用，又不妨碍皮肤正常的生理功能。皮肤用化妆品包括膏、霜、蜜、液、乳类化妆品。

1. 雪花膏

雪花膏是O/W型乳化体，主要成分是水、硬脂酸酯、保湿剂、香料等。雪花膏主要用于面部皮肤，搽在皮肤上，水分挥发后留下一层薄膜，能防止表皮水分过分蒸发，减小外界的刺激，使皮肤滋润而不干燥。配方举例如下：

	组分	质量分数/%		组分	质量分数/%
A	硬脂酸甘油酯	11.00	D	香精	0.40
	十六醇	2.00		液体石蜡	8.00
	聚二甲基硅氧烷	0.30		棕榈酸异丙酯	4.00
B	去离子水	62.825		辛酸辛酯	2.00
	苯氧基乙醇	0.40		丙二醇	4.00
C	甘油、麦麸蛋白	5.00		10%柠檬酸	0.075

制备方法：分别把A、B加热到80℃，B加入A中，用搅拌器乳化，然后冷却至50℃加入C。35℃下加入D。调节pH约5.6。

2. 冷霜

冷霜多为W/O型乳化体，涂于皮肤上水分蒸发，吸热而产生凉爽感。冷霜的典型配方是蜂蜡和硼砂作用形成W/O型乳化体。配方举例如下：

组分	质量分数/%	组分	质量分数/%
蜂蜡	12.0	聚氧乙烯(20)山梨糖醇酐月桂酸酯	2.0
石蜡	5.0	硼砂	0.3
凡士林	15.0	去离子水	22.7
白油	40.0	香精	1.0
甘油硬脂酸酯	2.0		

3. 奶液（蜜）

近年来，由于滋润物质、保湿剂等新原料不断出现，开发了各种高稳定性乳化体，其中流体称为奶液（蜜）（半固体称为膏霜）。

奶液比膏霜类化妆品使用方便，能均匀地铺展成薄层，无油腻感，皮肤易适应，可使皮肤光滑柔软。奶液有亲油性奶液和亲水性奶液，虽然成分多类似于膏霜，但油分少得多，使其保持稳定乳化态比霜膏要困难得多，因此表面活性剂在奶液化妆品中起决定作用。配方举例如下（保湿液）：

	组分	质量分数/%	组分	质量分数/%
A	矿物油60/70	8.20	芦荟液	3.30
	鲸蜡酯	7.60	乙酰化羊毛脂	5.00
	霍霍巴油	1.70	丙二醇	2.30
B	去离子水	69.70	三乙醇胺	1.20
	丙二醇/对羟基苯甲酸(甲酯/丙酯)/二偶氮烷基脲	1.00	香精	适量

制备方法：在77℃，搅拌下，分别熔化A、B。熔化后，将A加入到B中，搅拌均匀。冷却到49℃时包装产品。

4. 润肤霜

润肤霜中含有的水分介于雪花膏和冷霜之间。润肤霜油水含量平衡，霜体稳定，有润肤剂、营养剂和保湿剂等功能性物质。它既给皮肤适当油分，又能保持水分的调节功能，使皮肤滋润娇嫩、光滑柔软而富有弹性。配方举例如下：

组分	质量分数/%	组分	质量分数/%
小麦胚芽油	4.00	水解胶原蛋白	1.00
硬脂酸	4.00	十六醇	3.00
十八醇	1.00	液体石蜡	5.00
凡士林	8.00	单硬脂酸失水山梨醇酯	2.50
硬脂酸聚乙二醇酯	3.00	1,3-丁二醇	5.00
氢氧化钾	0.10	对羟基苯甲酸酯	0.20
香精	适量	去离子水	余量

二、发用化妆品

发用化妆品包括洗发、护发、美发类化妆品。

1. 洗发用品

洗发香波是专为洗发用的化妆品，它的主要成分是表面活性剂。使用它洗发时，能从头发和头皮中清除污垢、皮脂和汗水，还能除去油性头发中过量的油分，补充干性头发所需要的油分。好的香波必须具备如下性质：①在使用性能方面，应具有良好的洗净能力，有良好的起泡性，使用方便，容易漂洗，对毛发和头皮安全、刺激性小；②在调理性能方面，洗后头发爽快松散，有润湿感，易于梳理，防静电，光亮且富有弹性。由于各种功能添加剂的使用，形成了目前种类繁多、琳琅满目的发用香波。配方举例如下：

组分	质量分数/%	组分	质量分数/%
A 去离子水	65.08	E 氯化钠	1.00
椰油酰基单乙醇胺	3.50	椰油酰胺丙基甜菜碱	4.00
B 月桂基聚氧乙烯醚硫酸钠	18.00	丙二醇	4.00
C 去离子水	2.00	咪唑烷基脲	0.30
D 甘油聚氧乙烯醚椰油酸酯	2.00	香精	0.07
碘代丙炔基氨基甲酸丁酯	0.05		

制备方法：混合A，加热到65℃，缓慢加入B，搅拌至完全溶解，冷却至40℃，加入预混合的C和D，最后加入E。

2. 护发用品

护发用品是使头发保持天然、健康和美观而使用的化妆品。护发用品的安全性要好。常用的护发用品有发油、发乳、头发调理剂、护发素等。表面活性剂在护发用品中起乳化、润湿、渗透、抗静电等作用。配方（护发素）举例如下：

组分	质量分数/%	组分	质量分数/%
十八烷基三甲基氯化铵	1.0	聚二甲基硅氧烷	1.5
液体石蜡	0.5	十六烷醇	2.5
十六烷基聚氧乙烯醚	1.5	丙二醇	5.0
去离子水	余量		

3. 美发用品

专供卷发、染发等用的化妆品为美发用品。卷发剂由卷发和中和两部分组成，表面活性剂在其中起乳化、润湿和渗透作用。染发剂中的表面活性剂起乳化、渗透等作用。配方举例如下（染发剂）：

组分	质量分数/%	组分	质量分数/%
苯氧基异丙醇	7.0	乙醇	15.0
羟乙基纤维素	2.0	羟甲基纤维素钠	0.5
1-羟基亚乙基二膦酸	0.2	日本黑401	0.2
酸性紫43	0.2	颜料黄12	0.5
柠檬酸	适量	去离子水	余量

三、美容化妆品

美容化妆品主要涂敷于面部皮肤和嘴唇，利用色彩变化达到美化效果，也可用于遮盖雀斑、伤痕等皮肤缺陷，具有美化、保护皮肤和满足人的心理要求的功能。美容化妆品是将颜料分散在各种基质中制成的。使用的颜料包括滑石、高岭土、云母、二氧化硅、碳酸钙、氧化铁等。基质包括液态石蜡、凡士林、合成酯等油分；甘油、丙二醇等保湿剂以及表面活性剂、防腐剂、抗氧化剂等助剂。

美容化妆品有香水类、香粉类、唇膏类、眼用类等化妆品。

1. 香水类化妆品

香水类化妆品有香水、爽身水和收敛水等。为保持身体清洁和皮肤健康涂敷于皮肤表面，使皮肤洁净、湿润适度，并给予良好的刺激，促进皮肤的生理功能。在此类化妆品中，表面活性剂起加溶作用。配方举例如下：

组分	质量分数/%	组分	质量分数/%
乙醇	33.00	薄荷脑	0.10
硼酸	2.00	柠檬油	0.40
柠檬酸	4.50	柠檬醛	0.15
吐温-20	2.00	去离子水	57.85

2. 香粉类化妆品

香粉涂于面颊，可改变脸部颜色，遮掩褐斑、雀斑，防止皮肤油分分泌，使皮肤光滑。香粉中常添加有覆盖剂、润滑剂、吸附剂等，其中使用了大量的无机亲水性粉末，为使这些亲水性物质能很好地分散，并牢固地附着于皮肤表面，必须使这些亲水性表面改性。表面活性剂如脂肪酸皂，可吸附于亲水性粉末表面，使其变为亲油性表面，从而提高香粉稳定性和对皮肤的附着力。配方举例如下：

组分	质量分数/%	组分	质量分数/%
滑石粉	25.0	丝云母	25.0
巴西棕榈蜡	5.0	微晶蜡	10.0
液体石蜡	10.0	香精	1.0
二氧化钛	20.0	氧化铁红	3.0
交联硅氧烷	1.0		

3. 唇膏类化妆品

唇膏是女性美容化妆品的核心。唇膏对人体必须无害，对皮肤无刺激，不能有异味，在嘴唇上易溶解、易涂敷、易保留，饮食时不易粘在容器上，在通常的温度和湿度下不变形、不出油、不干裂、不变色。唇膏的原料有油脂、蜡、色料和表面活性剂。油脂和蜡是构成唇膏的基体物料；色料起染色作用；表面活性剂在唇膏中起分散、润湿和渗透作用，能促进色料均匀分散，降低嘴唇皮肤的表面张力，使唇膏易于在嘴唇上均匀铺展，提高色料渗透力，使膏体稳定，并能滋润皮肤。唇膏常用的是非离子表面活性剂，有卵磷脂、甘油脂肪酸酯、蔗糖脂肪酸酯等。配方举例如下：

组分	质量分数/%	组分	质量分数/%
C_8～C_{10}脂肪醇	30.0	癸醇	7.0
辛基琥珀酸铝淀粉	10.0	地蜡	10.0
巴西棕榈蜡	4.0	蜂蜡	3.0
二氧化钛	3.0	钒酸铋	1.0
香精	0.5	火焰红	1.0
蓖麻油	余量		

4. 眼用类化妆品

眼用类化妆品涂于眼部、睫毛、眉毛，用以突出眼部立体感和神秘感，增加个人魅力。眼用类化妆品包括眉墨、眼影、睫毛油等。表面活性剂在其中起分散、渗透、乳化等作用。配方举例如下（眼影）：

组分	质量分数/%	组分	质量分数/%
云母	30.0	丝云母	20.0
滑石粉	15.0	色素	15.0
珠光剂	5.0	角鲨烷	10.0
聚二甲基硅氧烷	4.0	失水山梨醇异硬脂酸酯	1.0

四、口腔卫生用化妆品

口腔卫生用化妆品包括牙膏和漱口水。它们能净化口腔，预防龋齿、牙周炎，使口腔清爽舒适。

1. 牙膏

牙膏由摩擦剂、润湿剂、黏合剂、起泡剂、增稠剂、甜味剂、稳定剂、药物、香料和水等组成。牙膏中的表面活性剂起着重要的作用。表面活性剂的起泡作用使牙膏中各种有效物扩散到口腔各个角落和牙齿缝隙，并渗入黏附于牙齿表面的沉积物中，减少污垢与牙齿的黏附力而被清除；表面活性剂的吸附和润湿作用能增大污垢在牙齿表面上的接触角和水溶性，使污垢易于脱落；表面活性剂的分散乳化作用使牙膏中功能性物质均匀扩散。因此，要求牙膏中使用的表面活性剂除垢性强、泡沫丰富、易于漱净。配方举例如下：

组分	质量分数/%	组分	质量分数/%
碳酸钙	50.0	甘油	20.0
角叉胶	0.5	羧甲基纤维素	1.0
月桂基二乙醇酰胺	1.0	单月桂酸蔗糖酯	2.0
香精	1.0	糖精	0.1
苏丹可乐果提取物	0.5	去离子水	余量

2. 漱口水

漱口水的主要功能是清洁口腔，除去腐败发酵的食物残渣，抑制产生恶臭的微生物。漱口水由醇、润湿剂、香料和表面活性剂组成。表面活性剂用来加溶香精油，除去口腔内食物残渣，杀菌。配方举例如下：

组分	质量分数/%	组分	质量分数/%
乙醇	11.5	薄荷油	0.06
月桂酸盐	0.3	去离子水	88.14

五、特殊用途化妆品

特殊用途化妆品主要是指用于治疗的、具有药效活性的制品，包括毛发用和皮肤用两大类。如用于育发、染发、防晒、美乳、健美、防粉刺、抑汗祛臭等目的的化妆品。这些化妆品都有各自不同的效用。

1. 育发类化妆品

育发类化妆品是一种酒精溶液。酒精具有杀菌、消毒作用。酒精浓度太低，会导致制品混浊、沉淀析出而影响制品的外观、使用性能和使用效果。但太浓的酒精有脱水作用，会吸收头发和头皮的水分，使头发干燥发脆、易断。如将酒精以水冲淡，则脱水作用就会随加入水量的增加而下降，因此适度的含水酒精是较为理想的。配方举例如下：

组分	质量分数/%	组分	质量分数/%
橄榄油	6.7	甘油	6.9
IPM	2.8	酒精	81.6
间苯二酚	0.8	香精、色素	适量
D-泛醇	0.4	去离子水	余量
壬基酚聚氧乙烯醚	0.8		

2. 染发化妆品

染发化妆品是用来改变头发的颜色，达到美化毛发之目的的一类化妆品，按染发的功能不同可分为：①染发剂——以增加色素来改变头发色彩，如把白色或红色的头发染成黑色；②头发漂白剂——以减少色素来改变头发的色彩，如将黑色头发漂白脱色；③头发脱染剂——将染成的头发变成另一种染色。但需要最多的是黑色染发剂。按染发色泽的持续时间长短，染发用品可分为暂时性、半持久性和持久性三类。暂时性、半持久性染发剂色泽牢固性差，不耐洗，多为临时性的头发表面修饰之用。持久性染发用品染料能有效地渗入头发毛髓内部，发生化学反应使其着色，染色后耐洗涤，耐日晒，色泽持久时间长，是普遍使用的一类染发剂。配方举例如下：

组分	质量分数/%	组分	质量分数/%
对苯二胺	4	聚氧乙烯(5)羊毛醇醚	3
2,4-二氨基苯甲醚	1.25	丙二醇	12
1,5-二羟基萘	0.1	异丙醇	10
对氨基二苯基胺	0.07	EDTA	0.5
4-硝基邻苯二胺	0.1	亚硫酸钠	0.5
油酸	20	去离子水	(加至100)
油醇	15		

3. 脱毛化妆品

脱毛剂（depilatories）是一种不需要利用剃刀或电动脱毛器而能除去皮肤上绒毛的化妆品，主要用于将面部和小腿的绒毛与腋下毛去除，多为女性使用。脱毛剂包括拔毛剂、化学脱毛剂和磨毛剂。近年来，市售的脱毛剂主要是化学脱毛剂（chemical depilatories），其他类型脱毛剂已很少见。配方举例如下：

脱毛膏		脱毛乳液		脱毛喷剂	
组分	质量分数/%	组分	质量分数/%	组分	质量分数/%
白油	10.0	巯基乙酸钙	5.4	硬脂醇醚	3.6
棕榈酸异丙酯	1.0	氢氧化钙	6.8	巯基乙酸钙	4.5
C_{16}～C_{18}醇	6.0	氢氧化锶($8H_2O$)	3.5	巯基乙酸	4.5
白凡士林	14	十六醇	4.3	LPG推进剂	10
油醇醚-15	4	碳酸钙	22.4	氢氧化钠	调节pH12～12.5
巯基乙酸钙	5.0	十六醇醚-23	1.2	去离子水	余量
尿素	0.5	香精	0.2		
去离子水	53.9	去离子水	余量		
月桂醇硫酸钠	0.6				
钛白粉	1.0				
甘油	4				
香精	适量				

4. 烫发化妆品

烫发化妆品（perm preperation）是改变头发弯曲度、美化发型的一类化妆品。美化头发是一种重要的化妆艺术，有的人希望将直发改变形状使之成为波浪形——卷发；而有的人头发本来是曲卷的则希望改变发型成直发飘逸形——直发。所以烫发化妆品的完善概念应包括卷发和直发两大类型。

烫发是改变头发形态的一种手段，应用机械能、热能、化学能使头发的结构发生变化后而达到相对持久的形态。使头发卷曲过去采用加热的方法，故称之为烫发。烫发时所使用的化学药剂称为烫发剂。配方举例如下：

组分	主要功能	代表性物质	质量分数/%
氧化剂	使被破坏的二硫键重新形成	过氧化氢(按100%计)、过硼酸钠	<2.5
		溴酸钠	6～10
pH调节剂	保持pH	柠檬酸、乙酸、乳酸、酒石酸、磷酸	pH2.5～4.5
稳定剂	防止过氧化氢分解	六偏硫酸钠、锡酸钠	适量
润湿剂	使中和剂充分润湿头发	脂肪醇醚、吐温、月桂醇硫酸酯铵盐	1～4
调理剂	调理作用	水解蛋白、脂肪醇、季铵盐、保湿剂	适量
螯合剂	螯合重金属离子，提高稳定性	EDTA	0.1～0.5
珠光剂	赋予珠光效果	聚丙烯酸酯、聚苯乙烯乳液	适量

第五节　表面活性剂在石油化工中的应用

我国石油工业应用表面活性剂始于20世纪60年代末，目前已形成能生产几十个品种总共约数万吨石油工业用表面活性剂的能力。表面活性剂广泛应用于钻井、固井、采油、原油破乳脱水、集输、炼油、石油产品改性等各个生产环节中，对于保证钻井安全，提高原油采收率、油品质量和生产效率，以及节省运输，设备防护，开发油品品种和防止环境污染等方面都起着极其重要的作用。

与国外相比，我国油田用表面活性剂不论从品种和产量上，还是从研制和应用上都尚存在一定的差距，远远不能满足我国石油工业发展的需要。因此，急需研制、开发和生产石油工业用表面活性剂，并大力推广应用于油田开发的各个环节，以获得更大的经济效益。

一、钻井液用表面活性剂

钻井液是以黏土泥浆为主要成分配制成的，因此又称钻井泥浆。在钻井过程中，它经高压泵驱动，通过钻杆、钻头、返水孔、井壁与钻杆的环形空间，回到地面，经过净化再继续循环。它要完成携带钻屑、润滑钻头、平衡地层压力和保护井壁等多项任务。钻井液的性能对钻井效率、防止事故起关键的作用，而泥浆的好坏又与表面活性剂的使用有着密切的关系。表面活性剂在钻井液中主要用作稀释分散剂、乳化剂、降滤失剂（降失水剂）、润滑剂、消泡剂、发泡剂、杀菌剂、防腐蚀剂等。因此，在钻井液中添加表面活性剂（多为复配活性剂），可以提高泥浆的润滑性、润湿性、乳化稳定性、分散性、渗透性，并能保护设备和加快钻速以及防止钻井中卡钻和塌井现象的发生。

1. 分散剂和稀释剂

在钻井作业中，为了获得各类泥浆的最佳性能，必须精心控制泥浆的化学性能和物理性能。泥浆的黏度静切力和失水特别重要。钻井液中的黏土和钻屑，以及水中的盐类尤其是高价阳离子盐达到一定浓度时会使钻井液的流动性变差。分散稀释剂能改善泥浆流动性能，使泥浆黏度降低，常用的分散剂、稀释剂有木质素磺酸盐，以及它与铁、铬离子形成的配合物，单宁和栲胶的苛化物或磺甲基化物，腐殖酸盐及磺甲基化物或硝化物等。这些表面活性剂及化学品是非常成熟和比较经济的，也具有较长的使用历史了。

2. 降失水剂和堵漏剂

降失水剂主要作用是减少钻井液向地层中滤失水量，防止因滤失水进入岩层孔隙中形成水锁而污染油层，可在渗透性地层的壁上形成泥饼，防止井壁坍塌，保证井身安全。常用的有预凝淀粉或改性淀粉，羧甲基淀粉钠，羧乙基淀粉钠，羧甲基淀粉钾，2-羟基-3 磺酸基丙基淀粉，羟乙基淀粉，羟丙基淀粉，阳离子淀粉，钠-羧甲基纤维素，聚阴离子纤维素聚合物，磺化妥尔油沥青，钠-聚丙烯腈，树胶（胍胶，印度胶，设拉子胶）等。

堵漏剂主要作用是封堵漏失地层的，通常使用的堵漏剂有沥青分散液和石蜡分散液。在制备这些产品时需使用分散性能良好的表面活性剂（阳离子淀粉和壬基酚聚氧乙烯醚等）。

3. 润滑剂

润滑剂的作用是对钻头轴承和钻柱充分润滑，并具有降低钻杆扭矩，防止卡钻和提高钻速作用。钻井泥浆中适当加入润滑剂处理，使钻头轴承得以润滑并使其磨损速度降低使钻头寿命延长。

过去为了实现这个目的把膨润土、石墨、沥青、柴油和原油、细的云母、磨碎的坚果壳、亚麻子油、海狸油、脂肪酸、沥青-柴油、煤油、柴油的硫化的脂肪酸等加到泥浆中。目前主要使用的润滑剂有烷基芳基磺酸铵、煤油烃基磺酸和十二烷基苯磺酸的二异丙胺、丁胺、三乙胺、戊胺盐等。

4. 乳化剂

为了提高钻井液的润滑性、耐温性和防塌性，有时需要使用乳化钻井液，包括混油（即水包油型乳化泥浆）和油包水型乳化泥浆。对于钻斜井、超深井及在不稳定地层钻井，这类乳化泥浆非常重要。混油泥浆（O/W 型乳化泥浆）就是向正常泥浆中加入一定量的原油或柴油并施以常规的 O/W 型乳化剂即成。油包水型乳化泥浆则比较复杂，它采用油（原油或柴油）和矿物化度很高的水按比例混合，配以乳化稳定剂、悬浮剂和降失水剂等。常用的乳化剂有脂肪酸皂类（油酸皂、松香酸皂）、酰胺类、$C_{12}\sim C_{15}$烷基苯磺酸、烷基苯磺酸钠、石油磺酸钠、磺化琥珀酸盐、磺化油酸钠、十二烷基硫酸钠、癸醇磷酸酯、*N*-(1,2-二羧乙基)-*N*-十八烷基磺化琥珀酸酯四钠盐、二甲基萘磺酸钠盐、$C_{12}\sim C_{15}$烷基磷酸酯异丙胺盐、磺化琥珀酸二辛酯钠盐、十八烷基苯磺酸异丙胺盐等。一般是多种表面活性剂复配使用。上述表面活性剂同有机钛酸盐混合使用，则效果更佳。

二、固井液用表面活性剂

所谓固井液就是井口地层与套管环隙间用于密封与固结的液体。它能保护套管防止腐蚀，承受地层流体的压力，以及不需要套管时能回收套管。在制备固井液时，长期的稳定性是一个重点考虑的问题。

1. 流动调节剂

固井液一般需要长时期在井内存留，所以不能因温度等因素影响引起固化、黏度和静切力的变化，在配制固井液时主要应考虑的问题之一即流动特性，流变性应适当进行调整。用于调节水泥浆流动性和引发紊流的流动调节剂主要有：三羧酸膦基丁烷、木质素硫酸盐、烷基芳基磺酸盐、β-萘磺酸甲醛缩合物及马来酸酐和聚氨基磺酸化合物。

2. 缓凝剂

缓凝剂是用来延迟凝固时间的用剂，主要作用是延长凝固时间以利于施工。在这里常用的表面活性剂有烷基芳基磺酸盐、单宁酸钠、单宁与腐殖酸、木质素磺酸钙与柠檬酸或酒石酸盐的混合物、磺化的栲胶，木质素磺酸钙及改性木质素磺酸钙也有缓凝作用。

3. 稳泡剂

为了形成含有细小气泡和稳定泡沫的水泥浆，可添加 $C_{12}\sim C_{14}$ 的烷醇聚氧乙烯醚硫酸酯盐、OP-7。

4. 密封剂

为了使井筒与套管间的密封性更好，可在水泥浆中加入表面活性剂，如烷基苯磺酸盐、壬基酚聚氧乙烯醚。

三、原油破乳脱水用表面活性剂

绝大多数原油都含有水，水中溶有盐分和其他杂质。原油含水量高会加大输送管线及设备的负荷，对管线和油罐及设备也会引起腐蚀及结垢、含水原油黏度和体积的增加，需耗费更多的能量。如果原油中的水分不脱除，污水中带油就很多，这种污水不能回注，而且还会造成环境污染和海洋污染。因此，在原油发运前必须将大部分盐水脱除，进入输油管线的原油含水量一般限制在1%以下。

原油乳状液是一种油包水（W/O）型乳状液。形成稳定乳状液的主要因素是原油中含有沥青质、胶质等天然表面活性物质，它们吸附在油-水界面上，形成具有一定强度的界面膜。因此，原油的脱水总是与破乳联系在一起。原油脱水是在油田进行的，工艺方法较多，以化学脱水法和电场脱水法为主。化学脱水最有效的是用油溶性或水溶性表面活性剂作为原油破乳剂，于升温条件下加入原油乳状液，破乳剂吸附于油-水界面膜上，使界面膜的强度大大降低，形成薄弱点，而达到破乳脱水的目的。

一种高效原油破乳剂必须具备较强的表面活性、优良的润湿性能和足够的絮凝与聚结能力。随着石油工业的迅速发展，原油破乳剂也不断发展。20世纪20年代初，应用脂肪酸钠（肥皂）、环烷酸钠等表面活性剂作为原油破乳剂，其破乳效率不高，且在应用上也有局限性，因为碱土盐类起着稳定作用。随后又用磺酸盐型表面活性剂。50年代以来，主要使用聚氧乙烯型非离子表面活性剂，如烷基酚聚氧乙烯醚、脂肪酸聚氧乙烯酯、环氧乙烷环氧丙烷嵌段共聚物（聚醚）以及复配表面活性剂和聚磷酸酯作为原油破乳剂。利用表面活性剂的协同作用或协同效应，将两种或两种以上表面活性剂复配使用，可明显提高破乳脱水效率，改善解离水的水色。随着合成技术的发展，相继又研制出特种表面活性剂及各种均聚物作为高效原油破乳剂。从使用效果来看，以环氧乙烷环氧丙烷嵌段共聚物为主体的聚醚型非离子表面活性剂为最好，因而被广泛应用于原油破乳脱水。

四、石油产品添加剂

石油产品种类繁多，用途广泛。要改善和提高石油产品的使用性能，必须使用添加剂，特别是燃料油和润滑油。现在，一些发达国家的油品添加剂已有数百种之多，几乎所有重要油品中都有添加剂。

石油产品添加剂按其应用范围可分为润滑油添加剂、燃料油添加剂、复合添加剂等。润滑油添加剂按其作用可分为清洁剂和分散剂、抗氧抗腐剂、极压抗磨剂、油性剂和摩擦改进剂、抗氧剂和金属减活剂、黏度指数改进剂、防锈剂、降凝剂、抗泡沫剂等。燃料油添加剂按其功能可分为抗爆剂、金属钝化剂、防冰剂、抗氧防胶剂、抗静电剂、抗烧蚀剂、流动改进剂、抗磨剂、防腐蚀剂、抗菌剂、消烟剂、辛烷值（十六烷值）改进剂、清净分散剂、抗低温添加剂、热安定剂、乳化剂等。复合添加剂按油品分为汽油机油复合剂、柴油机油复合剂、通用汽车发动机油复合剂、二冲程汽油机油复合剂、铁路机车油复合剂、船用发动机油复合剂、工业齿轮油复合剂、车辆齿轮油复合剂、通用齿轮油复合剂、工业润滑油复合剂、防锈油复合剂等。

我国应用的主要石油产品添加剂列于表 4-6。

表 4-6 我国应用的主要石油产品添加剂

种类		统一命名	品种代号	化学名称及组成
润滑油添加剂	清净剂和分散剂	102 清净剂	T102	
		108 清净剂	T108	石油磺酸钙
		109 清净剂	T109	硫磷酸钡
		111 清净剂	T111	烷基水杨酸钙
		151 分散剂	T151	环烷酸镁
		152 分散剂	T152	
	抗氧防腐剂	201 抗氧防腐剂	T201	二芳基二硫代磷酸锌
		202 抗氧防腐剂	T202	二烷基二硫代磷酸锌
	极压抗磨剂	301 极压抗磨剂	T301	
		304 极压抗磨剂	T304	氯化石蜡
		305 极压抗磨剂	T305	
		321 极压抗磨剂	T321	硫代磷酸酯胺盐
		322 极压抗磨剂	T322	
		341 极压抗磨剂	T341	
	油性剂和摩擦改进剂	401 油性剂	T401	
		402 油性剂	T402	
		404 油性剂	T404	长链脂肪酸
		405 油性剂	T405	
		406 油性剂	T406	
	抗氧剂和金属减活剂	501 抗氧剂	T501	
	黏度指数改进剂	601 黏度指数改进剂	T601	正丁基聚氧乙烯醚
		602 黏度指数改进剂	T602	聚甲基丙烯酸
		603 黏度指数改进剂	T603	聚异丁烯
	防锈剂	701 防锈剂	T701	石油磺酸钡
		702 防锈剂	T702	石油磺酸钠
		703 防锈剂	T703	十七烯基咪唑啉的十二烯基丁二酸盐
		704 防锈剂	T704	环烷酸锌
		705 防锈剂	T705	二壬基萘磺酸钡
		706 防锈剂	T706	苯并三氮唑
		708 防锈剂	T708	
		743 防锈剂	T743	氧化石蜡脂钡皂
		746 防锈剂	T746	十二烯基丁二酸酐与叠合汽油共聚物
燃料添加剂	抗爆剂	1101 抗爆剂	T1101	甲基叔丁基醚
	金属钝化剂	1201 金属钝化剂	T1201	*N*,*N*-二亚水杨基-1,2-丙二胺
	抗静电剂	1501 抗静电剂	T1501	烷基水杨酸铬的复配物
	抗磨剂	1601 抗磨剂	T1601	
	流动改进剂	1801 流动改进剂	T1801	
	清净分散剂	2301 清净分散剂	T2301	石油磺酸盐、环烷酸盐

1. 抗氧化剂

石油产品氧化后能产生酸性，使油品黏度增加，容易产生泡沫以及产生油泥、沉淀和漆膜，这不仅影响其使用性能，而且会发生机械效率上的损失，设备的损坏，使运转不能继续。因此，人们非常重视油品的抗氧化能力，油品抗氧化剂的主要类型有酚型、胺型、硫磷酸盐型以及硼酸酯和嗪型（见表 4-7）。

表 4-7 一些主要抗氧化剂

<table>
<tr><th colspan="2">类型</th><th>抗氧化剂名称</th><th>适用油品</th></tr>
<tr><td colspan="2" rowspan="7">酚型</td><td>2,6-二叔丁基酚</td><td>汽油,喷气燃料</td></tr>
<tr><td>2,4-二甲基-6-叔丁基酚</td><td>汽油</td></tr>
<tr><td>2,6-二叔丁基对甲酚</td><td>汽油、喷气燃料、汽轮机油、变压器油</td></tr>
<tr><td>叔丁基羟基苯甲醚、4,4′-亚甲基联(2,3-二叔丁基酚)</td><td>石蜡、汽轮机油、内燃机油</td></tr>
<tr><td>2,2-亚甲基联(4-甲基-6-叔丁基酚)</td><td>汽油、喷气燃料</td></tr>
<tr><td>4,4-丁基联(3-甲基-6-叔丁基酚)</td><td>蜡</td></tr>
<tr><td>4,4-硫联(3-甲基-6-叔丁基酚)</td><td>润滑油、机械油、蜡</td></tr>
<tr><td colspan="2">胺型</td><td>二仲丁基对苯二胺、4,4′-四甲基二氨基二苯甲烷、α-萘胺、N-苯基-α-萘胺、N,N-二亚水杨丙二胺</td><td>汽油、喷气燃料机械油、润滑油、内燃机油</td></tr>
<tr><td colspan="2">硫磷酸盐型</td><td>二烷基二硫代磷酸锌、二烷基二硫代磷酸酯、二芳基二硫代磷酸盐</td><td>润滑油</td></tr>
<tr><td rowspan="2">高温抗氧化剂</td><td>硼酸酯型</td><td>烷基酚硼酸酯</td><td>润滑油、润滑脂</td></tr>
<tr><td>嗪型</td><td>吩噻嗪</td><td>润滑油、燃气透平油</td></tr>
</table>

2. 抗磨剂

抗磨剂可以分为三种类型，即油性剂（减磨剂）、抗磨剂和极压剂，广泛应用于切削油、齿轮油、内燃机油、透平油、液压油和变压器油等各种润滑油中。各种天然动植物油脂、硫化油脂、氯化油脂以及脂肪胺、醇胺、酰胺均是优良的油性剂。长链烯烃也有明显的减磨作用。

在没有烧结的条件下能明显降低磨损的物质叫抗磨剂，而极压剂则是一种能够使发生烧结的负荷大大提高的物质。实际上，这两类添加剂很难明确区分开，常常是一种物质具有两种性能，只是其侧重点不同，因此，一般称为极压抗磨剂或叫抗磨极压剂。很多含硫、含磷和含氯的油溶性化合物都可作为极压抗磨剂（见表 4-8）。

表 4-8 极压抗磨剂

类型	化学名称
含硫化合物	烷基黄原酸酯、硫化烯烃、硫化油脂、二苄基二硫醚
含氯化合物	氯化石蜡、五氯联苯、六氯环戊二烯
含磷化合物	烷基磷酸酯、二烷基亚磷酸酯、磷酸三甲酚酯、亚磷酸三甲酚酯、2-乙基己基磷酸酯胺盐
含多种活性元素的化合物	硫氯化烯烃、烷基酚硫代磷酸酯、三氯甲基磷酸二丁酯、氯甲基烷基硫代亚磷酸酯

磷系极压抗磨剂按其活性元素的不同可分为磷型、硫磷氮型和磷氮型。使用较早的是磷型极压抗磨剂，其代表是磷酸三甲酚酯和亚磷酸二烷基酯，性能较好的硫磷氮型极压抗磨剂有硫代磷酸复酯胺盐、羟基取代硫代磷酸的衍生物和硫代酰胺等。磷氮型极压抗磨剂一般是磷酸酯胺或磷酰胺。近年来又不断开发出油溶性好、配伍性好和多效性新型磷氮型极压抗磨

剂。磷氮型和硫磷氮型极压抗磨剂与磷型极压剂相比具有较高的承载能力、较好的防锈和抗氧化性能。磷氮型极压抗磨剂比硫磷氮型极压剂生产工艺简单，工业三废少，是一类有发展前途的添加剂。

此外，还有含氮化合物、含碘化合物、含铅化合物和含钼化合物等。但目前用得最多的是硫、磷、氯这几种类型。

3. 清净剂、分散剂和高碱性添加剂

清净剂和分散剂主要是一些特殊结构的表面活性剂，广泛应用于燃料油和润滑油中，既可起清洗去污作用，又能起缓蚀作用。清净剂的作用是赋予燃料和润滑油优良的清净性能，将发动机的燃烧室和活塞表面上形成的漆膜和积炭清除掉。主要的清净剂有石油磺酸盐和烷基苯磺酸盐（钙盐、钡盐和镁盐）、烷基酚盐和烷基水杨酸盐（钙和镁盐）以及烷基硫代磷酸盐（钡盐）、烷基萘磺酸钡。

分散剂能够把油箱或曲轴箱中的油泥分散开来，使之成为胶体溶液的状态存在于油中，这样油泥就不会堵塞机油滤清器和输送机油的管道，从而赋予油品良好的分散性能。除具备一定分散性能的硫磷酸盐和磺酸盐外，作用强大的分散剂主要有甲基丙烯酸的高级醇酯与胺醇酯的共聚物、富马酸的高级醇酯与胺醇酯的共聚物，这些分散剂同时兼有增黏效果；丁二酰亚胺类型的分散剂，燃烧后没有灰分，故称它为无灰添加剂；油酸聚氧乙烯(20)酯、C_{16}伯胺环氧乙烷加成物、烷基酚聚氧乙烯醚磷酸酯等亦可作为清净分散剂，用于燃料油和润滑油。

五、燃料添加剂应用实例

随着石油加工原料和技术的发展，内燃机加工业的技术进步，各种石油燃料在使用过程中所暴露的问题逐渐增多，仅仅依靠石油加工技术进步已不能解决问题，为此，燃料的添加剂已引起国内外的普遍重视。我国车用汽油、柴油、喷气燃料以及燃料油等也逐渐依靠各种添加剂来解决它们在使用中出现的性能问题。

当今各类燃料专用的添加剂有：通用保护性添加剂（包括抗氧化剂、金属钝化剂、抗乳化剂等）、车用汽油专用添加剂（包括抗爆剂、抗表面引燃剂、汽化器清净剂、吸入系统抗沉积剂、防冰剂等）、柴油专用添加剂（包括分散剂、低温流动改进剂、引燃改进剂、十六烷值改进剂、消烟剂等）、喷气燃料专用添加剂（包括抗静电剂、抗菌剂、抗冰剂、抗烧蚀剂等）、燃料油专用添加剂（包括分散剂、低温流动改进剂、灰分改进剂等）、燃油节能添加剂（包括节油剂、乳化剂等）。

1. 通用保护性添加剂

通常将燃料添加剂分为保护性添加剂和使用性能添加剂。保护性添加剂是指为解决燃料运输贮藏过程中出现的问题所采用的添加剂，包括抗氧化剂、分散剂、金属钝化剂以及抗腐蚀剂等。使用性添加剂主要是为了解决燃料燃烧或使用过程中出现的问题而采用的添加剂，包括改善燃烧性能及处理燃烧生成物特性的各类添加剂。

（1）抗氧化剂　目前常用的抗氧化剂有各种屏蔽酚类和芳胺类化合物。一般用量为10g/1000L。实验研究表明，当烯烃含量较高时，芳胺比屏蔽酚更为有效；而当烯烃含量不太高（如10～20g/L）时，屏蔽酚的功效不亚于芳胺。由于屏蔽酚价廉易得，已成为当今应用的主流。

（2）金属钝化剂　金属钝化剂也称金属去活剂。典型的化合物有*N*,*N*-二亚水杨基-1,2-丙二胺和*N*-亚水杨基己胺。其添加量约为10g/1000L。

（3）抗腐蚀剂 由于车用汽油通常溶有微量水分和空气而在管道、贮罐以及发动机燃料箱中对金属可引起腐蚀或锈蚀。影响设备、机件的使用寿命，甚至生成的锈粒还会阻塞燃油滤网、汽化器、喷嘴以及沉积在阀座上，使发动机不能正常运转。因此需在燃油中加入抗腐蚀剂以防止这些现象发生。常用的抗腐蚀剂有 C_{12} 烯基丁二酸、双烷基磷酸等。其作用机理是借助强极性基团吸附于金属表面，使亲油基的非极性长链形成防护膜，从而阻止水分与金属表面接触，达到阻止腐蚀、锈蚀的目的。一般用量为 30g/1000L。

（4）抗乳化剂 抗乳化剂的使用目的是使混入油品中的水分不致乳化成雾状燃料油品，将水从油品中分离出来。因为油品在贮运过程中难免会混入少量水分，而许多燃料添加剂都可将混入的水分分散于燃油中，形成浑浊的雾状燃油。加入抗乳化剂可阻止水油乳化、避免浑浊雾状微粒形成。常用的抗乳化剂有烷基酚类、环氧乙烷或环氧丙烷聚合物的缩合产物。使用量约为 10～20g/1000L。

2. 车用汽油专用添加剂

（1）抗爆剂 车用汽油抗爆剂有两类：一类是非金属有机化合物，如醇、醚、芳香胺和羧酸酯等；另一类是金属有机化合物，如四甲基铅、四乙基铅、二茂铁、五羰基铁和甲基环戊二烯三羰基锰等。从全面使用性能及经济性分析，目前还未发现与烷基铅相媲美的抗爆剂。为了实现汽油的低铅化以至无铅化，较为可行的措施是在充分利用催化重整、烷基化等加工工艺的同时，采用甲基叔丁基醚作为提高汽油辛烷值组分的办法。

（2）抗表面引燃剂 在汽油发动机汽缸内被压缩的可燃混合气可能会发生早燃现象，称为表面点火。其原因是由于燃烧室内某些局部表面可能存在少量积炭，在较高压缩比的工况下，因压缩做功可能使燃烧室内温度升高，致使这些积炭达到灼热的程度，导致由于这些局部表面的提前点火，而影响发动机的正常运转，且可造成功率损失，影响机件寿命。

为减少上述表面点火现象，可在燃料油中加入有机磷化合物，如甲苯二苯基磷酸酯和甲基二苯基磷酸酯。其作用机理是这些添加剂可将具有较低灼热点的沉积物转变为含有磷酸酯的、灼热点较高的沉积物，防止了表面提前点火。

（3）汽化器清净剂 汽油发动机在空转期间，空气中的污染杂质进入汽化器，造成在节流阀体生成沉积物。为防止这些沉积物的形成，可在汽油中加入适量的汽化器清净剂。常用的有单丁二酰亚胺类、二乙基三胺等。加入量为 30g/L～430g/1000L。

（4）吸入系统抗沉积剂 吸气孔及吸气阀上的沉积物除来自润滑油外，还来自汽油中所含的少量高分子极性物质。这些沉积物可造成阀门难于密闭，阀门漏气，甚至烧蚀，严重地降低功率和节能效果。为此可在汽油中加入 0.03%～0.1%（质量分数）的中等黏度聚合物或 0.1%～0.3%（质量分数）的汽缸油，即可显著减少沉积物的形成。但后来发现这些抗沉积剂对无铅汽油不适用，因为当无铅汽油加有这些抗沉积剂时，将使汽油的辛烷值随着汽车行程延长而需提高的数值增高。

（5）防冰剂 可分为两类：一类为冰点降低剂，包括低分子醇类，如甲醇、乙醇、异丙醇以及己烃二醇等；另一类是表面活性剂，包括 C_{17} 烷基二乙醇酰胺，α-C_{17} 烷基-1-羟乙基咪唑啉等。此外，也广泛应用乙二醇单甲醚，例如，90%乙二醇单甲醚与 10%丙三醇的复配物，具有非常好的防冰效果。多元醇氧化烯加成物与表氯醇-胺缩合物的混合物，也是一种优良的防冰剂。

试验表明，不加防冰剂，结晶水几分钟就能将滤清器堵塞，而添加 0.1%（质量分数）

防冰剂以后，就不再发生堵塞现象。

3. 柴油专用添加剂

柴油分为两种类型：一种是精制较好的轻柴油；另一种是精制较差或者基本上不加精制的农用柴油和重柴油。这两种柴油都是按照它们的凝固点来划分其牌号的。生产低凝固点的柴油，要采用尿素脱蜡工艺。但实践证明，在柴油中加入降凝剂的办法是获得低凝固点柴油更为经济有效的方法。

(1) 分散剂　在柴油中，裂化产物组分占相当大的份额，尽管加入抗氧化剂，但在长期贮存中也难免氧化生成不溶性胶质、残渣和漆状沉积物。这些杂质很容易堵塞过滤器及喷嘴处，并使排气中烟灰增多，损失功率。因此，可加入与润滑油分散剂类同的柴油分散剂，如丁二酰亚胺、硫代磷酸钡盐以及磺酸盐等，使上述不溶物在柴油中保持分散悬浮状况，避免在发动机的关键部位形成漆状沉积物，使发动机正常工作，保持良好的燃烧状况，减少排烟，节省能耗。

(2) 低温流动改进剂　在寒冷的气候条件下，为了改善柴油的低温流动性，使柴油在低于浊点的温度下也能较好地通过油管与过滤器，具有良好的低温泵送性能和过滤性能，可在柴油中加入低温流动改进剂。作为低温流动改进剂的物质主要有乙烯-醋酸乙烯酯共聚物，乙烯-丙烯酸酯共聚物等。其加入量约为0.03%（质量分数）。由于我国柴油含蜡较多，添加0.1%（质量分数）以下即可。

(3) 引燃改进剂（十六烷值改进剂）　在柴油中加入引燃改进剂可改善柴油的引燃性能或提高其十六烷值，以解决柴油在使用中的引燃滞后导致爆震，提高其功率等问题。由于近年来重油深加工技术的发展，裂化柴油产量大幅度增长，柴油的十六烷值已有下降的趋势。因此，十六烷值改进剂的应用逐渐受到人们的重视。

常用的引燃改进剂为硝酸戊酯、硝酸己酯等。一般加入量约为0.1%（质量分数）。

(4) 消烟剂　柴油在使用过程中，一旦燃烧不完全，就会产生黑烟，这样既浪费油料又污染环境。为保护环境，人们在努力探求解决柴油机排气中的烟粒（黑烟）问题。除技术改进柴油机燃烧室结构，采用废气循环，控制喷油时间，安装尾气净化过滤器或烟粒捕集器等措施以外，加入消烟剂也是主要的措施之一。

4. 喷气燃料专用添加剂

喷气燃料的品种主要有两个类型：一个是煤油型的，其馏程较重，结晶点要求虽然不是很高，但也是较高的，如我国的1号、2号、3号喷气燃料；另一个是宽馏分型的，其馏程相当于汽油、煤油的混合物，结晶点一般比前者低，如我国的4号喷气燃料。许多喷气燃料都加有防静电剂、抗菌剂、抗冻剂和抗烧蚀剂等，这对喷气燃料的使用性能有重要的作用。

(1) 防静电剂　这是喷气燃料所特别需用的一类保护性添加剂。正确的名称应叫导电性改进剂，但习惯上仍可称抗静电剂。常用的物质有烷基水杨酸铬、C_{12}烯基丁二酸锰以及多元酸的胺盐等。我国目前使用的抗静电剂为烷基水杨酸铬与甲基丙烯酸酯含氮共聚物等复配而成的产品。

(2) 抗菌剂　喷气燃料在贮存运输过程中往往会生成一种不溶性固性悬浮物。这些悬浮物具有腐蚀性或导电性，能够堵塞发动机的滤清器和喷嘴，尤其在炎热潮湿的夏季，这些固体悬浮物生成速度很快。实际上这是一种以油品为食物的细菌代谢的生成物。为此，需要加入抗菌剂来抑制其生成。常用的抗菌剂有环状亚胺和含硼的化合物等。下面介绍的抗冻剂也兼有抗菌作用。

（3）抗冻剂　喷气燃料在高空使用过程中可能因飞机飞经低温区而冷却析出所含的少量水分并结成冰粒，以致造成堵塞滤网和油路的危险，而导致空难事故。为了防止这种现象发生，可加入抗冻剂。常用的抗冻剂有乙二醇单甲醚等。

（4）抗烧蚀剂　为了防止喷气机火焰筒在使用某些喷气燃料时可能产生烧蚀现象，通常往喷气燃料中加入一些抗烧蚀剂，这是一种特殊使用的添加剂，常用的有二硫化碳（CS_2）等。

5. 燃料油专用添加剂

燃料油这里指重油和灯用煤油。而以重油为主介绍某些添加剂的应用。

（1）油渣抑制剂和分散剂　燃料油在贮存运输过程中难免掺入水分，油水容易分离，造成燃烧过程中熄火现象，发生燃烧事故。为了解决上述问题，可加入环烷酸盐或芳香类物质促使沥青状沉积物溶于油中，抑制油渣和水分的析出。同时还可加入适量醇类使水在油中分散良好。

（2）低温流动改进剂　现代许多燃料油由于含蜡较多，倾点可达30～40℃，高出油品规模要求的10～20℃。在寒冷气候条件下使用，流动性差，容易造成冷凝堵塞现象。为解决这种问题，可根据原料油特性选用前述的柴油流动改进剂，如乙烯-醋酸乙烯酯共聚物，乙烯-丙烯酸酯共聚物等。加入量为0.1%（质量分数）以下即可。

（3）灰分改性剂　作为锅炉用的燃料油，其中所含的少量硫、钒和钠等化合物，在燃烧过程中对炉管表面可造成腐蚀。其中钒、钠化合物在620℃以下的高温下可在炉管表面形成熔渣腐蚀层。而硫化合物燃烧生成二氧化硫，在五氧化二钒的催化作用下，进一步生成三氧化硫，遇水生成硫酸，在较低的温度下即可造成严重的腐蚀。为防止腐蚀，在燃料油中加入油溶性的环烷酸镁作为灰分改性剂。当燃烧时，环烷酸镁转化为氧化镁，与五氧化二钒作用生成非腐蚀性的钒酸镁，阻止其熔渣腐蚀层的形成，并可防止对二氧化硫转化成三氧化硫的催化作用，避免了强腐蚀性酸的生成。

6. 燃油节能添加剂

本节所指的燃油包括汽油、柴油和重油。节能添加剂分为节油剂和乳化剂两类。节油剂有汽油或柴油专用以及柴油汽油通用等品种；乳化剂也分汽油、柴油及重油乳化剂；对于重油除采用乳化剂外，还有水解氢添加剂等。这些添加剂的应用，可以使燃油充分雾化，燃烧完全，提高效率、节省油料、改善发动机工作特性、降低尾气烟度、减少喷油嘴的积炭，延长机器使用寿命，具有良好的经济效益和社会环保意义。

（1）节油剂

① 汽油专用节油剂　国产科力牌汽油节能添加剂由5%（质量分数）的科力原液加63%（质量分数）的甲醇和31%（质量分数）的乙醇及少量助剂调配制成。它是亮绿色液体，密度0.78g/cm^3，pH7～8，完全溶于汽油中，无毒、低气味，稳定性大于2年。在汽油中加入0.15%（质量分数）节油剂后，其表面张力降低（2±0.2)mN/cm。这是一种采用表面活性剂来降低汽油表面张力的品种。

② 柴油专用节油剂　柴油增效剂主要含有助燃剂、催化剂、清净剂和表面活性剂。该剂的主要成分是以高级酸和高级醇为主。它是浅黄色固体，熔点≥38℃，酸值≤3mgKOH/g，灰分≤0.05%，能溶于柴油中成为澄清溶液。添加量为柴油用量的0.05%～0.1%。

③ 汽油、柴油通用节油剂　汽油节油剂，同时也可用于柴油，是汽油、柴油通用节油剂的一个品种。一种新型的汽油、柴油通用节油剂，其主要成分为助燃增爆剂、表面活性剂、清污剂、稳定剂等。它是微黄色透明油状液体。密度（25℃）0.79～0.80g/cm^3，闪点

12～18℃，凝固点－40℃，在低温条件下仍保持原有特性。经车辆使用，易点火启动，加速感应快，爬坡有劲，驾驶轻松，同时还可清除汽缸积炭，净化燃烧系统，消除尾气黑烟，节省油耗等。

（2）乳化剂　分为汽油乳化剂、柴油乳化剂和重油乳化剂三类。

① 汽油乳化剂　日本由非离子表面活性剂组成汽油中，同时加水25%制成乳化汽油，性能稳定，燃烧效果良好。国产复合型汽油乳化剂，由非离子型表面活性剂、离子型表面活性剂和防锈剂组成，按1%量加入汽油中，同时加水10%，在超声波作用下制得乳化汽油。经显微镜观测确定为油包水型乳化液，稳定性可保持4d左右不分层，长期不分出水。

② 柴油乳化剂　美国西南研究所研制的柴油乳化剂，由表面活性剂、防雾剂等组成。按柴油用量的5%～6%加入柴油中，同时加水5%～10%，制成乳化柴油。其性能稳定，燃烧效果好，已在工业上实际应用。国产801柴油乳化剂，主要成分如上所述，按柴油用量0.1%添加，同时加水10%制成乳化柴油，经行车运营和内河船航行试用，有节油效果，并能减少积炭，降低尾气烟度。

③ 重油乳化剂　重油乳化剂是由复合型表面活性剂、助燃剂、清净剂、防冻剂组成。它博采众长，配方独特，性能稳定，经济实用，安全可靠，使用方便。更具有的特点是这种乳化剂与重油掺水混合所制成的乳化重油体系，随着掺水量的增加，体系的黏度降低。这样减少重油对输送管道内壁的黏附力，改善系统中流体的流动性，降低输送系统的动力消耗，节约了能耗。

第六节　表面活性剂在纺织工业中的应用

纺织工业是使用表面活性剂最多的工业部门之一，在纺纱、纺丝、上浆、针织、精练、染色、印花、整理等纺织加工工序中，都要使用表面活性剂或以表面活性剂为主体的助剂，以提高工效，简化工艺，提高质量，并赋予织物优异的应用性能。

在纺织工业中应用较早的是非离子表面活性剂，广泛地用作增溶剂、润湿剂、分散剂、乳化剂、匀染剂、净洗剂、柔软剂、抗静电剂等。近年来，阴离子表面活性剂在纺织工业中的应用也越来越多，主要用作净洗剂、渗透剂、润湿剂、乳化剂、分散剂等。阳离子表面活性剂可以牢固地吸附在多带阴离子的纤维上，常被用作织物柔软剂、匀染剂、防水剂、抗静电剂、固色剂等。两性表面活性剂一般用作金属络合染料匀染剂、织物柔软剂、抗静电剂等。

一、表面活性剂在棉纺织工业中的应用

表面活性剂在棉纺织工业中应用十分广泛，在上浆、退浆、煮炼、漂白、染色、印花、整理等工序中都要使用，主要用作平滑剂、抗静电剂、乳化剂、消泡剂、柔软剂、净洗剂、分散剂、渗透剂、匀染剂、缓染剂、促染剂等。

1. 上浆

棉纤维在织造过程中往往要经过数千次的折、磨、拉等复合机械作用，结果使纱结构松散，表面毛羽突出，以致断裂。为改善纱的可织性，减少经纱断头率，通常要对经纱进行上浆处理。上浆后的经纱，由于部分浆液进入纤维之间，经烘干黏结会使强度提高。同时部分浆液覆在纱条表面，烘干后形成薄膜而使毛羽伏帖，表面光滑，可减轻摩擦，增加弹性。

上浆用的浆料由各种黏着剂、助剂复配而成。常用的黏着剂有淀粉、褐藻酸钠、羧甲基

纤维素等天然黏着剂，也有聚乙烯醇、聚丙烯酸酯、聚丙烯酰胺等合成黏着剂。浆料助剂多为表面活性剂，用作柔软剂、乳化剂、渗透剂、抗静电剂、消泡剂等，以提高上浆效果。要求表面活性剂相容性好，高温（100℃）时不挥发，不损伤纤维，对机器无腐蚀作用，容易退浆，不影响印染后整理。另外还要求价低易得，使用方便。

（1）柔软剂　经纱上浆烘干后，形成的浆膜粗糙、弹性差，经不起织造中的反复拉伸、摩擦，为改善这种状况，采取了在浆料中加入柔软剂的方法。常用的柔软剂除动植物油脂、矿物油、蜡类等天然油脂及合成油脂的乳状液外，主要是脂肪醇聚环氧乙烷等非离子表面活性剂。

（2）乳化剂　乳化剂的主要作用是使油脂在浆液中稳定乳化，从而提高浆液质量，有利于上浆，同时还可以提高浆液对纤维的润湿能力。要求乳化剂的水溶性好，化学性质稳定，耐酸、碱、硬水，对各种纤维无亲和性。常用的乳化剂为非离子表面活性剂，如脂肪醇聚氧乙烯醚、聚氧乙烯(40)蓖麻油、聚氧乙烯和聚氧丙烯嵌段共聚物等。

（3）渗透剂（润湿剂）　由于经纱本身张力大，捻度较高，回潮小，尤其是疏水性的合成纤维含油较多，再加上浆液本身呈胶体状态，表面张力较大，使得浆液渗透困难。因此必须加入渗透性和分散乳化性好的表面活性剂，促进浆液向经纱的渗透和扩散。常用的渗透剂和润湿剂有阴离子表面活性剂和非离子表面活性剂，如烷基硫酸酯钠、快速渗透剂 T（琥珀酸二辛酯磺酸钠）、渗透剂 M（12%～15%二丁基萘磺酸钠加 5%烷基磺酸钠、磷酸氢二钠、松节油等的均匀混合物）、渗透剂 TX（琥珀酸二辛酯磺酸钠与特种溶剂的混合物）等阴离子表面活性剂，渗透剂 JFC（脂肪醇聚氧乙烯醚）、平平加 O-20［月桂醇聚氧乙烯(20)醚］等非离子表面活性剂。

（4）抗静电剂　疏水性强的合成纤维经纱在织造中容易产生静电，使织机开口区毛绒耸立，形成扭结，影响织造顺利进行，在浆料中加入少量抗静电的表面活性剂，可以消除以上弊端。离子表面活性剂具有良好的抗静电效果，由于浆液一般呈碱性，而阳离子表面活性剂溶液呈酸性，尽管它具有良好的抗静电性，也不宜加入浆液中，但是若将它用于浆纱的表面，可发挥良好的作用。非离子表面活性剂吸湿性强，多用于低湿（20℃，RH40%以下）状况。甜菜碱型两性表面活性剂除具有良好的抗静电性外，还有润滑、乳化、分散作用。浆料中常用的抗静电剂有：抗静电剂 P（脂肪醇磷酸酯）、抗静电剂 SN（十八烷基二甲基羟乙基季铵硝酸盐）、抗静电剂 NX［壬基酚聚氧乙烯（7～10）醚］等。

（5）消泡剂　黏着剂的浆料在上浆过程中易产生泡沫，妨碍浆液渗透，经常采用的办法是加入消泡剂抑制泡沫产生。消泡剂分为无机和有机两大类，无机消泡剂主要是碱，有机消泡剂主要是有机硅油与表面活性剂的混合物以及有机溶剂（醇、醚、松节油）等。有机溶剂型消泡剂虽有良好的消泡能力，但易挥发，无持久抑泡能力，故不常用。有机硅油消泡剂只需极少量就可起到良好的消泡、抑泡作用，是当前应用最广的一种消泡剂。常用的有机硅油消泡剂有 302 乳化硅油（由高纯度甲基硅油加适量乳化剂和水经乳化而成）、304 乳化硅油（由多官能团的硅油加适量乳化剂和水经乳化而成）、消泡剂 FZ-880（由硅油与非离子乳化剂、阴离子乳化剂发生乳化作用而成）等。

2. 退浆

经纱上浆解决了织布的问题，但坯布上残留的浆料给织物的印染加工带来了困难，影响印染质量，因此必须除去浆料，这个过程叫做退浆。在退浆剂中加入少量的表面活性剂，能促进退浆顺利进行，并且改善退浆效果。这些表面活性剂主要起渗透作用，同时也起乳化、分散、净洗作用。退浆用表面活性剂一般为非离子型，如壬基酚聚氧乙烯醚、辛基酚聚氧乙烯醚以及碳链较短的脂肪醇聚氧乙烯醚，它们适用于中性至酸性退浆液；少数阴离子表面活性剂，如磺基琥珀酸二异辛酯钠、十二烷基苯磺酸钠、十二烷基硫酸钠、烷基萘磺酸钠、油酸丁酯的硫化物等，它们适用于中性至碱性退浆液；以及非离子和阴离子表面活性剂的混合物。目前棉纺织生产中常用酶退浆、碱退浆、氧化剂退浆三种退浆工艺。

(1) 酶退浆　以淀粉为主要黏着剂的浆料上浆的棉及棉纤混纺织物，大多采用淀粉酶作为退浆剂。酶退浆操作方便，分解淀粉能力强，退浆率高，对纤维无损害。酶退浆一般用聚乙二醇醚型非离子表面活性剂作为助剂。

(2) 碱退浆　碱退浆适用于化学合成黏着剂（如聚乙烯醇）或淀粉黏着剂为浆料、上浆率较低的织物退浆。碱退浆中加入适量阴离子表面活性剂可提高退浆效率。

(3) 氧化剂退浆　目前采用较多的是氧化剂退浆，利用亚溴酸钠、双氧水、过硫酸盐、亚硫酸钠、过硼酸钠、过氧化钠等退浆剂，使织物上的化学合成浆料黏着剂和淀粉氧化分解，形成易溶物而被水洗去。氧化剂退浆适用于含涤比例大的低棉织物，优点是效率高，能耗低，有部分漂白作用，但容易损伤纤维。当前使用的氧化退浆剂为氧化剂与阴离子、非离子表面活性剂的混合物。

3. 煮炼

煮炼就是将已退浆的棉织物在煮炼液中煮沸，以除去棉纤维上的蜡质、果胶质、含氮物、棉籽壳等天然杂质和残余浆料及化纤纺丝油剂中的油脂等。煮炼可以改善织物的渗透性能和白度，提高印染加工质量。煮炼液是以烧碱为煮炼剂、表面活性剂和其他物质（如杂质吸收剂、防脆损剂、软水剂等）为助剂的混合物。表面活性剂能促进碱液对纤维的渗透，使杂质乳化、分散，有助于提高精炼效果。所用的表面活性剂应具有良好的渗透、乳化、分散、悬浮、净洗等作用，还应具有耐碱、耐高温、耐硬水的性能。常用的表面活性剂有脂肪醇聚氧乙烯醚、烷基酚聚氧乙烯醚等非离子表面活性剂；脂肪醇聚氧乙烯醚磷酸酯盐、琥珀酸双辛酯磺酸钠、十二烷基磺酸钠、蓖麻油硫酸钠等阴离子表面活性剂。

4. 漂白

为进一步除去煮炼没有排除的杂质和纤维上残存的色素，使织物达到所要求的白度，就需要对织物进行漂白。棉和棉混纺织物用的漂白剂主要是次氯酸盐、双氧水、亚氯酸钠等氧化剂，国内以使用双氧水最为普遍。双氧水漂白效力高，但易被重金属离子催化分解，造成漂白失效并损伤纤维，因此必须加入稳定剂以控制这种分解。使用的稳定剂有水玻璃、磷酸盐、硼酸盐、柠檬酸盐等无机物；乙二胺四乙酸、聚乙烯醇、草酸等有机物。近年来，开始使用表面活性剂作为双氧水的稳定剂，如脂肪醇的硫酸盐和磺酸盐、蛋白质分解物和脂肪酸的缩合物等阴离子表面活性剂；烷基酚聚氧乙烯醚、脂肪酰胺与环氧乙烷缩合物等。这些表面活性剂既能防止双氧水分解，又能使水玻璃在溶液中均匀分散，避免了“硅垢”的形成，还能使织物手感柔软，并能起渗透作用，保证漂白液均匀快速地渗透到纤维中去。

5. 染色

织物的退浆、煮炼、漂白加工过程统称为织物的前处理。前处理基本除去了纤维上所有妨碍染色、印花加工的杂质，为染色、印花提供了精炼提纯的纤维材料。

染色就是纤维与染料发生物理化学或化学结合，从而染上颜色的加工过程（印花可视为局部染色）。为了把织物染匀、染透，获得牢固的色泽，除合理控制染色工艺条件外，染色助剂起着十分重要的作用。表面活性剂是品种最多、使用最广的一类染色助剂。它在染色中主要用作渗透剂、分散剂（扩散剂）、匀染剂（缓染剂）、固色剂、皂洗剂等。

（1）渗透剂　渗透剂在染料中的作用是促进某些染料的润湿和充分溶解，使染液快速润湿纤维表面，并向其内部渗透，使颜色牢固丰满。常用的表面活性剂有太古油、拉开粉BX等。

（2）分散剂（扩散剂）　分散剂可以均匀分散染料，防止染料聚集。常用的分散剂有木质素磺酸盐、亚甲基萘磺酸盐等阴离子表面活性剂；含硅烷结构的脂肪酸聚氧乙烯酯、脂肪醇聚氧乙烯醚等非离子表面活性剂。

（3）匀染剂（缓染剂）　匀染剂是指染色中能延缓染料上染纤维速度（缓染），并能使染料在纤维上从深色处移至浅色处（移染），从而不出现深浅不一和色斑现象的一类助剂。常用的匀染剂有烷基磺酸钠、高级脂肪醇硫酸钠、苄基萘磺酸钠等阴离子表面活性剂；高级脂肪醇聚氧乙烯醚、烷基苯酚聚氧乙烯醚等非离子表面活性剂；季铵盐型阳离子表面活性剂。

（4）固色剂　有些染料虽然色泽鲜艳，但由于湿处理牢度不佳，褪色、沾色现象严重。为了提高染色织物的湿牢度，通常在染色后使用助剂进行固色处理，这类助剂称为固色剂。在多数情况下，阳离子表面活性剂能起到较好的固色作用。常用的有烷基吡啶盐、季铵盐等。

6. 后整理

后整理是指织物染色、印花以后的改善和提高织物品质的加工过程。后整理的目的是使织物具有良好的手感、光泽和平滑性，并赋予其防缩、防皱、阻燃、防静电等功能。后整理中常用的表面活性剂有烷基酚聚氧乙烯醚、脂肪醇聚氧乙烯醚、烷基氯化铵等。

二、表面活性剂在毛纺织工业中的应用

表面活性剂在毛纺织工业中应用非常广泛，在洗毛、加油、上浆、定型、退浆、复洗、染色等工序都要用到表面活性剂。

1. 洗毛

原毛中含有25%～50%羊毛脂、矿物质、砂土等杂质，因此原毛不能直接用于纺织。通过洗毛去除这些杂质，获得洁白、松散、柔软的毛纤维，才能进行纺织。洗毛过程中必须使用表面活性剂作为洗毛剂，常用的有阴离子表面活性剂和非离子表面活性剂。

（1）阴离子表面活性剂　肥皂、烷基磺酸钠（洗涤剂601）、烷基苯磺酸钠（ABS）、脂肪醇硫酸钠、烷基酰胺磺酸钠、对甲氧基脂肪酰胺苯磺酸钠等。

（2）非离子表面活性剂　脂肪醇聚氧乙烯醚、壬基酚聚氧乙烯醚、辛基酚聚氧乙烯醚等。

2. 加油

洗净羊毛的残存油脂一般为0.4%～1.2%，由于纤维表面残存的油脂分布不均匀，因此在精梳毛纺和粗梳毛纺中用的毛均需加油。加油工序需要使用和毛油，以减少纤维的摩擦系数和变动率，提高纤维间的抱合力，减少纤维损伤，保证工艺正常进行。另外，加油还能防止静电的产生，使纤维柔软，保持弹性。

（1）乳化剂　加油工序使用的和毛油都是乳状液。配制和毛油常用的乳化剂有肥皂、油酸三乙醇胺、太古油、蓖麻油酸聚氧乙烯酯、十二烷基苯磺酸钠、丁基萘磺酸钠（拉开粉BX）、烷基酚聚氧乙烯醚、脂肪醇聚氧乙烯醚（平平加）等。

（2）抗静电剂　为减少纤维与纤维之间以及纤维与金属之间因摩擦而产生的静电，必须采取防静电措施，即在油剂中加入抗静电剂，用量一般为纤维的0.5%～1%。常用的抗静电剂有烷基聚氧乙烯醚的硫酸酯钠盐、脂肪醇磷酸酯、脂肪醇硫酸盐、季铵盐、聚乙二醇脂肪酸酯等。

3. 上浆、定型、退浆和复洗

经纱通过上浆获得较大的强度和平滑性，从而提高纱线的制造性能，以较低的费用织成优质的织物。浆料中常用的表面活性剂有淀粉、纤维素衍生物、聚乙烯醇、变性聚乙烯醇等。

经纱或织物经过烘焙定型，可使纤维在洗涤过程中不再收缩和伸长。为了使定型液迅速渗透纤维，防止污垢固结，可添加烷芳基聚乙二醇醚作为助剂。

退浆用洗液可添加烷芳基聚乙二醇醚作为润湿剂，能加速退浆过程，且对退浆用的酶制剂无不良影响。

加油毛条在漂白和染色前，必须复洗，目的是对毛条进行一次定型和热湿处理，消除纤维的疲劳和静电。复洗还可以洗去油污，对染色后的毛条或化纤条有清洗浮色的作用。复洗工序常用的表面活性剂有烷基酚聚氧乙烯醚、烷基苯磺酸钠、烷基磺酸钠等。

4. 染色

羊毛和羊毛混纺织物在染色时，无论使用哪种染料，都要用表面活性剂作为助剂。常用的表面活性剂有：苄基萘磺酸钠、聚氧乙烯脂肪胺、脂肪醇聚氧乙烯醚硫酸酯盐、脂肪醇聚氧乙烯醚等。

三、表面活性剂在化学纤维工业中的应用

1. 黏胶纤维

黏胶纤维是用天然的纤维素（如木材、棉短绒等制成的浆粕）作原料，经过一系列化学加工而制得的一种再生纤维素纤维。为了获得高质量的黏胶，改善黏胶纤维的可纺性，使纺丝顺利进行，常加入各种类型的表面活性剂。

黏胶又称原液或纺丝液，其生产流程为：

碱液浸渍→压榨、粉碎和老成→黄化→溶解→过滤、脱泡和熟成

（1）碱液浸渍　在该过程中加入少量表面活性剂，可以使碱液表面张力降低，碱能迅速而均匀地渗透到浆粕内部，并被纤维素吸收，同时也有利于纤维素的溶解。碱液中添加的表面活性剂有烷基胺聚氧乙烯醚、脂肪醇聚氧乙烯醚等。

（2）压榨、粉碎和老成　浆粕浸碱后，要将过量的碱及溶于其中的半纤维素压榨出来，使碱纤维素具有一定的组成，这样既可减少黄化时二硫化碳与碱的副反应，又能防止黄化不均匀和黄酸酯结块。压榨后的碱纤维素再经过粉碎，使其呈松散状态，表面积增大，以保证老成和黄化顺利进行。碱纤维素的老成是在一定条件下的氧化降解反应，老成后的纤维素平均聚合度降低，聚合度分布曲线变得狭窄集中，由此可避免因黏胶黏度过高而造成的纺丝困难。粉碎中常用的表面活性剂有聚氧乙烯脂肪胺、脂肪醇聚氧乙烯醚等。

（3）黄化　碱纤维素与二硫化碳的黄化反应为气固相反应，它包括二硫化碳蒸气按扩散机理从纤维素表面向内渗透和二硫化碳在渗透部位与碱纤维素上的羟基进行反应两个过程。表面活性剂的加入有利于二硫化碳向碱纤维素中扩散，使其达到反应区域，从而使黄化均匀。黄化中常用的表面活性剂有高磺化度蓖麻油、聚乙二醇蓖麻油等。

（4）溶解　纤维素磺酸酯溶于稀烧碱中，形成一种外观类似蜂蜜的橘色黏稠液体，称为黏胶。在此溶解过程中加入表面活性剂如聚氧乙烯脂肪胺衍生物，可以减少未溶解的凝胶粒子数，改善黏胶过滤性能。在黏胶中加入以聚氧乙烯缩合物为基础的表面活性剂，可使粒子

呈分散状态，有利于提高黏胶的透明度。

（5）过滤、脱泡和熟成　溶解后均匀混合的黏胶含杂质和气泡太多，黏胶太“嫩”，不宜于纺丝，因此要将黏胶过滤和脱泡，并在12～24℃下存放一段时间，以提高黏胶熟成度和均匀性。在这一阶段应尽量选用聚醚型等泡沫较少的表面活性剂，并加入消泡剂，如矿物油和硅油等，以除去或减少泡沫。

2. 合成纤维

合成纤维是以石油、天然气、煤等为原料，经过一系列化学合成及机械加工制成的纤维。生产合成纤维，首先要合成各种低分子单体，再将单体加聚或缩聚成高分子聚合物，然后将合成高聚物制成纺丝溶液。纺丝制得的纤维因强度不高且脆硬而不能使用，必须经过集束、拉伸（加捻）、水洗、干燥、热定型、卷曲（加弹）、切断等后工序，才能使纤维具有可纺性。

合成纤维都不含蜡质和脂质，因此加工时摩擦力大，易产生静电，而且会造成静电积累。此外，合成纤维染色比较困难，且缺乏抱合力，集束性差，所以在纺丝和后加工中需加入各种表面活性剂作为抗静电剂、润滑剂、乳化剂、净洗剂，以改善加工性能，提高适用性。常用的表面活性剂有：脂肪醇聚氧乙烯醚、烷基酚聚氧乙烯醚、聚氧乙烯脂肪酸酯、烷基磷酸酯、聚醚、聚氧乙烯蓖麻油、季铵盐、甜菜碱、聚氧乙烯脂肪胺等。

第七节　表面活性剂在涂料工业中的应用

涂料是一种含颜料或不含颜料，用合成树脂或油脂制成的涂装材料，涂于物体表面能形成坚韧的薄膜，把被涂物体表面与环境隔开，对被涂物体起保护和装饰作用。

涂料由成膜物质、溶剂、颜料、助剂四部分组成。成膜物质又称基料，是使涂料牢固附着于被涂物体表面上形成连续薄膜的主要物质，是构成涂料的基础，决定着涂料的基本性质。它可以是热塑性树脂或热固性树脂。

溶剂是挥发成分，包括有机溶剂和水。主要作用是使基料溶解或分散成为黏稠的液体，以便涂料的施工。在涂料施工过程中和施工完毕后，这些有机溶剂和水挥发，使基料干燥成膜。

颜料是分散在漆料中的不溶的细微固体颗粒，分为着色颜料和体质颜料，主要用于着色、提供保护、装饰以及降低成本等。

助剂在涂料配方中所占的份额较小，但却起着十分重要的作用，各种助剂在涂料的生产、贮存和成膜过程中，有着不可替代的作用。在涂料助剂中，表面活性剂约占60%左右，表面活性剂的使用，不仅增加了涂料品种，而且使涂料质量明显提高。表面活性剂在涂料中主要用作润湿分散剂、消泡剂、流平剂、乳化剂、抗静电剂。

一、润湿分散剂

颜料的研磨与分散过程是制造涂料的主要工序，大约80%的电能和工时消耗在该工序上。选择合适的颜料润湿分散剂，可以缩短工时，得到颜料分散程度均匀一致的色浆，提高涂料的贮存稳定性，改善涂膜状态，提高紫外线的吸收和反射能力，增加颜料的耐候性和耐化学药品性。

1. 润湿分散剂的作用原理

颜料有三种存在状态：①原始颗粒，即单个颜料晶体或一组晶体，粒径相当小；②凝聚体，以面相接的原始颗粒团，表面积小，再分散困难；③附聚体，以点、角相接的原始颗粒团，总表面积比聚集体大，再分散较容易。

颜料分散在基料里的过程可划分为三个阶段。

① 润湿 颜料颗粒表面吸附的空气、水等被基料所置换，进而润湿颜料颗粒表面。这里存在一个从固-气界面到固-液界面的转换过程。

② 分散（又叫研磨） 颜料聚集成的较大颗粒被机械打开，分离成原始颗粒或接近原始颗粒，常用的设备有高速分散机、砂磨机、球磨机。

③ 稳定 已润湿的颜料颗粒移至基料中，使颗粒永久分离。

这三个阶段没有截然分开，而是相互重叠进行的。

为了获得良好的涂料分散体系，可以使用某些表面活性剂来增强颜料的润湿和稳定作用。表面活性剂能吸附在颜料表面，从而改变颜料的表面性能，使颜料的润湿和分散过程容易进行。润湿是改变颜料表面性能的过程，可除掉表面吸附的水和空气，改变其极性，降低液-固之间界面张力和接触角，增加颜料和漆料的亲和力，缩短颜料在漆料中的研磨分散时间，通过粉碎形成颜料细小颗粒的悬浮体。在无外力作用下，要保持颗粒稳定的分散状态，就必须加入一定量的分散剂，分散剂吸附在颜料微粒的表面，通过形成双电层、物理屏蔽作用、氢键作用、偶极作用，防止分散了的颜料粒子再度聚集，使其在分散体系中处于稳定的悬浮状态。润湿剂和分散剂的作用有时很难区分，同一种产品常兼具润湿和分散双重作用。

2. 润湿分散剂的种类

不同类型的涂料，所用的润湿分散剂分子结构也不相同，其中水性涂料用润湿分散剂和溶剂型涂料用润湿分散剂最具代表性。

(1) 水性涂料用润湿分散剂 水性涂料是以水为溶剂或分散介质的涂料。在制备这类涂料的过程中，若采用多种颜料，常因其物理性质差别较大，制得的浆料靠强烈搅拌也只能暂时分散均匀，在贮存和使用过程中常发生颜料沉淀和浮色等现象，为解决这些问题，就需要在涂料制备过程中加入表面活性剂，以提高体系分散稳定性。

在水性涂料中使用的润湿剂包括阴离子型、阳离子型、非离子型表面活性剂。阴离子型表面活性剂有二烷基（辛基、丁基、己基）磺基琥珀酸盐、蓖麻油硫酸化合物、十二烷基磺酸钠、烷基萘磺酸钠、硫酸月桂酯、油酸丁基酯硫酸化合物等；阳离子型表面活性剂有烷基吡啶盐氯化物等；非离子型表面活性剂有烷基苯酚聚氧乙烯醚、烷基聚氧乙烯醚、聚氧乙烯乙二醇烷基醚、聚氧乙烯乙二醇烷基芳基醚等。

分散剂包括阴离子型、阳离子型、非离子型表面活性剂。阴离子型表面活性剂有烷基磺基琥珀酸盐、烷基苯磺酸盐、烷基萘磺酸盐、脂肪酸铵衍生物、硫酸酯、蓖麻油硫酸化合物等；阳离子表面活性剂有烷基吡啶嗯氯化物、三甲基硬脂酸酰胺氯化物等；非离子表面活性剂有烷基酚聚氧乙烯醚、山梨糖醇烷基化合物等。另外，还有聚羧酸盐、聚丙烯酸衍生物、聚甲基丙烯酸衍生物等高分子表面活性剂。

(2) 溶剂型涂料用润湿分散剂 溶剂型涂料使用的润湿分散剂大部分属于高分子聚合物类表面活性剂。包括天然高分子类（如卵磷脂）、合成高分子类（如长链聚酯的酸和多氨基盐、聚丙烯酸衍生物、聚醚衍生物等）。

3. 润湿分散剂的选择

在选择润湿分散剂时，应注意以下原则。

(1) 涂料体系 涂料按介质不同分为水性、溶剂型、粉末等几大类。一般情况下，所用的润湿分散剂是不通用的。如果用错，不仅起不到润湿分散作用，还会造成意想不到的麻烦。

(2) 颜料 不同颜料其电荷性质不同。首先要分清是无机颜料还是有机颜料，有机颜料中还要看是酞菁系列的还是炭黑。

(3) 基料（即树脂） 不同的树脂体系对颜料的润湿性不同，因此对润湿分散剂的选择也不同。

(4) 体系相容性 在一个涂料体系中，所用的助剂除润湿分散剂外，还有流平剂、消泡剂等，这样相容性就极为重要。注意相容性，有利于配方平衡，使产品综合性能得以兼顾。

另外，还要考虑施工要求，考虑价格性能比，以求选择最合适的润湿分散剂。

二、消泡剂

随着人们对涂料的质量和性能要求越来越高，由于泡沫而引起的涂膜的缩孔、针孔、鱼眼等表面缺陷，以及在涂料制造和涂装过程中，泡沫造成的生产操作困难，使消泡剂在涂料中的作用显得尤为重要。

1. 泡沫产生的原因

① 表面活性剂的使用。在涂料制造中，需加入各种助剂，其中润湿剂、分散剂、流平剂、乳化剂、防沉淀剂等，都是表面活性剂，这些物质本身能产生稳定的泡沫，就使得泡沫的产生具备了客观条件。

② 在涂料制造过程和涂装过程中，大量采用高速、省力、自动化程度高的设备和施工技术，使涂料体系内部发生紊流、飞溅、冲击、气窝的概率增大，有助于泡沫的产生。

③ 化学反应产生气泡，如聚氨酯涂料中若混入微量水，水与异氰酸酯发生反应会生成二氧化碳气体，在涂膜中出现小泡和针孔。

④ 在有孔隙的底材上涂装，孔隙内的空气自涂膜内部上溢，若气泡上升不到表面，就会留在涂膜中形成鱼眼，若上升到表面，就会形成缩孔和针眼。

2. 消泡剂的种类

消泡剂既有抑制泡沫产生的作用，又有消除泡沫的作用。一种合格的消泡剂本身具有较低的表面张力，而且表面张力越小，消泡效果越好；同时消泡剂还应具有一定的亲水性，使其不溶于发泡介质之中，又能很好地进行分散；此外，消泡剂不能影响乳液的稳定性。因此，大部分消泡剂是表面活性低，HLB值低，不溶于发泡介质的表面活性剂。

在涂料工业中，消泡剂的用量不大，但专用性很强。水性涂料中用的消泡剂有矿物油、脂肪酸低级醇酯、高级醇、高级脂肪酸、高级脂肪酸金属皂、高级脂肪酸甘油酯、高级脂肪酸酰胺、高级脂肪酸和多乙烯多胺的衍生物、丙二醇与环氧乙烷的加聚物、有机磷酸酯、有机硅树脂等。

溶剂型涂料用的消泡剂有低级醇、高级脂肪金属皂、低级烷基磷酸酯、有机硅树脂、改性有机硅树脂等。

3. 消泡剂的选择

涂料用消泡剂的专用性很强，不能由其他行业的消泡剂直接代替，更没有所谓的通用消泡剂。针对某一种特定的涂料，选择适宜的消泡剂，除了能达到消泡的目的外，还不能造成颜料的凝聚、缩孔、针孔、失光、缩边等副作用，而且消泡剂的消泡能力还要有一定的持久性。因此，在选择消泡剂时，应考虑以下因素。

(1) 涂料体系 水性涂料与溶剂型涂料所要求的消泡剂是不同的，水性涂料使用乳化剂、增稠剂，更具起泡性和稳泡性，因此其消泡问题更突出。

(2) 颜料　颜料粒子的粗细、极性大小会影响到泡沫，例如炭黑、超细填料会增加消泡的难度。

(3) 助剂　应考虑润湿分散剂、乳化剂、流平剂等助剂的匹配性、相容性。

(4) 涂料的黏度　高黏度的涂料消泡更困难，如弹性涂料、防腐蚀涂料中的厚浆型涂料，更需要专用的消泡剂。

(5) 涂料的干性　干燥快的涂料，表面固定得快，要求消泡剂能迅速完成其作用，否则会留下针孔。

三、流平剂

1. 条痕效应和流平性

涂料施工后，都有一个流动及干燥成膜的过程，这一过程也叫流平过程。用刷涂、刮涂、辊涂等方法施工的时候，涂料被迫在底材和朝后倾斜的涂布器表面间展开，产生不稳定的流动，因此都会留下明显的条痕。一般涂层越厚，条痕越宽，涂布器向后倾斜外伸程度越大，条痕越明显，这种现象称为条痕效应。流平性较好的涂料，施工后很快流平，形成光滑平整的涂层。而流平性不好的涂料，成膜后会留下明显的刷痕、橘皮等缺陷，影响外观。

要使用流平剂改善涂料的流平性，可以考虑两个方面的因素：①选用可以降低涂料表面张力的表面活性剂，以提高涂料的流平性；②选用挥发速度慢又能降低涂料施工黏度的溶剂，改善涂料流动性，延长流平时间，达到最终流平。

2. 流平剂的种类

根据流平剂的作用方式及化学结构，将流平剂分为以下四类。

(1) 高沸点溶剂类　选择沸点在160℃以上的溶剂，用以调整涂料的溶剂组成，使涂料在干燥过程中具有梯度的挥发速度及溶解力，达到干燥与流平的统一。

(2) 有机硅类　聚二甲基硅氧烷、聚甲基烷基硅氧烷、聚甲基硅氧烷-聚醚嵌段共聚物、聚二甲基硅氧烷-聚酯嵌段共聚物等，在流平剂中用量很大。

(3) 聚丙烯酸酯类　这是一类用特殊方法合成的丙烯酸酯共聚物，具有比树脂、漆料低得多的表面张力，能够改善涂料的流平性。

(4) 醋丁纤维素类 (CAB)　CAB与多种树脂、溶剂的混溶性较好。作为流平剂，可降低涂料的表面张力。施工后，由于溶剂释放性好，能大大缩短涂料的表干时间，并迅速迁移到涂料表面，形成单分子膜，从而得到光滑的涂膜。一般CAB丁酰基含量越高，流平性越好。

四、乳化剂

以水为分散介质的乳液涂料（又称乳胶漆）是以聚合乳液为基础，颜料、填料、助剂分散其中而组成的水性分散体系。由于乳液涂料具有可用水稀释、施工方便、快干、不燃、低毒、节能、涂膜性能优异等特点，被广泛用于建筑内外涂料、工业用漆、纤维处理、造纸等多种应用领域，是当前涂料工业发展的重要方向之一。

聚合物乳液是乳液涂料的重要成分，它在很大程度上决定着涂膜的物理、化学及机械性质。乳液聚合过程一般需要单体、水、引发剂、乳化剂四种主要物质。乳化剂在乳液聚合的整个过程中，从胶团形成，自由基引发反应开始，直到分散稳定的聚合物乳液形成为止，都起着不可替代的作用。

1. 乳化剂的种类

乳化剂是典型的表面活性剂，阴离子型、阳离子型、两性、非离子型表面活性剂都可用作乳化剂。

用作乳化剂的阴离子表面活性剂有烷基醚硫酸盐、脂肪醇硫酸盐、烷基磺酸盐、烷基萘磺酸盐、烷基胺磺酸盐、烷基硫酸盐等；阳离子表面活性剂有烷基胺盐、烷基季铵盐、烷基吡啶盐等；两性表面活性剂有磺酸酯、硫酸酯、磷酸酯；非离子表面活性剂有聚氧乙烯烷基醚、聚氧乙烯芳基醚、山梨糖醇、山梨糖醇酐及其脂肪酸酯、甘露醇和脱水甘露醇及其脂肪酸酯等。

2. 乳化剂的选择

一般来说，能够在乳液聚合中形成胶团并能引发聚合反应的乳化剂，通常是碳原子数在10～12以上的表面活性剂。另外，乳化剂还能在乳液聚合反应中和聚合反应结束后赋予乳液分散稳定性，且不与单体和引发剂及其他添加剂反应，不能给涂料带来不良影响（影响涂料的调制、输送和涂布施工等）。

迄今为止，还没有统一的标准用来选择乳液聚合用乳化剂。各种乳化剂的选择仍需要通过反复实验以判断优劣。这里列举一些选择乳化剂的经验。

① 优选离子型乳化剂，因为它赋予分散粒子以静电荷，通过静电斥力作用使乳液获得分散稳定性。

② 采用阴离子型乳化剂和非离子型乳化剂混用，可取得更好的乳化和乳液稳定效果。

③ 选择与乳化物质结构类似的乳化剂，以增强乳化效果。

④ 使用对单体有更大加溶能力的乳化剂。

⑤ 所用乳化剂不应干扰乳液聚合反应，并有良好的聚合稳定性和贮藏性。

五、抗静电剂

抗静电涂料是具有排除积累静电荷能力的涂料。它的主要作用是：保证装饰涂层不吸灰尘、耐污染；保证仪器、仪表不受静电干扰，确保其精确度和灵敏度；消除高空设施上的静电，防止雷电的损害；有利于静电的泄漏，防止火灾发生。

涂料中加入抗静电剂，可制备抗静电涂料。抗静电剂是表面活性剂，可通过不同的渠道泄漏静电荷或降低摩擦系数，以抑制静电荷的产生。一般要求其具有以下特点：防止静电效果好；防止静电效果持久；与成膜物质有良好的混溶性；不影响涂料的其他性能。

可以作为抗静电剂的表面活性剂有季铵盐类阳离子表面活性剂、磷酸酯类阴离子表面活性剂、聚氧乙烯非离子表面活性剂。

第八节　表面活性剂在金属加工工业中的应用

金属加工工业中使用的表面活性剂种类很多，用途广。金属的车、铣、刨、钻、磨、抛、光、轧、造、脱模等工序都要用到表面活性剂。金属的防锈、防腐蚀、润滑、电镀以及金属的酸洗、碱洗、磷化处理及电子元件金属开关的处理等工艺过程也需要用表面活性剂。其应用的目的是为了提高产品的质量，降低消耗，减轻劳动强度，改善劳动保护等。本节侧重介绍防锈剂、润滑油添加剂和电镀添加剂。

一、防锈剂

金属包括钢铁和有色金属在大气中、水中、土壤中都会发生腐蚀。据国外统计材料报道每年金属材料设备因腐蚀而报废量占年产量的20%～40%。电镀、油漆、衬里可使金属避免腐蚀，但有些金属表面无法进行这类处理，这就需要应用腐蚀抑制剂。它包括缓蚀剂和防锈添加剂两类。这些抑制分子在金属表面形成吸附膜，将它与水或其他腐蚀性介质隔开，极性基吸附于金属表面而将亲油基朝向介质，从而达到防锈的目的。

缓蚀剂分有机和无机两种。它是用来加入水中或腐蚀性介质中达到控制速度的添加剂。无机缓蚀剂是一些有氧化性的化学试剂如铬酸盐、硝酸盐，及非氧化性物质如硅酸钠、磷酸钠等。它们能够阻止金属离子进入溶液或在金属表面形成表面膜。而使用的有机缓蚀剂主要指表面活性剂，同样在金属表面形成吸附薄膜。其大都是胺类化合物，如单胺、二胺、酰胺、季铵盐，或胺、酰胺与环氧乙烷的加成化合物等。但极性基和金属之间的相互作用并不强。

咪唑啉衍生物、酰基肌氨酸盐或氨基酸衍生物、硫脲衍生物、磷酸酯、多元醇亦可用作缓蚀剂。

防锈添加剂是防锈油的添加剂，能够暂时防止因大气腐蚀而引起的生锈，在润滑或石油制品中为防止水分混入引起生锈也添加此类添加剂。它们大都是油溶性表面活性剂。例如，脂肪酸或环烷酸的碱土金属皂或铝、锌金属盐，烷基萘磺酸盐或烷基苯磺酸的钙、钡、钠盐也可使用。其他还有二油酸牛脂二胺盐及Span-80、氯化石蜡等。

酸性溶液中胺的吸附是以极性基的物理吸附进行的，胺先和水中的氢离子生成烷基铵阳离子，再和金属表面的引进部分发生物理吸附：

$$RNH_2 + H^+ \longrightarrow [RNH_3]^+$$

从而抑制了金属如下的阴极反应（局部电池）。

阳极： $Fe \longrightarrow Fe^{2+} + 2e$（酸性时）

阴极： $2H^+ + 2e \longrightarrow H_2$

局部电池的电化学腐蚀，会产生棕红色铁锈。

$$Fe^{2+} + 2OH^- \longrightarrow Fe(OH)_2 \longrightarrow Fe(OOH)_2$$

生锈的中心成为阳极，周围为阴极，继续产生电化学腐蚀。在中性介质中带有不成键的孤立电子的物质，如含N、S、O、P等的物质与金属因共价键而发生化学吸附。烷基胺的烷基链愈长，烷基间的引力作用增大，对防腐蚀有利。而支链增加，则因位阻效应，阻碍吸附，使防腐蚀性能减低。

防锈添加剂是加在石油馏分中调制成防锈油使用。除添加剂的种类和用量之外，还应考虑油膜的黏度及其凝胶作用。

二、润滑油添加剂

润滑油的主要应用性能，如降低摩擦系数、防锈等都要借助于表面活性剂。以HLB值低、碳链较长的油溶性表面活性剂为宜。

润滑油使用的表面活性剂有分散剂、防蚀剂、油性剂、增稠剂、乳化剂、清洁剂等。

清洁剂是用来防止或抑制机油在发电机中因受高温氧化、分解而生成淤渣、炭黑导致油路堵塞，常用的有超碱性的磺酸盐和苯酚的钙盐和镁盐，例如，二烷基苯磺酸盐、二烷基酚盐、膦酸盐、水杨酸盐等。烷基苯生产中的高沸物，其磺酸盐常用作清洁剂。

分散剂如果加入含有丁二酸酯的丁二酰亚胺（相对分子质量为1000）、苄胺、琥珀酸亚胺是发动机油常用的添加剂，但其结构中不含金属，具有良好的分散低温淤渣的效果。

润滑油中也需添加防锈剂，这类防锈剂油溶性高，并能生成坚固的混合皮膜，其亲油基大多为长支链，例如烯基丁二酸酯、油酰基肌氨酸酯或胺盐，它们能促使油中的水、酸被增溶而钝化，并抑制金属物体吸附导致腐蚀的氧和水。

油性剂是用来降低金属与金属间的摩擦系数的添加剂，常用的有硬脂酸、牛脂、蓖麻油等。它们在金属表面定向形成固体状的吸附膜。

增稠剂是用来使油胶化的添加剂，大都用熔点较高的脂肪酸皂，如羟基硬脂酸锂皂、硬脂酸锂皂、钙皂、铝皂等。多数金属皂在润滑脂中具有纤维结构，成为网状结构的胶束相。

三、金属切削液

金属切削、磨削加工时会产生热量，需在加工时注入润滑冷却液以增加润滑性降低切削力，并带走热量，从而延长刀具的使用寿命，提高工件光洁度。金属切削液应有良好的润滑、冷却、防锈及耐硬水等的综合性能，且稳定、无毒、无公害。

虽然非水溶性金属切削液也可应用，但常用水溶性切削液。乳化型切削液的成分有矿物油（锭子油、轻质矿物油、机油），乳化剂如脂肪酸皂、石油磺酸盐或非离子表面活性剂中的烷基酚聚氧乙烯醚、三乙醇胺等，高碳醇和脂肪酸（作为稳定剂），极压添加剂（氯化石蜡、磷酸三甲苯酯，在极压下防止金属互相接触）及防锈剂（二乙醇胺、油酸三乙醇胺、重铬酸钾）等，应用时用水稀释 20～50 倍。

常见的典型金属切削液配方如下：

【配方 1】

组分	质量分数/%	组分	质量分数/%
磺化蓖麻油磷酸钠	6.0	三乙醇胺	1.0
聚二乙醇 600	2.0	水	93

【配方 2】

组分	质量分数/%	组分	质量分数/%
单酯	20	脂肪酸二乙醇酰胺	4.0
三乙醇胺	5.0	矿物油	55.0
己基胺	2.0	噻唑防腐剂	0.5
石油磺酸钠	7.0	水	余量
壬基酚醚	5.0		

四、电镀

电镀主要有三个方面的特性。

① 防护性镀层　用于钢铁件在大气和其他环境中的防腐防锈。

② 防护装饰性镀层　这类电镀层除要求有较高防腐蚀性外，对表面的装饰性也有较高的要求，同时最终一层镀层必须带有装饰性，并且其本身要在大气中稳定和有一定的耐磨性。

③ 功能性镀层　这类镀层除有一定的防腐性和装饰性之外，主要用其特殊的性质和功能，因此称之为功能性镀层。可用于电镀的金属有十多种，如金、银、铜、铁、锡、镍、铅、铬、钴等。由这些金属或其他金属组成的二元、三元和多元合金可达上百种，构成了庞大的电镀体系。每一种金属或合金往往还涉及数种电镀工艺，所用添加剂也各异。电镀添加剂大部分为有机化合物，按其在电镀液中的主要作用大致可分为络合剂、表面活性剂、光亮剂及辅助光亮剂四类。

表面活性剂在电镀液中按其特性可分为光亮剂、分散剂、润湿剂（点蚀防止剂或去针孔剂）、烟雾抑制剂等。各种电镀液中添加表面活性剂，可使结晶细致，镀层光亮、平整、均匀、无针孔、无麻点，与基体结合力好，延展性好，能改变镀层物理性质，抑制酸雾逸出，从而大大提高了镀件的质量，并可降低能耗。根据金属种类的不同，工业上使用的电镀液有各种组成，电极沉积条件也各不相同。因此所选用的表面活性剂必须适应于不同的条件，在使用介质中应具有良好的稳定性和最佳作用效果，且价格适宜。电镀中常用的表面活性剂有平平加、OP乳化剂、十二烷基硫酸钠、亚甲基双萘磺酸钠、氟表面活性剂、脂肪酸聚环氧乙烷酯、聚环氧乙烷蓖麻油等。

电镀液中添加表面活性剂可使电极上沉积的结晶微粉化和使结晶发生定向性的变化，防止出现凹痕、烟雾，并起到分散、增光和平整的作用。根据电镀对象的不同，所使用的表面活性剂也不同。例如，在酸性电镀镉、锡中，烷基或芳基的长链聚醚可以得到良好的光亮电镀。这是因为胶束在阴极表面生成吸附皮膜，阻止镉或锡离子向电极表面扩散，从而获得微细均匀的电极沉积和光亮的电镀层。

镀铬时由于阳极是不溶性铅电极，阴极的电流效率为10%～15%，在两极上激烈产生氢和氧，产生有害的铬酸烟雾，加入含氟表面活性剂（F51）可将镀铬液的表面张力降低到25mN/m，使铬酸烟雾大为减少。

电镀金时，也常加入表面活性剂，以使镀面光亮。

表面活性剂在金属抛光、焊接、冷轧、压延、拉伸等加工时也得到了广泛的应用。

五、清洗剂

金属清洗贯穿于整个金属加工过程，如金属涂镀前或加工前需洗掉锈蚀及油污、泥尘；零件包装前需洗掉切削液、手汗印、油污；零件拆封、装配也要清除保护层等。金属表面的污垢物多种多样，有油溶性的，也有水溶性的，还有锈垢、各种无机物、有机物和灰尘等。这些污垢物若不认真清洗，不仅会严重影响各加工工序的顺利进行，甚至还会引起和加速金属的腐蚀，降低产品质量，缩短使用寿命。对金属进行清洗，概括起来有四种：碱性清洗、溶剂清洗、酸性清洗、机械清洗。金属清洗用表面活性剂技术，是根据不同的需要，选择适合的表面活性剂与助剂配制成专用的金属清洗剂进行使用。

1. 碱性清洗剂

对金属的清洗最广泛使用的是碱性清洗剂，主要是因为它便宜而有效。在电镀、油漆、搪瓷或其他防护处理之前，有些金属常在碱性溶液中进行清洗，以排除油垢和其他污垢物。碱性金属清洗的主要方法是浸泡、喷雾和电解或几种方法兼用。碱性金属清洗剂的主要成分是氢氧化钠、碳酸钠、硅酸钠以及磷酸钠等。这些物质能与那些可皂化的油脂如植物油、动物油发生皂化反应，达到清除目的。但对非皂化油脂，如矿物油则无能为力。

随着表面活性剂技术的发展，在碱性金属清洗剂中加入少量表面活性剂，利用其乳化作用可将矿物油乳化使其离开金属表面进入洗液之中。在表面活性剂中，非离子表面活性剂具有很好的去污效果和低发泡特性，特别适用于喷射法，操作浓度为3～15g/L即可。对浸泡法则需要将浓度提高到10～30g/L。表面活性剂技术的应用更为重要的是可以将清洗时的操作温度降低。以前要求操作温度必须高于45℃，加入表面活性剂后可以在25～40℃时操作。这对节省能源和简化工艺有着十分重要的意义。

碱性清洗剂（g/L）配方举例如下：

磷酸钠	5～8	磷酸二氢钠	2～3
硅酸钠	5～6	水	余量
烷基苯磺酸钠	0.1～1		

2. 酸性清洗剂

金属材料加工前的除锈、除氧化层和除污垢，一般也经常采用化学酸洗法。锈是金属表面十分普遍的腐蚀产物，垢是高温下铁和钢的氧化所形成的，它们都易溶于酸。常用的酸有盐酸、硫酸、硝酸、氢氟酸、柠檬酸、酒石酸等，其中以盐酸、硫酸应用最多。在酸洗过程中，酸不仅能溶解锈，而且能与基体金属反应放出氢。大量逸出的氢气会形成酸雾，不仅影响工人的健康和腐蚀设备，并且还消耗大量的酸。为了消除、减轻这些不良影响，提高酸洗效果和防止金属过腐蚀，一般采取在酸洗液中加入少量表面活性剂。

（1）酸缓蚀剂　常用的缓蚀剂一般是含O、N、S的无机或有机化合物，如硫脲、若丁（含磷二甲基硫脲、食盐、糊精、皂角粉）、乌洛托品（六亚甲基四胺）等。

盐酸中常用的缓蚀剂为乌洛托品，硫酸中常用若丁或硫脲，而硫脲与甲醛的缩合物在磷酸介质中的缓蚀效果较高。近年来还合成一些新的高效缓蚀剂。如由5%～50%二丁硫脲、5%～95%聚氧乙烯（20～80）蓖麻油和0～95%乙醇或硫酸钠组成的混合物等。

（2）抑雾剂　使用表面活性剂作为抑雾剂控制酸雾，简便易行，效果明显。一般由多种表面活性剂的复配物构成，如我国研制生产的“841”净洗抑雾剂，具有优良的乳化、分散、润湿、渗透和净洗作用，与无机酸配合使用，不仅抑雾效果明显，而且还具有提高酸洗除锈、除氧化皮、除油的效果，并对金属材料还有一定的缓蚀作用。

3. 水基金属清洗剂

对金属的清洗传统上是以汽油或煤油的油洗法和碱洗液的浸渍法为主，油洗法耗油每年达60万吨。20世纪70年代大力推广水基金属清洗剂，至目前已发展了数百个商品水基金属清洗剂，约取代40%～50%的油洗法用油量。水基金属清洗剂不仅能清除金属表面的油性污物，也能同时清洗手汗、无机盐等水溶性污垢。还具有缓蚀防锈能力，且无毒不易燃，使用安全，是大有发展前途的一种金属清洗剂。

水基金属清洗剂是以水为溶剂，表面活性剂为溶质，金属硬表面为清洗对象的液体清洗剂。为满足各种需要可在清洗液中添加多种助剂，以充分发挥各组分的协同效应，使金属清洗效果更好。

水基金属清洗剂的清洗机理是集表面活性剂的润湿、乳化、分散、增溶和形成胶束等几大性质综合作用的结果。首先是表面活性剂在金属表面发生润湿、渗透，使污垢在金属表面的附着力降低，然后再施以机械搅拌、刷洗、加热、超声波等物理方法，使污垢离开金属表面，进入洗液中被乳化分散开。

水基金属清洗剂中所用的表面活性剂一般有脂肪醇聚氧乙烯醚、烷基酚聚氧乙烯醚、十二烷基二乙醇酰胺、油酸钠、十二烷基苯磺酸钠、十二烷基硫酸钠、*N*,*N*-油酰甲基牛磺酸钠、甲氧基脂肪酰胺基苯磺酸钠等，多属于非离子型和阴离子型表面活性剂。在应用中往往将聚氧乙烯型非离子表面活性剂和阴离子表面活性剂进行复配，产生的协同效应可以使浊点大大提高，增溶和去污力也大为改善。

水基金属清洗剂配方中各种添加物的作用也不可忽视，它们是协同表面活性剂达到清洗去污效果的必不可少的组分。按成分可分为无机助剂和有机助剂；按用途可分为助洗剂、缓蚀剂、泡沫稳定剂、消泡剂、软化剂、增溶剂等。

助洗剂本身也是一种清洗剂，如常用的磷酸盐、碳酸盐、硅酸盐、氨基三乙酸钠、乙二胺四乙酸钠等。这些碱性物质对植物油、动物油和脂肪酸类污垢清洗效果显著，和表面活性剂配合使用能降低溶液的表面张力及临界胶束浓度，减少表面活性剂的用量，提高去污力。

磷酸钠、三聚磷酸钠、六偏磷酸钠等还具有软化硬水的功能。

为提高金属清洗剂的综合能力，防止金属在清洗过程中生锈，配方中需加入少量缓蚀剂，也称防锈剂。针对不同的清洗对象选择适当的缓蚀剂。如黑色金属可选用油酸三乙醇酰胺、亚硝酸盐和苯甲酸钠等；对有色金属可选用硅酸钠（用于铝合金）、硅氟酸（用于镁合金）、苯并三氮唑（用于铜合金）。

为防止已被洗下来的污垢再次沉积于金属表面，配方中还要加入稳定剂，即抗污垢再沉淀剂。常用水溶性高分子胶体物质来充当，如羧甲基纤维素及其盐、羧甲基淀粉、树胶、三乙醇胺、烷基醇酰胺等。

为促进表面活性剂在水中溶解性和促进金属表面污垢在水中的分解效果，使清洗剂液态产品澄清透明，需加入增溶剂。最常用的增溶剂是尿素，也可用甲苯、二甲苯磺酸钠等。

金属清洗剂的助剂除上述几种外，还有填充剂、香精、色料等。某些助剂在金属清洗剂中具有多种功能，如三乙醇胺既是表面活性剂（其乳化能力强），又是软化剂、缓蚀剂、泡沫稳定剂，还可增加黏度。

水基金属清洗剂的优点是除油效果好、原料易得、价格便宜、使用过程安全可靠并有利于降低成本。对水基金属清洗剂的基本要求是：易溶于水、清洗迅速、无再沉积现象、对金属表面无腐蚀无损伤、清洗后金属表面光洁并有一定缓蚀防锈作用、不污染环境且对人体无害。

第九节　表面活性剂在现代农业中的应用

随着现代工业的发展，为农业现代化提供了技术支持，如低毒高效农药、各种复合肥料和专用肥料以及现代化耕作机械，与此同时也使部分土地和水域受到了比较严重的污染。修复被污染的土壤和水系，是近年来表面活性剂在农业技术领域研究的热点。

一、表面活性剂在农药加工中的应用

对于大多数农药而言，只有加工成适当的剂型的制剂才是可以直接使用的。农药中的表面活性剂是将无法直接使用的农药制成可以使用的农药制剂所不可缺少的组分之一。它作为农药助剂，不但可以提高农药的使用效果，还可以减少农药的用量，减轻农药对环境的影响。并为农药生产带来了巨大的经济效益。表面活性剂在农药剂型中所起到的作用主要表现在它对原药的润湿、分散、乳化、增溶等方面。表面活性剂在农药加工中的应用具体体现在以下三个方面。

1. 表面活性剂在乳油中的作用

乳油是农药按规定的比例溶解在有机溶剂中，再加入一定量的农药专用乳化剂而制成的均相透明油状体。

表面活性剂在乳油中的作用是在乳油应用之前将在非介质中存在的原药乳化进入水中，乳油用水稀释，产生水包油型乳状液。表面活性剂在乳油中的另一作用是防止乳状液分层沉积或絮凝，从而保持所形成的乳状液呈稳定状态。在乳油加工过程中，表面活性剂是农药乳油的主要辅助成分。农药乳油中的极微细的液滴均匀地分散在水中，形成相对稳定的乳状液。表面活性剂在乳油中的增溶作用主要是改善和提高原药在溶剂中的溶解度，增加乳油的水和度，使配成的乳油更加稳定，制成的药液均匀一致。润湿作用主要是使药液喷洒到靶标上能完全润湿、附着和不会流失以充分发挥药剂的防止效果。

2. 表面活性剂在可湿性粉剂中的作用

可湿性粉剂包括原药、载体、填料、表面活性剂、辅助剂并将它们粉碎得很细的农药制剂。此种制剂在用水稀释成田间使用浓度时，能形成稳定的可供喷雾的悬浮液。可湿性粉剂具有很重要的性质，如流动性、可湿性、分散性、悬浮性、低发泡性以及物理和化学的贮存稳定性。可湿性粉剂农药的润湿性好坏取决于选择合适的润湿剂浓度。

在生产时，一般是将农药和载体混合后再加入表面活性剂，若原料是载体，先将农药吸收进载体的内部毛孔中，接着再加入表面活性剂；假如原料是固体，液体表面活性剂就会和原药包在一起且位于原药的表面；假如表面活性剂是固体，当稀释成田间使用浓度时，它们可以迅速地溶解在水中，而且通过化学作用吸附在载体原药的表面上。

3. 表面活性剂在悬浮剂中的作用

悬浮剂是由农药、载体和分散剂组成的利用湿法进行超微粉碎的黏稠状的可流动悬浮体。是由不溶或微溶于水的固体原药借助某些助剂，通过超微粉碎比较均匀地分散于水中形成一种颗粒细小的高悬浮、能流动的稳定的液固态体系。

在悬浮剂加工过程中，表面活性剂作为基本成分起着重要作用。它吸附在原药预混合物粒子的表面，将有效成分的粒子表面润湿，排出粒子间的空气。在悬浮剂制造和应用过程中，表面活性剂总是能够避免泡沫形成，以防降低有效成分的均匀性和在田间的效果。

二、表面活性剂在化肥生产中的应用

随着化肥工业的发展，施肥水平的提高和环境保护意识的增强，对化肥生产和产品也提出了更高要求，应用表面活性剂提高和改善化肥生产水平是近年来引人注目的研究和开发的新领域。

化肥结块问题是化肥工业长期以来致力于解决的问题，特别是碳酸氢铵、碳酸铵、硝酸铵、磷酸铵、尿素和复合肥等都易发生结块现象，化肥结块严重影响了肥效，并给贮存运输和使用带来了不少困难。化学肥料在贮存、运输过程中容易发生结块，主要有以下两种原因。

(1) 物理原因　肥料颗粒表面发生溶解，水分经蒸发后重结晶，然后颗粒之间发生桥接作用而结块。

(2) 化学原因　由杂质存在的晶粒表面在接触中发生化学反应，与空气中的氧气、二氧化碳继续发生化学反应。

为了解决化肥的结块问题，目前解决的方法是在化肥的生产过程中加入相应的表面活性剂来改善化肥的性质。

第十节　表面活性剂在生物工程与医药技术中的应用

目前，全球正处于生物医药技术大规模产业化的开始阶段，预计2020年后将进入快速发展期，并逐步成为世界经济的主导产业之一。我国对生物技术的研究和开发起步较晚，直到20世纪70年代初才开始将DNA重组技术应用到医学上。在国家产业政策的大力支持下，这一领域发展迅速，逐步缩短了与先进国家的差距，产品从无到有，目前已经成为我国生物医药的新兴支柱产业。

一、表面活性剂在生物工程中的应用

生物技术是高技术的重要支柱，已经成为研究和发展的热点，但是要将一个生物技术产

业化，必须解决一系列工程问题。首先是发展基因工程、细胞工程、蛋白质工程等“上游”过程，而且还要发展“下游”过程，特别是生物产物的分离和纯化过程，因为它的费用往往占一种生物产品总成本的60%～90%。表面活性剂在生物工程中的具体应用如下。

1. 发酵促进剂

表面活性剂在发酵工业中主要应用于发酵泡沫控制、发酵生产过程中的消毒洗涤剂以及生物下游产品的分离。表面活性剂加入发酵体系可以提高生产效率，且目前国内对于表面活性剂作为发酵促进剂应用方面的研究报道也比较多，主要集中在发酵生产各种氨基酸、酶、胶质、药物生物表面活性剂、新型材料等方面。

2. 反胶束萃取

20世纪80年代中期发展起来的反胶束萃取技术，是对蛋白质有效萃取的一种有发展前途的生物产品的分离技术，也是表面活性剂在生物工程中成功应用的一个范例。

所谓反胶束，是指当油相中表面活性剂的浓度超过临界胶束浓度后，其分子在非极性溶剂中自发形成的亲水基向内，疏水基向外的具有极性的内核的多分子聚集体。影响反胶束萃取过程的主要因素有表面活性剂的种类、浓度、水相pH、水相离子强度和温度等。

二、表面活性剂在医药提取技术中的应用

表面活性剂通过乳化、润湿等作用，广泛应用于药物提取、药物的合成、分离纯化和剂型改进。

1. 表面活性剂在药物提取技术中的作用

药物在微乳液中大部分分配在油水之间的界膜上，因此可以利用非离子型微乳液来提取和分离蛋白质，提取效率高低主要与蛋白质的种类、分子量、等电点、浓度、pH以及加入离子型表面活性剂的种类和数量有关。实验结果表明：加入阴离子表面活性剂十二烷基苯磺酸钠达到一定浓度时，牛血清蛋白的提取效率可骤然提高。影响蛋白质提取效率的两个主要因素是阴离子型表面活性剂要达到能占据水油界面相当的比例，同时其疏水基不能太小。

表面活性剂使许多难溶性药物的应用成为可能，开辟了囊泡、脂质体、微胶囊、微乳液、包合体和一些超分子组装体给药途径。其发展趋势已不仅仅局限于解决药剂稳定性问题，而是开发和利用表面活性剂与药物、受体相互作用带来的药理药效和药物传输动力学功效。

纳米囊泡基因或转基因细胞是近年药剂科学新动向。如用一种聚阴离子改性胶原蛋白包覆转GM-CSF基因的B16-F10脑胶质瘤细胞，可以存活并有较高分泌量。采用海藻酸钠等活性分子的微胶囊可成为基因工程细胞的免疫隔离工具，能够保证基因表达产物释放并使副作用最小。

2. 表面活性剂在药物分析中的作用

药物分析包括液体中的药物及药物残留的分析。常见的分析方法有薄层色谱法、气相色谱法、高效液相色谱法和超临界液体色谱法等。荧光分析法具有高灵敏度、高选择性、信息量丰富、检测限低等特点。某些药物自身能发射较强的荧光，可以用荧光分析法直接进行检测。然而有些药物自身不能发射荧光或者荧光较弱，这时就需要加入适当、适量的表面活性剂进行增溶和增敏，比如可以选择十二烷基硫酸钠、聚乙烯醇等表面活性剂来增溶和增敏。

表面活性剂的双亲性质使之成为优秀的药物载体。

三、表面活性剂在生命科学中的应用

近半个世纪成长起来的现代生命科学已经成为自然科学发展最为迅速的学科之一，它被誉为 21 世纪的主导学科。表面活性剂在生命科学中也得到了相应的应用。

1. 表面活性剂在生命科学研究中的应用

生物大分子基于分子片段间各种弱相互作用、自发组装成多级空间结构来表达其生命功能。生命体系各种复杂功能也是通过分子间弱相互作用及其协同效应实现。通过分子间弱相互作用组装成的表面活性剂有序聚集体具有生物相似性和相容性的实质，可作为生物膜模型、模拟酶、药物载体和仿生光化学能转化装置。

将适合的表面活性剂吸附、涂布、键合或 LB 膜转移至电极表面形成有序双分子膜，是模拟生物膜、研究蛋白质和酶电子传递的理想模型体。表面活性剂/离子聚合物混合自组装至电极表面可形成双多层复合薄膜，加速电子传递和改善稳定性。

基因治疗的关键在于寻求转染率高、靶向强、安全性好的基因传导载体和方法。目前研究较多的载体是灭活病毒和脂质体。

2. 表面活性剂在消毒杀菌中的作用

(1) 直接杀菌作用　起直接杀菌作用的主要有两类表面活性剂，即阳离子表面活性剂中的季铵盐类消毒剂和两性表面活性剂中的汰垢消毒剂。近年来新开发了双链季铵盐类消毒剂，它带有一个亲水基和两个亲油基，具有更好的成胶束和更强的降低表面张力的能力，能增加它们的水溶性，即使在水质硬度较大的情况下也呈现出较好的溶解性和很好的稳定性。

(2) 协同杀菌作用　现在市场上出现的含氯复配消毒剂，多为次氯酸钠等含氯的消毒剂中加入表面活性剂，如加入十二烷基苯磺酸钠、十二烷基硫酸钠等使杀菌效果更佳。表面活性剂在这里起到的是协同作用。同样的例子还有很多，如将三氯均二苯脲消毒剂与十二烷基甜菜碱联合使用，对白色念珠菌有协同灭菌作用。

第十一节　表面活性剂在新能源与节能技术中的应用

能源是人类社会赖以生存和发展的重要物质基础，纵观人类社会发展的历史，人类文明的每一次重大进步都伴随着能源的改进和更替，能源的开发利用极大地推动世界经济和人类社会的发展。随着经济的快速发展，世界能耗不断增加，能源短缺问题日益严峻，能源问题已经成为制约各国经济发展的主要因素。随着技术的发展和整体工业水平的提高，表面活性剂作为一类负载型功能材料，不仅继续引领日化工业的发展，而且已成为主要功能型助剂进入了新能源与高效节能领域，如燃料电池、水煤浆。

一、表面活性剂在燃料电池中的应用

对燃料电池，特别是对质子交换膜燃料电池，性能良好的催化剂至关重要，它决定着大电流密度放电时的性能成本和运行寿命。但因电极上的反应是气、液、固三相反应，所以必须制备出高效的、结构合理的电极，减小气、液相间的传质阻力，提高三相接触性能，降低电极极化。最好的是铂基催化剂，铂以纳米级颗粒高分散地担载到导电、抗腐蚀的碳载体上。但这种高分散、细颗粒的 Pt/C 催化剂表面活性剂自由能大，需要掺入一些分散剂以降低其表面自由能，才能使其在水溶剂中均匀地分散。分散剂的种类、浓度对分散效果有着显著的影响。

聚乙烯醇是一种高分子聚合物，有较好的化学稳定性和良好的绝缘性、成膜性，具有多元醇的典型化学性质，能进行酯化、醚化及缩醛化等化学反应，具有表面活性，可降低水的表面张力。表面活性剂在电解液中起着改善起泡效应的作用，电解液张力越小，效果就越

明显。

二、表面活性剂在水煤浆中的应用

水煤浆是一种新型的煤基流体燃料，是由大约70%的煤和30%的水和少量的化学添加剂制备而成的固液分散体系，属热力学不稳定性体系，可用于工业锅炉、电站锅炉和工业窑炉。

水煤浆中的分散剂有以下三个作用。

1. 提高煤表面的亲水性

煤的表面是疏水的，分散剂分子通过其疏水基和煤表面结合后，变疏水性为亲水性并形成一层水性膜，从而减少煤粒间阻力，达到降低黏度的作用。

2. 增强颗粒间的静电引力

离子型分散剂不仅能改善煤的表面的亲水性，还具有增强煤粒间的静电作用，进一步促进煤粒分散于水介质中，静电斥力对煤粒分散悬浮起稳定作用。

3. 空间位阻效应

离子型分散剂在产生较强的空间位阻效应的同时，使周围可聚集更多的离子，这些离子和水分子结合形成水化膜，水化膜中的水与体系中“自由水”不同，因受到表面电场吸引而呈定向排列。对于离子型分散剂，双电层效应和吸附空间位阻效应同时存在，共同作用实现浆体流变稳定。而非离子分散剂，其主要作用是在煤表面所形成的分散剂吸附膜的空间位阻效应。

本章小结

1. 表面活性剂在洗涤剂配方中的应用

在家庭用洗涤剂中的应用；在个人用洗涤剂中的应用；在工业用洗涤剂中的应用。

2. 表面活性剂在制药中的应用

在片剂和丸剂中的应用；在滴丸剂中的应用；在胶囊药剂中的应用；在软膏类药剂中的应用；在膜剂、气雾剂中的应用；在栓剂中的应用；在液体制剂中的应用；直接作药物的表面活性剂。

3. 表面活性剂在食品中的应用

食品乳化剂；食品消泡剂；质量改进剂；增稠剂、保鲜剂；水果、蔬菜、鱼类清洗剂。

4. 表面活性剂在化妆品中的应用

皮肤用化妆品；发用化妆品；美容化妆品；口腔卫生用化妆品。

5. 表面活性剂在石油化工中的应用

钻井液用表面活性剂；固井液用表面活性剂；原油破乳脱水用表面活性剂；石油产品添加剂；燃料添加剂应用实例。

6. 表面活性剂在纺织工业中的应用

表面活性剂在棉纺织工业中的应用；表面活性剂在毛纺织工业中的应用；表面活性剂在化学纤维工业中的应用。

7. 表面活性剂在水基涂料中的应用

润湿分散剂；消泡剂；流平剂；乳化剂；抗静电剂。

8. 表面活性剂在金属加工工业中的应用

防锈剂；润滑油添加剂；金属切削液；电镀；清洗剂。

9. 表面活性剂在农业中的应用：表面活性剂在农药剂型中所起到的作用主要表现在它对原药的润湿、分散、乳化、增溶等；表面活性剂在化肥生产中的应用主要是抗黏结和防结块作用。

10. 表面活性剂在生物工程中的应用：发酵促进剂和反胶束萃取。

11. 表面活性剂在医药提取技术中的应用：药物提取和药物分析。

12. 表面活性剂在生命科学中的应用：生物膜模型；基因传导导体等。

13. 表面活性剂在新能源中的应用：燃料电池。

14. 表面活性剂在节能技术中的应用：煤基流体燃料——水煤浆。

思 考 题

1. 表面活性剂在洗涤剂配方中的应用范围有哪些？
2. 表面活性剂在个人用洗涤剂中的要求有哪些？
3. 表面活性剂在制药中有哪些应用？
4. 表面活性剂在食品加工中的作用是什么？
5. 什么是化妆品？化妆品分为哪几类？
6. 表面活性剂在石油开采中的应用范围有哪些？
7. 石油产品中为什么要添加表面活性剂？
8. 棉纤维在上浆时要用到表面活性剂，表面活性剂起什么作用？
9. 染色助剂在染色中起什么作用？
10. 简述黏胶纤维的生产流程。
11. 涂料由哪几部分构成？每部分各有什么作用？
12. 涂料中选择润湿分散剂需要注意哪些原则？
13. 金属加工工业中需要添加哪些表面活性剂？各起什么作用？
14. 简述乳油、可湿性粉剂、微乳液、水剂四种农药剂型各自的特点。

第五章 表面活性剂对环境的影响

学习目标 

1. 了解表面活性剂的安全性和毒性。
2. 了解表面活性剂对环境的危害影响。
3. 了解表面活性剂的降解过程、降解方法、降解的研究手段以及降解的影响因素。
4. 了解绿色表面活性剂的种类、应用领域及其发展动态。

作为一种重要的化工产品，表面活性剂的应用范围还在继续拓展，消耗量也日趋增大。在使用过程中，大量含表面活性剂的废水、废渣不可避免地排入了水体、土壤等环境。随着人们对生态环境认识的不断深入，人们对表面活性剂的使用和排放及其对环境可能形成的危害愈加关注。

第一节 表面活性剂的毒性

一、表面活性剂的安全性

表面活性剂随着石油工业的迅猛发展已趋成熟。表面活性剂工业主要集中在西欧与北美，近几年表面活性剂的消费市场转移至亚洲，消费量增长迅速，世界年消费量已超过1千万吨，如表5-1所示。

表5-1 世界各地区表面活性剂的消费情况 单位：百万吨

地区	1995年	市场份额/%	2000年	市场份额/%	2005年	市场份额/%	1995～2000年年增长率/%	2000～2005年年增长率/%
北美	2.7	29.0	2.9	26.9	3.1	24.8	1.44	1.34
西欧	2.0	21.5	2.2	20.4	2.4	19.2	1.92	1.76
亚洲	2.9	31.2	3.6	33.3	4.4	35.2	4.42	4.10
其他	1.7	18.3	2.1	19.4	2.6	20.8	4.32	4.36
合计	9.3	100.0	10.8	100.0	12.5	100.0	3.04	2.97

表面活性剂主要应用于日用化工、工业中，表面活性剂消费方向见表5-2。

表5-2 世界表面活性剂消费方向 单位：百万吨

行业	1995年	市场份额/%	2000年	市场份额/%	2005年	市场份额/%
家用洗涤剂	4.7	50.5	5.5	50.9	6.4	51.2
个人护理	0.7	7.5	0.8	7.4	1.0	8.0
工业及公用	3.9	42.0	4.5	41.7	5.1	40.8
合计	9.3	100.0	10.8	100.0	12.5	100.0

从表5-1可以看出，表面活性剂的消费量和使用量逐年递增，是目前人类接触最多的一

类化工产品，随着生活水平的不断提高，表面活性剂的消费量和使用量还会逐年递增，可以说，人类已经离不开表面活性剂。在世界范围内，由欧洲、北美和日本等国家和地区为主导，要求改善环境质量的呼声日益高涨，因此，20世纪80年代欧美等国家已开始在表面活性剂中禁止使用NTA（次氮基三乙酸）类产品。近年来，欧美国家一些研究机构还发现，烷基酚可使一些鸟类及哺乳动物的个体出现生殖器变小，或使成熟个体的雄性动物出现卵巢等雌化现象，某些表面活性剂对人体有潜在致畸、致癌等遗传毒理效应。

洗涤剂这类化合物在世界广泛分布，其基本成分就是表面活性剂。近年来，科学家们发现，洗涤剂对人体健康有一定影响，特别是孕妇使用不慎，不利于胎儿的发育。这是由于洗涤剂中含有聚硅氧烷和直链烷基磺酸盐等多种化学成分，这些物质可以通过皮肤黏膜吸收。如果孕妇长期大量使用洗涤剂，当体内上述有害物质达到一定浓度，就有可能影响生育。随着高科技和检测技术的发展，国际科学界对于洗涤剂等日用化工产品的环境评价提出了“生命周期分析”，其意义就是要对每种产品从其“摇篮”到“坟墓”的整个过程中对环境的影响作全面分析。目前，欧洲、美国和日本等发达国家和地区在洗涤剂主要组分的选择方面，十分注意环境安全性，已经不再使用三聚磷酸钠（STPP）、直链烷基苯（LAB）等产品。其所选成分对人体健康和生态环境的安全性明显优于我国目前的洗涤剂主要成分。

含氯有机物和含酚的表面活性剂对动物造成畸形和致癌。曾经报道十二烷基苯磺酸钠经皮肤吸收后对肝脏有损害和引起脾脏缩小等慢性症状，以及致畸和致癌性，而且泡沫多，不耐碱。它可用十二烷基聚氧乙烯醚硫酸盐（AES）、仲烷基磺酸钠（SAS）、α-烯基磺酸盐（AOS）等来代替。

非离子表面活性剂中的低聚氧乙烯的致变异性已引起人们的关注，研究认为环氧乙烷加成时由于其过量积累而造成未反应的氧乙烯和低聚氧乙烯以及二聚氧乙烯环构为二噁烷。二噁烷已确认为致癌物，氧乙烯被怀疑为致癌物质。因此必须控制这两种致癌物在非离子表面活性剂中的含量，一般情况下要求未反应的氧乙烯含量限制在1×10^{-6}以内。对于二噁烷的产生是需要从工艺及设备上改进才能达到要求。传统的间歇式搅拌装置是环氧乙烷气相向引发剂液相中分布，反应不完全，存在上述有害物质，副反应产物也多。意大利Press工艺与设备是引发剂喷成雾状向环氧乙烷气相分布，低聚乙二醇的副产物大大减少。瑞士Buss公司开发的引发剂液相向下喷射法，同时因为环氧乙烷在迅速循环状态下，所以传质效果好，反应热不易积聚，可使低聚乙二醇降至1mg/kg以下，消除二噁烷的生成。

二乙醇酰胺的致癌问题已由美国保健与环境机构证实，二乙醇胺和二乙醇酰胺对鼠类有明显的致癌作用，含有游离二乙醇胺和二乙醇酰胺同样具有致癌作用。商品名Ninol，国产名6501即二乙醇月桂酰胺与二乙醇胺产品，功效在于增泡、稳定和增稠作用，常用于净洗剂、精练剂等复配处方中，但应避免使用。

二、表面活性剂毒性定义与分类

表面活性剂的毒性包括急性毒性、鱼毒性和细菌藻类的毒性等几个方面。

表面活性剂的毒性大小顺序为：

阳离子表面活性剂＞阴离子表面活性剂＞非离子表面活性剂

各种表面活性剂的最高允许排放浓度为：

阴离子表面活性剂	8.5～43.7mg/L
阳离子表面活性剂	6.5～8.5mg/L
非离子表面活性剂	100mg/L

1. 急性毒性

表面活性剂的急性毒性是指被试验的动物（大白鼠、小白鼠等）一次口服、注射或皮肤涂抹药剂后产生急性中毒而有半数（50%）死亡所需该药剂的量，以 LD_{50} 表示，单位为 g/kg。阳离子表面活性剂有较高毒性，阴离子表面活性剂毒性居中，非离子型和两性表面活性剂的毒性普遍较离子型表面活性剂低。表 5-3 为一些常见表面活性剂的 LD_{50} 值。

表 5-3 一些常见表面活性剂的 LD_{50} 值

类 别	名 称	LD_{50}/(g/kg)
阳离子表面活性剂	十六烷基氧化吡啶	0.2
	十六烷基三甲基氯化铵	0.4
	十六烷基咪唑啉	3.2
阴离子表面活性剂	硬脂酸钠	1.0
	十二烷基硫酸钠(SDS)	1.3
	α-烯基磺酸盐(AOS)	1.3～2.4
	十二烷基苯磺酸钠(LAS)	1.3～2.5
	十二烷基聚氧乙烯(3)醚硫酸盐(AES)	1.8
	直链烷基(C_{12}～C_{14})磺酸钠	3.0
	仲烷基磺酸盐(SAS)	2.0～3.0
	十二酰基肌氨酸钠	5.0
非离子表面活性剂	十八醇聚氧乙烯醚(EO_2)	25.0
	十八醇聚氧乙烯醚(EO_{10})	2.9
	十八醇聚氧乙烯醚(EO_{20})	1.9
	无水山梨醇聚氧乙烯(20)脂肪酸	20.0
	烷基葡萄糖苷(APG)	1.1
	壬基酚聚氧乙烯(9～10)醚	1.6
两性表面活性剂	咪唑啉两性表面活性剂	10.0～15.0
	十二烷基甜菜碱(DB)	1.2
	椰油基甜菜碱(CoB)	6.6
	氧化胺(OA)	2.0～6.0

2. 鱼毒性

表面活性剂的鱼毒性指随废水排放的表面活性剂对包括鱼类在内的水生物的毒性作用。鱼毒性以 LC_{50} 表示，单位为 mg/L，测试方法见 ISO 73461-3。一般表面活性剂使水的表面张力下降到 50mN/m 时，鱼类就很难生存，如对淡水鱼（斑马鱼）的中毒性测定，表面活性剂的浓度为 1mg/L 时死亡 10%，2mg/L 时死亡 40%，4mg/L 时死亡 90%，8mg/L 时死亡 100%。

又如表面活性剂对鲤鱼的毒性，100%死亡率浓度极限为：LAS4.0mg/L，油醇聚氧乙烯(4)醚硫酸钠 5mg/L，十二醇聚氧乙烯(10)醚磷酸钠 16mg/L，壬基酚聚氧乙烯(6)醚 2.0mg/L，壬基酚聚氧乙烯(9)醚 3mg/L，壬基酚聚氧乙烯(21)醚 160mg/L，十二醇聚氧乙烯(7)醚 2.4mg/L，油酸聚氧乙烯(9)酯 200mg/L，以 LAS、壬基酚聚氧乙烯(6～9)醚等为原料制成的各种助剂鱼毒性危害较大，应控制使用浓度。BASF 公司规定助剂的使用指标为 $LC_{50}>100mg/L$；$LC_{50}=1\sim100mg/L$ 能够使用；$LC_{50}<1mg/L$ 属强毒性。表 5-4 为一些常见表面活性剂对鲤鱼极限浓度的 LC_{50} 值。

表 5-4 一些常见表面活性剂对鲤鱼极限浓度的 LC_{50} 值

名称	100%死亡率浓度极限/(mg/L)	名称	100%死亡率浓度极限/(mg/L)
直链烷基苯磺酸钠(LAS)	4.0	壬基酚聚氧乙烯(9)醚(APEO)	3.0
油醇聚氧乙烯(4)醚硫酸钠	5.0	壬基酚聚氧乙烯(21)醚(APEO)	160.0
十二醇聚氧乙烯(10)醚硫酸钠	16.0	油酸聚氧乙烯(9)醚	200.0
壬基酚聚氧乙烯(6)醚(APEO)	2.0		

3. 细菌藻类的毒性

表面活性剂对水生细菌蚤类的毒性常以 ECO_{50} 表示，如 $24hECO_{50}$ 表示物质 24h 内对大型蚤运动抑制的影响，一般毒性在 1～67mg/L 范围内。一般表面活性剂对水生蚤类都有一定的毒性。

表 5-5 为一些常见表面活性剂毒性的 ECO_{50} 值。

表 5-5 一些常见表面活性剂毒性的 ECO_{50} 值

类别	名称	ECO_{50}/(mg/L)	
		水蚤	藻类
阴离子表面活性剂	直链烷基($C_{12}\sim C_{14}$)磺酸钠	4～250	
	线型醚类硫酸酯(C_{12},3EO)	5～70	60
	辛基酚聚氧乙烯硫酸钠	5～70	10～100
	肥皂类		10～50
	磷酸酯(含 APEO)	3～20	3～20
非离子表面活性剂	十二醇聚氧乙烯(7)醚	10	50
	十二醇聚氧乙烯(23)醚	16	
	十八醇聚氧乙烯(10)醚	48	
	壬基酚聚氧乙烯(9～10)醚	42	50
离子表面活性剂	十六烷基三甲基氯化铵	82	

基于环保、安全和节能的考虑，易生物降解、毒性低、刺激性小的表面活性剂越来越得到重视。除了对现有品种的改良，如为了降低刺激性，AES 钠盐改为三乙醇胺盐，LAS 改成镁盐，以及降低原有产品刺激性杂质含量如 AES 中二噁烷，AOS 中的磺内酯，咪唑啉、甜菜碱中氯乙酸钠等以外，着重研究开发易降解、毒性低的新型的绿色表面活性剂。

三、常见表面活性剂的毒性

1. 阴离子表面活性剂

在表面活性剂工业中，阴离子表面活性剂是发展最早、产量最大、品种最多的一类产品，阴离子表面活性剂的毒性，介于阳离子和非离子表面活性剂之间。阴离子表面活性剂不仅有一定的毒性，而且还有较强的溶血作用。例如，0.001%十二烷基硫酸钠溶液就有强烈的溶血作用。

（1）直链烷基苯磺酸钠（LAS）　LAS除用作厨房洗涤剂之外，还用作家庭用清洁剂、去污粉等的配方成分，以及用于洗衣店的洗涤剂，纤维工业的煮炼助剂、洗涤剂、染色剂，金属电镀过程的金属脱脂剂，造纸工业的树脂分散剂、毛毡洗涤剂、脱墨剂等。近年来，在石油开采中3次回收用胶束溶液驱油法等新技术方面也有所应用。

LAS虽属低毒物质，但近年来其使用量直线上升，它对人体、动植物特别是水生生物的毒害作用已不容忽视，由于LAS含有苯核，在环境中不易被完全降解。近些年来，我国合成洗涤剂的年产量在100万吨以上，主要成分是LAS，使用后LAS中绝大部分随着生活污水进入天然水体，因而它对水生生态系统的潜在危险成为人们普遍关注的问题。LAS往往被作为水体生活污染物污染的指标。排入水体或摄入体内的LAS可以逐步蓄积，当蓄积量超过一定程度时，就会污染水质或影响健康。

水体受洗涤剂污染后会出现大量泡沫，影响感官性状，妨碍水与空气的接触并消耗水中的溶解氧，使水体的自净作用下降、水质变坏，从而间接地对水生生物产生各种毒性。

此外，也给处理厂运转带来困难。洗涤剂能使进入水体的石油产品、PCB、PAH等疏水有机物乳化而分散，增加了废水处理的难度。洗涤剂还对废水生物处理中的发酵过程产生不良影响。

（2）α-烯基磺酸盐（AOS）　AOS是1968年实现工业化的表面活性剂，它与MES都是二三十年前即已为人所熟知的、最有潜力的阴离子表面活性剂，只是因为种种原因，多年来，世界产量只不过10万吨左右，只占阴离子表面活性剂市场一个很小的份额。

该产品具有良好的乳化力、去污力、发泡力和钙皂分散力，极易溶于水，对皮肤的刺激性小，泡沫在油脂存在下稳定，广泛用于清垢洗涤剂、洗手剂、香波、液体皂及油田助剂等。

AOS主要组成为烯基磺酸盐［$RCH{=}CH(CH_2)_nSO_3Na$］64%～72%、羟基磺酸盐［$RCH(OH)CH_2(CH_2)_nSO_3Na$］21%～26%及二磺酸7%～11%。它的性能和R的碳链长度、双键位置、各组分比例、杂质因素等有关。

AOS的毒性比LAS小，具有生物降解性好、在硬水中能去污、起泡性好、对皮肤刺激性小等优点。AOS能与所有主要的阴离子、非离子表面活性剂配伍，如可与LAS、AES、AE、AS复配，与LAS、AES组成二元或三元复配体系时具有协同效应，与酰胺复配能增强AOS的性能。日本的主要洗涤剂配方的配制与经验表明，AOS与沸石相容性最好，在无磷洗涤剂配方中，AOS能显著改善残留酶活性。此外，AOS能与皂共增溶于水，可减少不溶性皂的损失。AOS的生物降解速度与AS、AES相同，在较短的时间内即可完全降解。AOS对皮肤和眼睛的刺激性与AES、AS相近，在1%～5%浓度下，均能达到无刺激。

另外，AOS是安全的，在急毒性、慢毒性、畸胎性、致癌性试验中，都无毒性危险。而且，AOS的温和性接近AES。

2. 阳离子表面活性剂的毒性

由于阳离子型表面活性剂有较大的毒性，常常会杀死生物菌，具有强杀菌性和抗菌性，因此，对环境危害最大。

季铵盐化合物中，最重要的是带两个长链烷基的二甲基氯化铵，其烷基链长主要是C_{16}～C_{18}的同系物。在欧洲，该化合物的阴离子几乎都是氯离子，而美国除氯离子外，还有甲基硫酸酯。季铵化合物的性质主要取决于取代基的结构，尤其是烷基链长度、饱和度和氯原子数。双牛油基二甲基氯化铵（DTDMAC）对织物吸附性强，多用作柔软剂，并赋予织物抗静电性。但是它有两个长碳链的脂肪烷基，溶解性较差，生物降解性也不好，易在污水处理中被污泥吸收而污染农田。因此，世界上许多国家特别是欧洲国家，如德国、荷兰已停止使用，有些国家其使用量已日渐减少。

烷基三甲基氯化铵和烷基苄基二甲基氯化铵的生物降解性略高于二烷基二甲基氯化铵、烷基吡啶氯化物，为此国外进行了大量研究工作，开发出了性能更为优良的阳离子型柔软剂。有的在分子中引入环氧乙烷，以增加其溶解度；有的引入酯基、酰胺基、羟基等水溶性基团，使之在环境中遇水即可分解，有利于生物降解。

新型的双长链酯季铵盐类表面活性剂，由于酯键和氮原子之间有两个碳，酯键断裂产生脂肪酸和具有更大水溶剂的季铵二醇或三醇，这些降解产物对鱼低毒，并且能够很快以其他途径代谢。单直链烷基三甲基季铵盐的降解速度快于双直链季铵盐；氮上有一个甲基替换为苄基降解速率稍微降低。烷基吡啶的降解速率低于季铵盐类化合物，烷基咪唑啉类化合物的降解速率快于季铵盐类化合物。

阳离子型表面活性剂疏水链长度增加，降解速率变慢。但有报道认为，阳离子型表面活性剂与阴离子型表面活性剂一起排放，能使阳离子型表面活性剂易于分解。

3. 非离子表面活性剂

一般认为非离子表面活性剂的亚急性和慢性毒性试验结果为无毒类，但长期使用往往构成水域污染，下面两种非离子表面活性剂必须注意。

(1) 烷基酚聚氧乙烯醚（APEO） APEO是目前广泛使用的非离子表面活性剂的主要代表，。APEO具有良好的润湿、渗透、乳化、分散、增溶和洗涤作用，广泛用于洗涤剂、个人护理用品、纺织、造纸、石油、冶金、农药、制药、印刷、合成橡胶、合成树脂、塑料甚至食品行业产品的加工制造，其中最主要的用途是洗涤产品和纺织助剂。纺织品加工中常用的精练剂、润湿剂、渗透剂、酶制剂、印花浆料、黏合剂、涂层剂、匀染剂、防水剂、各种乳液和分散剂等都有可能使用APEO。

由于APEO对环境潜在的危害已经被广泛地研究和论证。因此从20世纪80年代起已有禁用或限用的法规出台。而最具有法律效力的是欧盟2003/53/EC法规，法规规定从2005年1月17日起除特定的情况，例如，用于涂料印花的黏合剂体系等可除外，对APEO的使用进行了严格的限制。因此凡进入欧盟国家的纺织品和服装都需要提供APEO检测的有效证明，并规定纺织品和服装的APEO允许限量应不超过0.1%（即1000mg/kg）。实际上有许多标准对纺织品和服装的APEO限量控制得更严，有的要求不超过300mg/kg，甚至100mg/kg。如果APEO作为后整理助剂乳化剂而同时存在于纺织品和服装上，则很难符合这一限量。

(2) 壬基酚聚氧乙烯醚（NPE） NPE有良好的渗透、乳化、分散、抗酸、抗碱、抗硬水、抗还原、抗氧化的能力，在纺织业中被广泛应用于印染、清洗的工序。而在纺织业之外，NPE也可以用做表面活性剂、清洁剂。

NPE一旦进入到环境中，就会迅速分解成毒性更强的环境激素——NP，也就是壬基酚。NP是全世界公认的环境激素。各种研究表明，即便NPE排放的浓度很低，也极具危害性。它能模拟雌激素，对生物的性发育产生影响，并且干扰生物的内分泌，对生殖系统具有毒性。同时产生的环境激素一旦进入食物链，将通过食物链逐级放大。

因此，积极寻找替代原料，树立环保意识，加大安全管控，降低废水、废料对环境的污染；加大产品检测力度，避免因成分残留或超标造成环境影响。

4. 两性表面活性剂

两性表面活性剂分子中同时具有可电离的阳离子和阴离子。通常阳离子部分都是由铵盐或季铵盐做亲水基，而阴离子部分可以是羧酸盐、硫酸酯盐、磺酸盐等，但是商品几乎都是羧酸盐型。其毒性小，但价格较贵。

甜菜碱和酰胺丙基甜菜碱均易生物降解。不同结构的磺酸基甜菜碱和羟基甜菜碱，在各种情况下都具有很高的初级生物降解率，但最终降解率，羟基甜菜碱要好于磺酸基甜菜碱。两性咪唑啉型、氨基酸型也都具有很好的生物降解性。

5. 天然类表面活性剂的毒性

近几年来开发的具有代表性的天然类表面活性剂包括：烷基多糖苷（APG）和葡萄糖酰胺（AGA）及甲基葡萄糖酰胺（MEGA）。它们是由植物原料制成的亲水基糖系表面活性剂，APG是由糖（从淀粉）和高级醇（从天然油脂）制造的，它与聚氧乙烯脂肪醇（AE）等非离子表面活性剂不同，亲水基是糖环。MEGA是糖与甲胺在还原条件下反应后和脂肪酸酯缩合而成。这两种非离子表面活性剂生物降解快而且完全，毒性低、刺激性小、性能优异、能与各种表面活性剂复配，具有优良的协同作用。

第二节　表面活性剂的环境危害性

一、土壤环境中表面活性剂的危害性

表面活性剂在土壤上的吸附能够显著地改变土壤的物理化学性质。土壤胶体是热力学不稳定的分散体系，表面活性剂对它的表面电势、有效Hammer常数及离子强度都有影响。一般认为，土壤胶体多带负电荷，加入阴离子表面活性剂后其表面电势增加，胶体之间的排斥力增加；加入阳离子表面活性剂后情况正好相反，土壤化学性质的改变会直接影响土壤中化合物的行为。

较低浓度表面活性剂的存在就会降低土壤粒子与溶液间的界面张力，导致原有颗粒更易湿润，减小土壤团聚体的稳定性。如果土壤中的非离子表面活性剂浓度低于50mg/kg，可提高土壤持水性能90%～189%。阴离子表面活性剂浓度低于500mg/kg时，土壤持水性能可提高4～5倍；而阳离子表面活性剂在土壤上的吸附，会导致土壤的吸水性降低。

表面活性剂与土壤中各种离子的交换反应会改变土壤溶液的pH，长期浇灌含表面活性剂水可使土壤pH升高，浇灌了100mg/L LAS溶液的土壤pH会比对照高0.2个单位。表面活性剂还可与土壤中的重金属发生竞争吸附，当LAS浓度高于50 mg/L时，LAS显著降低了土壤中交换态和碳酸盐结合态镉的含量，增加了土壤中铁锰氧化物结合态和有机结合态镉的含量，从而降低了土壤中镉的可移动性和生物有效性。

二、水体环境中表面活性剂的危害性

当表面活性剂达到一定浓度时，水体就可能出现持久性泡沫，这些大量不易消失的泡沫在水面形成隔离层，减弱了水体与大气之间的气体交换，致使水体发臭。当表面活性剂在水体中的浓度超过*cmc*后能使不溶或微溶于水的污染物在水中浓度大或者把原来不具有吸附能力的物质带入吸附层，这种增溶作用会造成间接污染，改变水体性质，妨碍水体生物处理的净化效果。

另外，当进入污水处理厂污水中的表面活性剂达到一定浓度时，会影响曝气、沉淀、污泥硝化等诸多过程，饮用水中含有过多表面活性剂时会有不良的嗅和味，有油腻感。含表面活性剂废水的大量排放，不仅直接危害水生环境，杀死环境中微生物，抑制了其他有毒物质的降解，同时还会导致水中溶解氧的减少，尤其含氮、磷的表面活性剂会造成水体富营养化。此外，有的表面活性剂在土壤中的吸附能力很弱会向下迁移，其污染地下水的潜在危害性也是不容忽视的。

三、表面活性剂生物效应的危害性

1. 表面活性剂对水生植物的影响

表面活性剂对水生植物的损伤程度与其浓度有关，当水体中表面活性剂含量稍高时就会影响水体中的藻类和其他微生物的生长，导致水体的初级生产力下降，从而破坏水体的水生生物的食物链。植物在表面活性剂污染环境中，POD（过氧化物酶）是起主导作用的保护酶，它通过增加植物组织的木质化程度，使细胞的通透性降低等方式来保护细胞，但当植物处于逆境中超过生物体内在的防御能力时，就会发生损伤。表面活性剂引起的急性毒性最终会导致植物细胞膜的通透性增加，胞内物质外渗，细胞结构逐渐解体，SOD（超氧化物歧化酶）、CAT（过氧化氢酶）、POD活性及叶绿素含量下降。

2. 表面活性剂对水生动物的影响

人们对表面活性剂危害的最初认识就是来自其对河流湖泊中的水生生物的危害。表面活性剂主要通过动物取食、皮肤渗透等方式进入动物体内，当表面活性剂的浓度过高时，可以进入鳃、血液、肾、胆囊、肝和胰腺，并对它们产生毒性影响。

鱼类十分容易通过体表和鳃吸收表面活性剂，随着血液循环分布到体内各组织和器官，鱼类经表面活性剂染毒后，大多数的血清转氨酶和碱性磷酸酶活力均升高，表明表面活性剂对鱼类的胆囊、肝和胰腺产生了不良影响。家用洗涤剂在远低于日常使用量的浓度下就会对鱼类有急性毒性，损伤程度与其受毒时间成正比，并且家用洗涤剂溶液存放一段时间后对鱼类的急性毒性作用无明显降低，因此很多学者认为含有大量家用洗涤剂的生活污水排放到自然水体中后将对水生动物产生持续的有害影响。遭受污染的鱼类通过食物链进入人体，对人体内各种酶产生抑制作用，影响肝脏和消化系统，降低人体对疾病的抵抗能力。

3. 表面活性剂对陆生植物的影响

表面活性剂对植物生长的影响有临界浓度，当其浓度低于临界浓度时对植物的生长有一定的促进作用，但随其浓度的增加会逐渐出现毒害作用，这种毒害主要是由于表面活性剂能与生物膜结合并插入或透过膜，在膜内形成胶束，随着表面活性剂浓度的增加，就会造成膜蛋白和脂分离，使膜解体。用含表面活性剂的水灌溉农田，会使农作物的叶慢慢卷曲，根逐渐变得细而短，根表皮出现棕色小斑点的老化现象，根、茎、叶的长度及全株干重下降的趋势明显，小麦、水稻的分蘖数、产量等都受到了不同程度的影响。表面活性剂对种子发芽也会有抑制作用，表现为发芽推迟、表皮开裂慢、芽长较短、发芽率低等。

4. 表面活性剂对陆生动物的影响

表面活性剂可使鸟类和爬虫动物的性别比例异常，降低动物机体免疫能力，影响其神经系统。

5. 表面活性剂对人体的影响

表面活性剂对人体的影响主要可分为对皮肤的影响和进入体内产生的影响两方面。现代生活中大部分的洗涤剂、护肤美容产品主要成分都是表面活性剂，长期使用会对皮肤产生刺激作用，使表皮老化，产生一定程度的损伤，重者可引起表皮坏死、腐肉形成和断裂；表面活性剂进入人体后产生的影响有很大一部分是通过作用于人体内的酶实现的，在一定浓度下，表面活性剂使原本不该活化的酶被激活，而在高于一定浓度时，酶的活性又被抑制，打乱了人体正常的生理功能，表面活性剂的毒性就通过种种病症表现出来。表面活性剂进入人体后的毒性与其进入人体的途径也有关系，表面活性剂一般可以通过口服、皮肤渗透、注射等 3 条途径进入人体，其中口服进入人体的量最大。

6. 表面活性剂对微生物的影响

表面活性剂对微生物的毒性主要有两方面：一是通过与细胞膜中液态成分的相互作用迫使细胞膜溶解；二是表面活性剂分子与细胞必不可少的功能蛋白发生了反应。

表面活性剂的浓度高于其 *cmc* 值时，微生物对疏水性污染物的降解通常有抑制性的影响，使疏水性污染物的可生物利用性降低，但这种抑制性也同样出现在亲水性的污染物中。一般来讲，表面活性剂浓度小于 100mg/L 时，对土壤微生物无实质影响；当浓度大于 500mg/L 时，微生物种群数开始降低。对于不同离子类型的表面活性剂而言，阳离子表面活性剂的毒性最大，其次为阴离子和非离子表面活性剂。但由于环境条件和生物因素的复杂性，即使相同浓度的同种表面活性剂对土壤微生物的生长影响的程度也不同。另外，土壤酸碱度对表面活性剂的毒性有影响，在 pH 为 7 或稍高时，阳离子表面活性剂毒性更大，而阴离子表面活性剂在较低 pH 时呈现较强毒性，非离子表面活性剂通常比离子型表面活性剂的毒性小。

第三节　表面活性剂的生物降解

表面活性剂的生物降解是指表面活性剂在环境因素作用下结构发生变化，从对环境有害的表面活性剂分子逐步转化成对环境无害的小分子（如 CO_2、NH_3、H_2O 等），从而引起化学和物理性质发生变化。

多数阴离子型和非离子型表面活性剂已经证明可以生物降解，但阳离子型表面活性剂几乎不具备生物降解能力。

阴离子型表面活性剂可降解次序为：直链＞带支链直链＞烷基中端基为三甲基取代者＞芳烃。

在直链烷基苯磺酸钠中，含 C_5～C_{12} 烷基者的降解速度快，因此商品烷基苯磺酸钠洗涤剂通常以直链十二烷基苯磺酸钠为主。

非离子型表面活性剂，其碳氢链部分的降解规律也是直链比支链易降解，支链越多，则越不易降解；芳基比脂肪烷基难降解。但分子中聚氧乙烯链的长度可以明显影响到此类表面活性剂的生物降解性能。对于具有相同疏水性基团的聚乙二醇型非离子表面活性剂来说，亲水性基团中氧乙烯单元数在 10 以内者的生物降解速度没有明显差别，当亲水性基团中氧乙烯单元超过 10 以后，其生物降解速度随着亲水基团的增大明显降低。烷基糖苷（APG）类表面活性剂是生物降解性最好的非离子表面活性剂。

阳离子型表面活性剂中，相对而言烷基三甲基氯化铵和烷基苄基二甲基氯化铵易降解，二烷基二甲基氯化铵、烷基吡啶氯化物难降解。

两性离子型表面活性剂中如氨基酸、卵磷脂，不仅无毒，而且是生物营养物质，生物降解性极高。合成类两性表面活性剂如咪唑啉、甜菜碱的生物降解性也很好。

一、表面活性剂的生物降解过程

1. 降解过程

完整的降解一般分为3步。

(1) 初级降解（母体分子结构消失，特性发生改变） 初级生物降解是指在微生物的作用下表面活性剂特性消失所需的最低程度的生物降解作用。通常是指表面活性剂母体结构消失，典型特性发生改变。表面活性剂分子都具有反映其基本物理化学特性的某些结构官能团，在微生物作用下表面活性剂分子发生氧化作用而不再具有明显的表面活性特征，当采用一般的专用鉴定分析方法（如泡沫力，表面张力等）检测体系，已无这些基本的表面活性时，即认为此时体系已发生了初级生物降解。

(2) 次级降解（降解得到的任何产物不再导致污染） 次级生物降解是指降解得到的产物不再污染环境的生物降解作用，是环境可接受的表面活性剂生物降解。即表面活性剂被微生物分解所产生的生成物排放到空气、土壤、水等环境中，具有不干扰污水处理，不污染、不毒害水域中生物的总体生存水平，则认为该表面活性剂已发生了次级生物降解。

(3) 最终降解（完全转化为二氧化碳和水等无机质和代谢物） 最终生物降解又称全部生物降解，是指表面活性剂在微生物的作用下完全转化为CO_2、NH_3、H_2O等以及与微生物正常代谢过程有关的产物，成为无害的最终产物。

从表面活性剂的化学结构来看，脂基比芳基、直链比支链易降解；极性基团中羧基、磺酸基、硫酸基和乙氧基易降解。因此，直链烷基化合物、烷基醇聚氧乙烯类化合物、烷基多苷类以及生物表面活性剂易降解。

世界经济合作与发展组织规定：初级生物降解>80%，最终生物降解>70%的表面活性剂才允许使用。

2. 降解方式

具体来讲，表面活性剂的生物降解可以通过三种氧化方式实现，这三种方式分别为分子碳链末端的ω-氧化、β-氧化和芳环氧化。在ω-氧化中，表面活性剂分子末端的甲基被氧化，使碳链的一端氧化成相应的脂肪醇和脂肪酸。这通常是初始氧化阶段，是分子疏水基端部降解的第一步。当ω-氧化过程进行得很慢时，会发生两端氧化，生成α,ω-二羧酸。烷基链的初始氧化也可能发生在分子链内，在2-位给出羟基或双键，这种氧化叫做次末端氧化。脂环烃可发生于直链烃次末端氧化相似的生物降解反应。例如环己烷可以被细菌氧化生成环己醇和环己酮。在不同细菌的作用下，环己烷也可以被氧化生成苯，然后通过苯环的生物降解机理进行开环裂解。表面活性剂分子中高碳链端形成羧基后就可以进一步降解，此降解过程就是β-氧化过程。该过程是在辅酶A的作用下进行的。辅酶A可以表示为HSCoA。在β-氧化过程中，首先是羧基被辅酶A酯化生成脂肪酸辅酶A酯（$RCH_2CH_2CH_2CH_2COSCoA$），经过一系列反应释放出乙酰基辅酶A（$CH_3COSCoA$）和比初始物少两个碳原子的脂肪酸辅酶A酯（$RCH_2CH_2COSCoA$）。上述反应不断进行，使碳链每次减少两个碳原子。苯或苯的衍生物在酶的催化作用下与氧作用首先生成邻苯二酚，之后在相邻的两个羟基之间发生的环裂解可以生成β-酮-己二酸，β-酮-己二酸通过β-氧化则可得到乙酸和丁二酸。邻苯二酚中与羟基连接的碳原子与其相邻的碳原子之间发生的裂解最终可产生甲酸、乙醛和丙酮酸。

二、表面活性剂的生物降解研究

表面活性剂生物降解的研究就是把表面活性剂暴露于微生物中，并观察它的最终结果。与生物降解实验有关的一些重要影响因素包括：体系中微生物的性质、驯化及浓度，微生物食物的性质与浓度，毒性物质或抑菌剂的存在与否，氧气和温度，表面活性剂的浓度、分析方法等。

表面活性剂的生物降解对环境既有正面影响又有负面影响。正面影响主要是表面活性剂被去除，并在其被降解去除过程中，可以增加环境中碳氢化合物的吸收速度，可使一些其他污染物作为协同代谢物被降解。负面影响主要表现在以下几个方面。

① 表面活性剂的生物降解会导致环境中矿物质和氧气的耗竭；

② 表面活性剂对降解菌有毒害作用，会抑制降解菌在污染物表面的吸附，减小其对污染物的吸收转化速率；

③ 表面活性剂降解产生的代谢中间产物的毒性可能比原有表面活性剂的毒性更大；

④ 表面活性剂作为优先生物可利用的基质被降解，从而延迟了土壤中其他有机污染物的降解。

表面活性剂浓度是考察其毒性的关键因子，当浓度小于一定值时，其对环境是有利的，随着表面活性剂浓度的升高和暴露时间的延长，其毒性增强，但其毒性也存在极限。分子结构对表面活性剂毒性影响很大，直链越短其毒性越大。

1. 生物降解性的意义

残留在处理浴中的表面活性剂，随着废水排出，应该说大部分在污水处理场经受分解，但如果未经处理而直接排入河道，则表面活性剂的生物降解性就显得特别重要。

表面活性剂的生物降解性，在开始使用合成洗涤剂时为解决烷基苯磺酸钠（ABS）产生大量泡沫的问题已经引起人们的注意。经过对表面活性剂分子结构与生物降解性关系及分解机理的研究，采用易生物分解的直链烷基苯磺酸钠（LAS）代替高度支链的 ABS，泡沫问题迎刃而解。

2. 生物降解能力的研究方法

已开发的多种测定有机化合物生物降解的实验室方法中，有专用的分析技术（专门测定特定分子消失的分析方法），也有各种非专用的方法（氧的消耗量、二氧化碳的产生量和比色法等）。在所有场合，使一个微生物种群（接种物）作用于有机底物代表了一种废水处理的过程。现有的各种处理方法的区别在于采用的各个参数，如有机物的浓度、其他底物的存在、接种物的数量、暴露接触的时间与其他变数有所不同。为了适应各种类别的化学品，采取了各种操作条件的苛刻度，还形成了在废水处理这个领域里广泛认同的专业术语。国家标准 GB/T 15818—1995 中，规定了阴离子和非离子表面活性剂生物降解度试验方法。

（1）固有生物可降解的化学品　对于某一类化学品来说，在任何生物可降解性测试中，都有明确的生物降解（基本的生物降解或最终的生物降解）的证据，称为固有生物可降解的化学品。

（2）快速生物可降解的化学品　已经通过某些专门的最终生物可降解性的筛选测试的任意一类化学品。这些测试往往是非常严格的，而通过测试的化学品都能在水生环境中很快地降解。快速生物可降解性的测试采用非专用的分析技术，在温度 22℃±2℃ 条件下进行 28 天的生物降解时，测量溶解的有机碳的去除量、氧的消耗量或二氧化碳的产生量。采用氧吸入量方法或二氧化碳产生量方法的测试时，如果在生物降解度达到 10%以后的 10 天内的生物降解率超过 60%（采用溶解有机碳的去除法测试时，超过 70%），可以认为这个受测试的物质是快速生物降解的。在很多场合，要测定一种物质的矿化（完全的生物降解）需要使用放射性标记化合物以跟踪化学品分子完全转化为 CO_2 和其他的无害产物。因此，在常规的检测中是不使用的。此外已经证明，基本的生物降解性是预测表面活性剂环境安全性的良好工具。

3. 影响表面活性剂生物降解的因素

影响表面活性剂生物降解的因素很多，主要分为如下几个方面。

(1) 微生物活性　微生物活性对表面活性剂的降解至关重要。除微生物自身的种类以外，活性还与表面活性剂及其他有机污染物的浓度、温度、pH 等因素有关。高浓度的表面活性剂会降低微生物的活性，故在降解前需用臭氧进行预处理。一般微生物在常温、pH 近中性条件下最容易存活、繁殖，因此表面活性剂在此条件下也就最易分解。

(2) 含氧量　表面活性剂的生物降解属于氧化还原反应，因此又可将其分为需氧降解和厌氧降解两类。环境的含氧量对两者都具有显著的影响。一般说来，脂肪酸盐、α-烯基磺酸盐、对烷基苯基聚氧乙烯醚等在需氧、厌氧条件下都能降解，且它们间的降解速度及降解度均相差不大。LAS 在两种条件下的差异很大，其完全降解的时间在需氧和厌氧条件下分别为 4 天和 5 天。阳离子表面活性剂则仅在需氧条件下降解。

(3) 地表深度　通过研究不同地质的地表深度对生物降解 LAS 的影响，发现随着地表深度的增加，LAS 的浓度迅速下降。在垂直深度 2m 内，LAS 浓度下降了近 95%，原因是微生物在不同土壤中的浓度和活性随空间的分布不同。

不同的表面活性剂的生物降解性能有所不同。表 5-6 为部分表面活性剂的生物降解性能。

表 5-6　部分表面活性剂的生物降解性能

名称		最初生物降解度/%	总 BOD 值消除百分数/%	有机碳除去率/%
阴离子表面活性剂	直链烷基苯磺酸钠	93	54～65	73
	十二烷基聚氧乙烯醚(3)硫酸酯	98	73	88
	α-烯基磺酸盐	89～98	77.5	85
	C_{11}～C_{15}仲醇聚氧乙烯(3)醚硫酸盐	97	68～90	
	C_{18}～C_{19}仲烷基磺酸盐	96	77	80
非离子表面活性剂	壬基酚聚氧乙烯(9)醚	4～80	0～9	8～17
	壬基酚聚氧乙烯(2)醚	4～40	0～4	8～17
	脂肪醇聚氧乙烯(3～14)醚	78	70～90	80
	苯基环己醇聚氧乙烯(9)醚	0～50	0～4	
	聚(氧乙烯,氧丙烯)醚	>80	20	18

除了上述主要降解因素外，表面活性剂的生物降解和降解速度与其化学结构之间存在着密切的关系。首先，要求表面活性剂要有一定的水溶性。具有较强亲脂性的两性分子表面活性剂，如氟化的表面活性剂，将会在生物体中以油脂区的形式积聚，并以较慢的速度分解。绝大多数的表面活性剂都具有足够高的水溶性，使完整分子的生物体积累。而在初期降解的产物、中间体可能水溶性非常有限。例如，乙氧基化烷基苯酚类会由聚氧乙烯的羟基末端通过氧化分解而降解。这意味着带有较少氧化乙烷单元极性端基的乙氧基化烷基苯酚将会形成。这些物质具有较强的亲脂性，以非常慢的速度生物降解。

除了水溶性，最根本的是表面活性剂含有能够通过酶催化而容易断裂的键。绝大多数化学键在自然界中将会最终断裂，但需要具有足够高的降解速度。只有这样，环境中表面活性剂浓度超标和形成代谢产物等问题才不会产生。为了加快生物降解速度，把弱键引入到表面活性剂中，但是由于合成的原因，它们通常被插入到疏水的尾端和极性的头端之间。常见的有酯和胺，它们将分别在酯酶/脂肪酶和肽酶/酰基转移酶的催化作用下会发生键的断裂。在有氧条件下，在醚键的 α 位将会产生过氧化氢，并通过醛和酸使键断裂。

除了水溶性、弱键的存在，需要考虑的第三个因素是表面活性剂分子非极性部分的支化度。疏水尾端支化度太大将会导致生物降解速度降低。这可能是由于在表面活性剂进入到酶活化位置的时候，侧链增大了立体障碍。支化烷基苯磺酸是以 4 个 1,2-丙烯作为烷基链的，它曾经在家用清洁剂方面大量使用，具有廉价、有效和化学稳定性，但是在环境中太过于稳定。因此这种表面活性剂就很快被与其相似却为线形烷基链的表面活性剂所取代。线形的烷基苯磺酸盐在有氧条件下能够有效地分解，无氧条件下该表面活性剂生物降解速度相对较慢。同时沿着碳氢链支化的位置也很重要，支链在距离断裂键两个碳原子的位置上（如在 2-乙基己基醚、羧基酯、乙缩醛和硫酸盐）较之距离一个碳原子的位置支化对生物降解影响要小。广泛应用在表面活性剂原材料上的羰基合成醇含有较大的 2-烷基支链，2-烷基支链的长度对于生物降解速度的影响可以忽略。

三、表面活性剂的光催化降解

光催化降解（photocatalytic degradation）是近年来才发展起来的一种降解方法。1972 年 Fu-jishima 等发现受光辐射的 TiO_2 上可以持续发生水的氧化还原反应，产生 HO·。之后人们开始研究光催化氧化水中的有机污染物的降解。光催化降解的优点是成本低，反应条件温和，不会形成二次污染。许多难于生物降解的物质都能通过光催化降解。但目前所使用的催化剂大多为 TiO_2、ZnO-CuO 等金属氧化物，降解率不高（$<80\%$）。虽然如此，光催化降解表面活性剂在今后的一段时间内将是一个热点。

第四节 绿色表面活性剂的应用

表面活性剂在生产和使用的过程中对人体及环境生态系统造成了严重的危害。在洗涤剂中加入一定量的表面活性剂溶剂可以增强洗涤剂的溶解性和洗涤性，但由于这些溶剂具有一定的毒性，会对皮肤产生明显的刺激作用。大量使用表面活性剂还会对生态系统产生潜在的危害。如，烷基苯磺酸钠（ABS）的生物降解性差，在洗涤剂中的大量使用所产生的大量泡沫造成了城市下水道及河流泡沫泛滥；含有磷酸盐的表面活性剂在使用时使河流湖泊水质产生“富营养化”；在生产直链烷基苯磺酸钠（LAS）的过程中所产生的二氧化硫、三氧化硫及脂肪醇聚氧乙烯醚硫酸盐（AES）类产品中二噁烷类物质不易生物降解，对环境造成了巨大的危害。为了满足人们日益增强的保健需求，确保人类生存环境的可持续发展，开发对人体尽可能无毒无害及对生态环境无污染的表面活性剂势在必行。

一、绿色表面活性剂的分类和性能

绿色表面活性剂是指由天然或再生资源加工的，对人体刺激性小和易于生物降解的表面活性剂。绿色表面活性剂按其在水中是否离解，可分为非离子型绿色表面活性剂和离子型绿色表面活性剂。离子型绿色表面活性剂根据溶解后的活性成分又可分为阳离子型、阴离子型和两性离子型。

绿色表面活性剂是由天然的或可再生资源加工而成的，即具有天然性、温和性、刺激性小等优良特点。同传统表面活性剂一样，绿色表面活性剂具有亲水基和憎水基。与传统表面活性剂相比，绿色表面活性剂具有高效强力去污性、优良的配伍性及良好的环境相容性，并表现出良好的乳化性、洗涤性、增溶性、润湿性、溶解性和稳定性等。除此以外，每一种绿色表面活性剂都具有其特有的性能，如 α-磺基脂肪酸酯盐在低浓度下就具有表面活性、耐硬水，单烷基磷酸酯具有优良的起泡乳化性、抗静电性能以及特有的皮肤亲和性。常见的绿色表面活性剂有 α-磺基脂肪酸甲酯（MEC）、烷基多糖苷（APG）、葡萄糖酰胺（AGA）、醇醚羧酸盐（AEC）、单烷基磷酸酯（MAP）、烷基葡萄糖酰胺（MEGA）。

1. 烷基多糖苷及葡萄糖酰胺

烷基多糖苷简称 APG，是 20 世纪 90 年代以来国际上致力开发的新一代环保型非离子表面活性剂。APG 是以由天然或再生资源淀粉的衍生物葡萄糖与天然脂肪醇为原料，由半缩醛羟基与醇羟基，在酸等的催化下脱去一分子水生成的产物。生物降解迅速彻底，无毒无刺激性，具有优良的表面活性、性能温和、对环境无害。APG 除了特别适用于与人体相关的餐洗、香波、护肤等日化用品外，还可用于工业清洗剂、纺织助剂以及塑料、建材、造纸、石油等行业的助剂。意大利的 Cesalpinia Chemical 公司已有三种 APG 衍生物问世，它们是 APG 的柠檬酸酯、APG 的碳酸酯和 APG 的磺基琥珀酸酯钠盐。APG 具有优良的表面活性和毒理性能，是真正能称得上“世界级”表面活性剂的唯一品种，故引起国内外的普遍重视，应用领域迅速扩展，生产量迅速增长。从生态学和能源角度考虑，APG 是一种天然绿色表面活性剂。同时，丰富的淀粉资源，天然和合成高碳醇产量的逐年上升，也为 APG 的生产提供了丰富的原料，随着表面活性剂朝着温和、天然、绿色的方向发展，烷基多糖苷必将得到广泛的应用和发展，具有非常乐观的市场前景。

烷基多糖苷的合成有下面三种方法。

（1）基团保护法　此法步骤较多，适于实验室合成，不宜工业化。

$$\xrightarrow{Ac_2O}\quad\xrightarrow{Br_2/P}$$

$$\xrightarrow[HgO\,(或\,Ag_2O)]{C_{12}H_{25}OH}\quad\xrightarrow[HgO\,(或\,Ag_2O)]{CH_3ONa}$$

式中，Ac_2O 为乙酸酐。

（2）交换法　也叫糖苷转换。此法较好地解决了原料间的相容性，合成比较容易实现，它首先由葡萄糖和相容性较好的合适的低碳醇（一般为丁醇）反应，得到相应的低碳链糖苷。由于低碳链糖苷和高碳醇间具有一定的相容性，因而可以比较顺利地解决醇交换反应，而制得高碳醇链糖苷，其反应方程式如下：

$$\xrightarrow[ROH]{H^+}\quad\xrightarrow[R'OH]{H^+}$$

式中，R 为 $C_1 \sim C_4$ 的烷基；R′为 C_6 以上烷基。

(3) 直接合成法　直接合成法是由葡萄糖和高碳脂肪醇直接合成，其反应方程式如下：

$$\text{CH}_2\text{OH},\ \text{H},\ \text{O},\ \text{H},\ \text{H},\ \text{OH},\ \text{H},\ \text{HO},\ \text{OH},\ \text{H},\ \text{OH} \xrightarrow[\text{ROH}]{\text{H}^+} \text{CH}_2\text{OH},\ \text{H},\ \text{O},\ \text{H},\ \text{H},\ \text{OH},\ \text{H},\ \text{HO},\ \text{OR},\ \text{H},\ \text{OH}$$

式中，R 为 C_4 以上烷基。

此技术比较复杂，这是由于醇的碳链加长，分子极性相对减弱，和糖的互溶性减小。因此，采用此法往往要有较大的醇糖比。

烷基葡萄糖酰胺作为一种新型绿色表面活性剂已经成为行业内研究的热点。以淀粉或葡萄糖为起始原料衍生的淀粉基温和表面活性剂就是其中的一类。烷基葡萄糖酰胺属一种新型非离子表面活性剂，具有对皮肤表面作用温和、生物降解快而安全，无毒无刺激，能与各种表面活性剂复配及优良的协同增效作用等特点，且顺应“回归大自然”潮流。由于其性能在某些方面胜过 APG，发展势头甚好，出现了如 *N*-十二酰基-*N*-甲基-葡萄糖酰胺（NMGA）、*N*-十二酰基胺乙基葡萄糖酰胺、*N*-丁基月桂葡萄糖酰胺等新型多功能表面活性剂。

2. 单烷基磷酸酯及单烷基醚磷酸酯

单烷基磷酸酯通常用脂肪醇与三氯氧磷反应制得。将 1mol 脂肪醇慢慢滴到 1mol 三氯氧磷中，控制 25℃温度，并在不断搅拌下进行，用减压方法除去反应所生成的 HCl 气体。加料完毕后在 25℃下反应 1h 后，升温至 50℃继续反应 5h，反应完后，将产物慢慢滴入过量的冷水中，在 30℃条件下水解 5h，用乙醇萃取分离其水解产物，可以得到纯度高达97%～99.5%的单烷基磷酸酯。中和时可将酸性磷酸酯溶于乙醇中，然后加入计量的碱，而制得相应的磷酸盐。另外，脂肪醇与焦磷酸反应，同样也可制得单烷基磷酸酯。

一般单烷基磷酸酯表面活性剂包括单烷基磷酸酯和单烷基醚磷酸酯。单烷基磷酸酯及其盐最突出的应用是在两个行业，即个人护理品和合成油剂。MAP 的钠盐、钾盐和三乙醇胺盐因其丰富的发泡性、良好的乳化性、适度的洗净力，无毒无刺激性以及特有的皮肤亲和性而能满足毛发洗净剂的要求，是众多个人护理产品的理想原料，如洗面奶、沐浴露、卸妆品和其他温和清洁用品。一般油剂具备三种作用：平滑性、抗静电性和乳化性。用单一成分满足这些特性要求是困难的，通常是将几种成分复配而成。磷酸酯具有优良的平滑性、抗静电性、耐热性等，因此，它与高级醇硫酸酯一样是合纤油剂的基本成分。需要指出的是，磷酸酯中单酯和双酯比例不同，对油剂的性能会产生不同效果，要由配方来定。此外，磷酸原料易得、污染小，是一条既经济又有社会效益的路线，故广泛应用于纺织、皮革、塑料、造纸及化妆品等工业领域。

3. 可生物降解的 Gemini 表面活性剂

Gemini 表面活性剂是将两个单链的普通表面活性剂在离子处通过化学键联接在一起，从而极大地提高了表面活性。Gemini 在天文学上的意思是双子星座，借用在此形象地表达了这类表面活性剂的分子结构特点。从分子结构看，它们又相似于两个表面活性剂的聚结，故有时又称为二聚表面活性剂（dimeric surfactant）。它的示意如下：

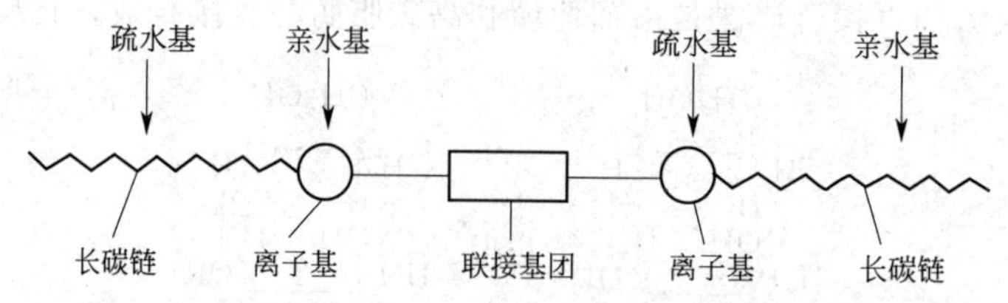

现有的Gemini表面活性剂按其亲水基团的性质分类也可以分为阴离子型、阳离子型、非离子型和两性型表面活性剂。

（1）阴离子型Gemini表面活性剂　此类表面活性剂的亲水基团在水溶液中带负电荷，根据亲水基的不同，此类Gemini阴离子型表面活性剂又分为羧酸型、磺酸型、硫酸酯型和磷酸酯型，结构如下：

OH　OH

NaO_3S ⌒ N(R) — O ⌒ O — N(R) ⌒ SO_3Na

$$HO-\underset{OC_{12}H_{25}}{\overset{O}{\overset{\|}{P}}}-O-(CH_2)_n-O-\underset{OC_{12}H_{25}}{\overset{O}{\overset{\|}{P}}}-OH$$

式中，R为C_8H_{17}、$C_{10}H_{21}$、$C_{12}H_{25}$。

（2）阳离子型Gemini表面活性剂

① 具有柔性连接基团的双烷烃链季铵盐型Gemini表面活性剂。

$$\left[C_nH_{2n+1}-\overset{CH_3}{\underset{CH_3}{N^+}}-CH_2CH_2(OCH_2CH_2)_m-\overset{CH_3}{\underset{CH_3}{N^+}}-C_nH_{2n+1}\right]\cdot 2Br^-$$

②具有刚性连接基团的Gemini表面活性剂。

$$\left[\begin{array}{l}CH_2N^+(CH_3)_2(CH_2)_nCH_3\\ \quad | \\ C_6H_4 \\ \quad | \\ CH_2N^+(CH_3)_2(CH_2)_nCH_3\end{array}\right]\cdot 2Br^-$$

（3）非离子型Gemini表面活性剂　系列醇醚和酚醚型非离子型Gemini表面活性剂，连接基团包括对苯二酚、乙二胺、二硫代乙醇和哌嗪等。

$$\underset{}{\overset{CH_2O(CH_2CH_2O)_nH}{\overset{|}{H_{21}C_{10}CH}}}-O-C_6H_4-O-\underset{\underset{CH_2O(CH_2CH_2O)_nH}{|}}{CHC_{10}H_{21}}$$

$$\underset{\underset{C_{10}H_{21}}{|}}{\overset{CH_2O(C_2H_4O)_nH}{\overset{|}{HC}}}-S-CH_2-CH_2-S-\underset{\underset{C_{10}H_{21}}{|}}{\overset{CH_2O(C_2H_4O)_nH}{\overset{|}{CH}}}$$

（4）两性型Gemini表面活性剂

① 咪唑啉型。

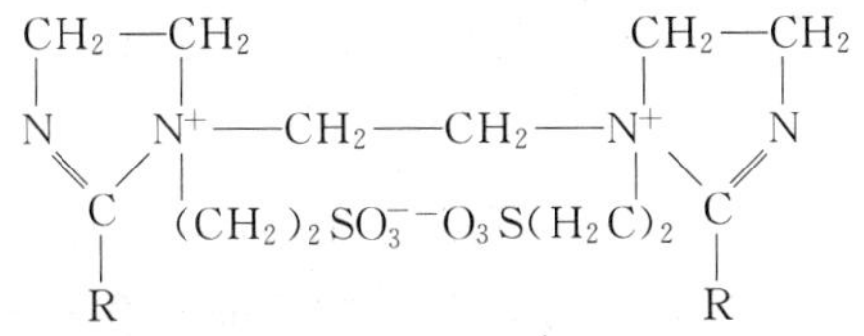

$$\begin{array}{c} CH_2-CH_2 \quad\quad\quad\quad\quad\quad\quad\quad CH_2-CH_2 \\ N \;\; N^+-CH_2-CH_2-N^+ \;\; N \\ C \;\; (CH_2)_2SO_3^- \; ^-O_3S(H_2C)_2 \;\; C \\ R \quad\quad\quad\quad\quad\quad\quad\quad\quad\quad\quad\quad R \end{array}$$

② 磷酸酯甜菜碱型。

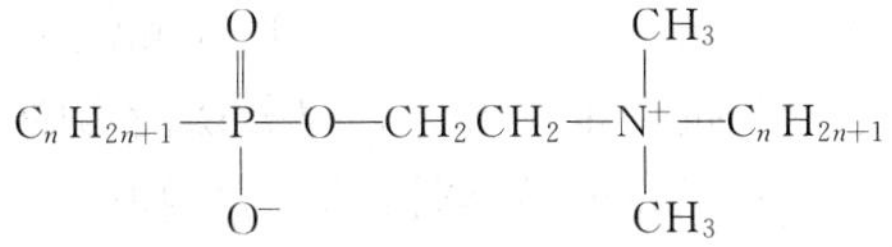

$$C_nH_{2n+1}-\overset{\overset{O}{\|}}{\underset{\underset{O^-}{|}}{P}}-O-CH_2CH_2-\overset{\overset{CH_3}{|}}{\underset{\underset{CH_3}{|}}{N^+}}-C_nH_{2n+1}$$

（5）不对称 Gemini 表面活性剂　不对称 Gemini 表面活性剂是由两个或两个以上不同的两亲分子，在其亲水头基或靠近其头基处通过化学键连接在一起构成的。与通常所说的具有相同亲水基及疏水基的 Gemini 表面活性剂不同之处，在于不对称 Gemini 表面活性剂的亲水基不同，或者疏水链不同，或者两者都不同，其中亲水基不同，或者疏水链不同，或者两者都不同，其中亲水基不相同时也可以称为 Heterogemini 表面活性剂，结构式如下：

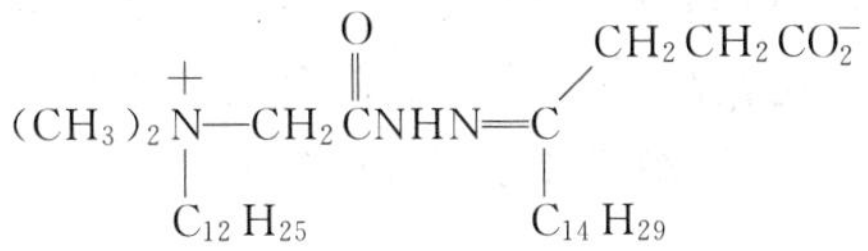

$$(CH_3)_2\underset{\underset{C_{12}H_{25}}{|}}{\overset{+}{N}}-CH_2\overset{\overset{O}{\|}}{C}NHN=\underset{\underset{C_{14}H_{29}}{|}}{\overset{CH_2CH_2CO_2^-}{C}}$$

Gemini 表面活性剂具有较单烷烃链和单离子头基组成的普通表面活性剂高得多的表面活性。

若保持每个亲水基团联接的疏水基团碳链长相等，与单烷基链和单离子头基组成普通表面活性剂相比，离子型 Gemini 表面活性剂具有以下特性：

① 更易吸附在气/液表面上，从而更有效地降低水溶液表面张力；

② 更易聚集形成胶束，使胶束量增大，有利于增溶，临界胶束浓度降低，由此具有很低的 Kraff 点；

③ Gemini 表面活性剂和普通表面活性剂复配，有更大的协同效应，尤其是与非离子表面活性剂；

④ 具有良好的钙皂分散性质，以及润湿、乳化、分散等特性。

目前，限制 Gemini 表面活性剂大规模广泛应用的因素是价格相对昂贵。它与普通表面活性剂复配能产生协同效应，不但表现出比单一表面活性剂体系高得多的表面活性，而且大大地降低了成本。因而，当前 Gemini 表面活性剂研究工作中，相当一部分是在它们和普通表面活性剂的复配性能上。

4．醇醚羧酸盐及酰胺醚羧酸盐

醇醚羧酸盐是国外 20 世纪 80 年代大力研究开发的优良性能的阴离子表面活性剂，是世界公认的绿色表面活性剂新品种。其衍生物如脂肪醇聚氧乙烯醚羧酸盐称为新开发的一类多功能绿色表面活性剂。包括醇醚羧酸盐（AEC）、烷基酚醚羧酸盐（APEC）和酰胺醚羧酸盐（AAEC），它们的生产方法类似，但性能和应用方面又不尽相同，应用上可根据具体需要而有所选择。

AEC 的合成可以分为羧甲基化法和氧化法两种。羧甲基化法相应的反应如下：

$$RO(CH_2CH_2O)_nH+ClCH_2COONa \longrightarrow RO(CH_2CH_2O)_nCH_2COOH+NaCl$$

上述合成过程要经过加入烧碱、脱去水和氯化钠以及加入盐酸或硫酸的步骤。

氧化法生产工艺要求有两种，即铂、钯等贵金属催化氧化法和含氯自由基氧化法。氧化法相应的反应为：

$$RO(CH_2CH_2O)_nH \xrightarrow{\text{氧化}} RO(CH_2CH_2O)_nCH_2COOH$$

AEC因原料较丰富，各性能指标良好，在三种产品中具有最广泛的用途。AEC的性能可归纳以下几点：对皮肤和眼睛温和，环氧乙烷加合数愈高，产品的刺激性愈小；杂质含量低微，使用安全，与其他表面活性剂配伍性好；清洗性能和泡沫性能良好，几乎不受pH和温度的影响；对酸、碱、氯稳定，抗硬水性好，钙皂分散能力强；优良的乳化、分散、润湿及增溶性能，低温溶解性好；具有优良的油溶性能，易生物降解。

5. 生物表面活性剂

生物表面活性剂是微生物在一定条件下培养时，在其代谢过程中分泌出具有一定表面活性剂的代谢产物。如糖脂、多糖脂、脂肽或中性类脂衍生物等。目前，常见的生物表面活性剂有纤维二酯、鼠李糖酯、槐糖酯、海藻糖二酯、海藻糖四酯、表面活性蛋白等。同一般化学合成的表面活性剂一样，生物表面活性剂具有显著降低表面张力、稳定乳状液、较低的临界胶束浓度等特点，此外，它还具有以下优点：可生物降解，对环境不造成污染；无毒或低毒；不致敏、可消化，可用作化妆品、食品和功能食品的添加剂；可以从工业废物生产，利于环境治理；在极端温度、pH、盐浓度下具有很好的选择性和专一性；结构多样，可以用于特殊领域。

6. 脂肪酸甲酯磺酸盐

脂肪酸甲酯磺酸盐（MES）采用天然椰子油、棕榈油等油脂原料经磺化、中和后得到，是一种性能良好的阴离子表面活性剂。因其具有优良的去污性、钙皂分散能力、乳化性、增溶性、低刺激性和低毒性、抗硬水性以及优越的洗涤性能，加之MES的原料来源于天然动、植物油脂，制取方便，生物降解性好，因而，极受人们的重视，甚至被称为第三代洗涤活性剂，属于绿色、环保型表面活性剂，被视为烷基苯磺酸钠的替代品，广泛应用于复合皂、牙膏、洗衣粉、香波、丝毛清洗、印染、皮革脱脂、矿物浮选以及作为农业产品的润湿和分散剂。

7. 茶皂素类表面活性剂

茶皂素是一种五环三萜类皂素，是从山茶科植物种子提取的一种糖式化合物。茶皂素是一种天然非离子表面活性剂，具有良好的去污、乳化、分散、润湿及发泡功能。主要应用在以下三方面。①作洗涤剂，具有很强的抗硬水性能，即在硬水中有很好的去污能力，以茶皂素配制的洗涤剂洗涤丝毛织物，既具有保护作用，又使织物显得亮丽。用其配制香波，有松发、止痒、去头屑的作用，洗发后头发乌黑光亮，具有洗发护发功能。②作乳化剂，如石蜡乳化剂已在人造板材方面得到应用，此乳化剂较传统乳化剂具有乳化性能好，乳液粒度小，分布均匀且稳定的特点。③作发泡剂，在橡胶工业上用作泡沫橡胶发泡剂，在消防上用作泡沫灭火器发泡剂，在食品工业上用作清凉饮料的助泡剂等。

二、绿色表面活性剂的应用

1. 在洗涤剂和化妆品中的应用

用绿色表面活性剂制成的洗涤剂比传统的洗涤剂具有更好的洗涤性和抗硬水性。部分绿色表面活性剂遇到钙、镁离子会产生沉淀，但是并不影响绿色表面活性剂的洗涤效果。原因在于这些绿色表面活性剂遇到钙、镁离子后会形成一个亚稳定的胶束，在胶束的周围聚集着一定量的钙、镁离子。除此之外的绿色表面活性剂根本就不与钙、镁离子反应生成沉淀。绿色表面活性剂无论是作为主表面活性剂还是作为助表面活性剂都有明显的增效作用（提高发泡能力、增强洗涤效果、增强溶解性等）。绿色表面活性剂与传统表面活性剂以一定的比例混合后，表现出优良的协同效应，增强绿色表面活性剂的应用效果。绿色表面活性剂 APG 在餐洗液中应用时，与相同剂量的传统洗涤剂相比，洗盘数明显增多，而且残留量小。绿色表面活性剂 MEC 具有优良的发泡能力。这种特性使其在水硬度较强的条件下，其活性也基本不受影响。同时，它还是很好的钙皂分散剂，能够增强肥皂的溶解度，并且提高肥皂的洗涤能力。绿色表面活性剂在洗涤剂和化妆品方面的应用与传统表面活性剂相比，更具有温和性和刺激性小等优良的特性。

2. 在制药工业中的应用

传统表面活性剂在制药工业中应用时的缺点表现为配伍性和润湿性差，并且会与药品中的其他成分作用而危害人体健康。绿色表面活性剂无毒、低刺激性，不会与药剂中的其他成分作用对人体产生副作用，而且与药物具有良好的配伍。绿色表面活性剂可在微乳剂和气雾剂中做乳化剂，在片剂和丸剂中做润湿剂，用于生物膜模拟及药物科学中，能够对药物进行靶向定位，在肺部进行蛋白质转移的喷雾剂型药物中加入 MECA 后，可提高其药物活性。

3. 在环境工程中的应用

传统表面活性剂在使用的过程中由于生物降解性差，具有一定的毒性，在使用后一般不被处理就被排放到环境中。由于传统表面活性剂难以生物降解，形成长期的残留，严重地影响了环境生态系统。而绿色表面活性剂具有优良的生物降解性和物化性能等特点。这些特点决定了绿色表面活性剂适合于环境工程领域。如为了消除土壤中有机污染物，可用绿色表面活性剂使土壤中的有机污染物分散、增溶、乳化，使污染物在最短的时间内实现生物降解，甚至完全消失。APG 的生物降解性良好，在废水厂模拟生物降解实验中达到了 OECD（经济合作与发展组织）的要求。在生态学方面，APG 对周围动、植物的毒性很低，在整个生命周期中对周围环境产生的危害也很小。MES 具有很好的生物降解性。

4. 在农业中的应用

传统表面活性剂应用在农业中时，由于它不易降解，部分物质残留在土壤中，影响土壤酸碱性，导致土壤肥效减弱。而绿色表面活性剂具有易降解性和不污染性，所以可用来制作农药乳化剂，同时调节土壤湿度。在锄草剂、杀虫剂中使用，绿色表面活性剂具有明显的增效作用。

5. 在其他方面的应用

在纺织工业中，绿色表面活性剂可作为纺织品柔软剂，用于棉纱线的煮炼和染色等工序中，具有优良的润湿性、乳化性、净洗性及分散性。在丝光和柔软整理中使用，可使处理后的织物滑爽、色泽鲜艳、柔软丰满，使用效果明显优于传统表面活性剂；在造纸业中，可用作复合消泡剂；在合成剂中，可用作乳化剂、分散剂和稳定剂。

三、绿色表面活性剂的发展方向

绿色表面活性剂已广泛应用于各个领域。在它本身结构的基础上，引入功能性基团，从而得到各种性能更独特或更优良的衍生物。绿色表面活性剂的发展趋势体现在以下几方面：

① 发展与环境友好的、可生物降解的、资源可再生的、不刺激眼睛和皮肤的可分解绿色表面活性剂新产品；

② 发展水基性、反应性、可分解性、多功能专用性表面活性剂新产品；

③ 发展含氟、含硅、含硫、含磷、含硼表面活性剂，生物表面活性剂和杂环及高分子

表面活性剂新产品；

④ 发展替代进口、高性能的高端表面活性剂新产品；

⑤ 发展传统表面活性剂的更新换代产品及副产综合利用、系列化产品。

绿色表面活性剂在生产工艺方面也进行了改进，即减少中间过程，提高反应的选择性，同时开发新型、高效的催化剂，加强新技术在绿色表面活性剂生产中的应用，提高工艺装置的自动化和智能化。在开发和应用的同时，绿色表面活性剂与材料科学、能源科学、环境科学、生命科学及信息科学等学科出现了更多的交叉。这将促使它向新的应用领域延伸。绿色表面活性剂将在产业结构调整和应用开发上呈现出新的优势。

绿色表面活性剂弥补了传统表面活性剂生产和使用中出现的各种弊端。它在世界范围内已经得到了广泛的推广和应用，人们对绿色表面活性剂的研究具有更重要的现实意义。在开发绿色表面活性剂产品的同时，应进一步加大对绿色表面活性剂的研究力度，促使我国绿色表面活性剂事业实现飞速发展，进而带动我国其他行业的快速发展。

本章小结

1. 人们在合理使用表面活性剂的同时必须也要全面掌握其生态毒理效应。

2. 表面活性剂在环境中生物可降解性很高，但对环境的依赖性较大，污染主要发生在一些不利于微生物降解的环境下。

3. 表面活性剂具有一定毒性，存在一定致癌性、致畸性、致突变性、致敏性以及在生物体内可以积累或富集放大等。

4. 在选择和使用表面活性剂时，必须考虑其环境容量与自净能力。

5. 研制新型绿色表面活性剂，朝着低毒、易于生物降解的方向发展，从而缩短其在环境的滞留时间，减短生物受影响时间，达到减轻环境污染的效果。

思考题

1. 表面活性剂危害有哪些？试举例说明。
2. 表面活性剂的降解方式和步骤有哪些？
3. 表面活性剂的光降解方法有哪些？
4. 绿色表面活性剂的应用领域主要涉及哪些方面？
5. 简要说明绿色表面活性剂的发展方向。
6. 举出几种易生物降解的绿色表面活性剂。

参考文献

[1] 肖进新等．表面活性剂应用原理．北京：化学工业出版社，2003.
[2] 黄玉媛等．精细化工配方研究与产品配制技术．广州：广东科技出版社，2003.
[3] 李玲．表面活性剂与纳米技术．北京：化学工业出版社，2004.
[4] 孙岩等．新表面活性剂．北京：化学工业出版社，2003.
[5] 刘程．表面活性剂应用手册．北京：化学工业出版社，1995.
[6] 梁梦兰．表面活性剂洗涤剂制备 性质 应用．北京：科学技术文献出版社，1990.
[7] 赵国玺．表面活性剂作用原理．北京：中国轻工业出版社，2003.
[8] 徐燕莉．表面活性剂的功能．北京：化学工业出版社，2001.
[9] 崔正刚，殷福珊．微乳化技术及应用．北京：中国轻工业出版社，2001.
[10] 孙岩，殷福珊，宋湛谦等．新表面活性剂．北京：化学工业出版社，2003.
[11] 宋启煌．精细化工工艺学．北京：化学工业出版社，1996.
[12] 濮存恬．精细化工过程及设备．北京：化学工业出版社，1996.
[13] 姚玉英等．化工原理．天津：天津大学出版社，1996.
[14] 张俊甫．精细化工概论．北京：中央广播电视大学出版社，1991.
[15] 张天胜．表面活性剂应用技术．北京：化学工业出版社，2001.
[16] 夏纪鼎，倪永全．表面活性剂和洗涤剂：化学与工艺学．北京：中国轻工业出版社，1997.
[17] 赵国玺．表面活性剂物理化学．第2版．北京：北京大学出版社，1991.
[18] 梁文平，殷福珊．表面活性剂在分散体系中的应用．北京：中国轻工业出版社，2003.
[19] 梁治齐，宗惠娟，李金华．功能性表面活性剂．北京：中国轻工业出版社，2002.
[20] 吕春绪．表面活性理论与技术．南京：江苏科技出版社，1991.
[21] 傅献彩．物理化学（下册）．北京：人民教育出版社，1990.
[22] Morrison S R. 表面化学物理．赵璧英译．北京：北京大学出版社，1994.
[23] Hiemery P C. 胶体与表面化学原理．周祖康译．北京：北京大学出版社，1992.
[24] Somorjai G A. Introduction to Surface Chemistry. John Wiley and Sons In.
[25] Tadros Th F. Surfactants. London：Academic Press，1994.
[26] Karsa D R. Industrial Application of Surfactants. London：Royal Society of Chemistry Burlington House，1992.
[27] 段世铎，坛逸玲．界面化学．北京：高等教育出版社，1990.
[28] 程传煊．表面物理化学．北京：科技文献出版社，1995.
[29] 程铸生．精细化学品化学．上海：华东化工学院出版社，1990.
[30] 焦学瞬．表面活性剂实用新技术．北京：中国轻工业出版社，1996.
[31] 蒋文贤．特种表面活性剂．北京：中国轻工业出版社，1996.
[32] 北原文雄，王井康胜，早野茂夫，原一郎．表面活性剂．孙绍曾等译．北京：化学工业出版社，1990.
[33] Adamson W. Physical Chemistry of Surface. Five Edition. NewYork：John-Wiley，1990.
[34] 姚蒙正，程侣柏，王家儒．精细化工产品合成原理．北京：中国石化出版社，1995.
[35] 程侣柏，胡家振，姚蒙正，高昆玉．精细化工产品的合成及应用．大连：大连理工大学出版社，1992.
[36] 李宗石，刘平芹，徐明新．表面活性剂合成与工艺．北京：中国轻工业出版社，1995.
[37] 张开．高分子界面科学．北京：中国石化出版社，1997.
[38] Porter M R. Handbook of Surfactants. Chapman and Hall，1991.

[39] 丁学杰．精细化工新品种与合成技术．广州：广东科技出版社，1993．
[40] 孙荣康，任特生，高杯琳．猛炸药的化学与工艺学．北京：国防工业出版社，1981．
[41] 吕春绪，刘祖亮，倪欧琪．工业炸药．北京：兵器工业出版社，1994．
[42] 汪旭光．乳化炸药．北京：冶金工业出版社，1993．
[43] 陆明，刘祖亮，吕春绪等．表面活性剂改善硝酸铵物化性能及爆炸性能的研究．火炸药，1996（1）：5．
[44] 陆明，刘祖亮，陈天云．膨化硝酸铵及其无梯恩梯粉状岩石炸药的研究．化学世界，1995，36（9）：459．
[45] 陈天云，刘祖亮，陆明．表面活性剂改善硝酸铵吸湿性研究．南京理工大学学报，1994（2）：58．
[46] 胡炳成，刘祖亮，陆明．表面活性剂改善硝酸铵结块性的研究．民用爆破器材新进展论文集（4）．北京：兵器工业出版社，1995．
[47] 白金泉，包余泉．表面活性剂在洗涤工业中的应用．北京：化学工业出版社，2003．
[48] 陈荣圻．生态纺织品与环保染化料．北京：中国纺织出版社，2002．
[49] 唐育民．染整生产疑难问题解答．第2版．北京：中国纺织出版社，2010．
[50] 陈国华．应用物理学．北京：化学工业出版社，2008．
[51] 徐宝财．洗涤剂配方工艺手册（精装）．北京：化学工业出版社，2006．
[52] 阎克路．染整工艺与原理．北京：中国纺织出版社，2009．
[53] 崔福德．药剂学．第5版．北京：人民卫生出版社，2003．
[54] 吕彤．表面活性剂合成技术．北京：中国纺织出版社，2009．
[55] 王建平．REACH法规与生态纺织品．北京：中国纺织出版社，2009．